ケヴィン・リンチ

有岡孝＋駒川義隆＝訳

廃棄の文化誌

ゴミと資源のあいだ

工作舎

廃棄された多くの場所にも、廃墟と同じように、さまざまな魅力がある。
管理から解放され、行動や空想を求める自由な戯れや、さまざまな豊かな感動がある。

目次

廃棄の文化誌

第三章　場所の廃棄

第六章　上手に廃棄する

巻頭写真ケヴィン・リンチ（© 1981 マーク・B・スルーダー）

WASTING AWAY
BY
KEVIN LYNCH

廃棄の文化誌

ケヴィン・リンチ

編者による序

衰退、衰弱、そして廃棄《ウエイスト》は、生命や成長には欠かせない要素である。私たちは、その価値を尊び、上手に活かす方策を学ばなければならない。これが、ケヴィン・リンチの最後の著作『廃棄の文化誌』に託された教訓のひとつである。すべての生物の中で、人間は究極の廃棄物の創造者だが、廃棄する方法を真面目に考えるようになったのは、つい最近のことである。私たちが行なう廃棄《ウエイスト》が私たち自身に深く影響を及ぼすことは、しだいに明らかになってきた。私たちの感覚、健康や日常の心地良さ、そして、生存そのものが、自らの廃棄のために危機に瀕している。もう、廃棄物を、無視したり、第三世界の国々へ送りだしたり、あるいは地下深く暗い場所に葬り去ることはできない。廃棄物は、必ず舞い戻り、過去の亡霊のごとくに私たちにつきまとうからである。

リンチの廃棄に対する考え方は、今も有効である。むしろ、今日になってますます適切さを増している。一九八四年に彼が死去した後、廃棄物の問題は、ボパル、チェルノブイリ、そしてヴァルデス、という大きな悲劇によって、いよいよ加速されてきた。ロングアイランドの悪名高き廃棄物輸送船は、投棄する場所を求めてあらゆる地域を捜し回り、ニュースの大見出しを飾った。一九八八年の夏、注射器や血液の入ったガラス瓶などの医療廃棄物が北東部の海岸に打ち上げられた（そのうちの何割かはエイズウイルスに汚染されていた）。また、サンフランシスコでは、汚水処理施設が故障し、海岸を閉鎖しなければならなかった。私たちの廃棄がもたらしたオゾン層の破壊と地球の温暖化は、予想以上に早く進行するかもしれないと、警告する科学者もいる。もっとも危険で扱いにくい核廃棄物をどのように処理するかという問題は、住民も州政府も処理施設を拒否するので、今や深刻である。ニューメキシコ州カールスバットの近くの岩塩の洞窟の中に建設されている、もっとも警戒を厳しくした貯蔵施設も、絶対に安全とはいえない。

ケヴィン・リンチに接したことのある者なら誰でも、彼の思索の幅の広さ、奥行きの深さに感銘を受けただろう。リンチは、三〇年以上もの間、マサチューセッツ工科大学で、都市計画、地域計画の教授を務めた。都市デザインや都市計画の論理と実践に対する貢献の大きさは、よく知られている。しかし、彼の業績は、これらの分野を超えて、心理学、哲学、倫理学の領域にまで広がっていた。六六歳で急逝したとき、リンチは、九番目の著作に当たる本書を執筆していた。*1 都市、地域の計画、デザインに関する著作、とくに人間の感覚に訴える美的な形態に関するものに生涯の大半を傾けた、リンチの著作に親しんだ読者は、本書が「廃棄《ウエイスト》」を主題としていることに驚かれるかもしれない。リンチの初期の著作は、どれも実際的で実証的であり、環境デザインの職能に直接結びつくものであったが、後期になるほど哲学的になってゆく。本書では、都市生活のあらゆる様相へと向けられた彼の考察が、ごく自然に展開されている。「私たちが自滅的な道を突き進んでいるという事態は、都市計画のみならずあらゆる職能に関係する」と彼はみなす。本書は、「警告」ではなく、廃棄物と廃棄の過程の多くが、人、モノ、場所のいのちにとって貴重であり必要不可欠な要素であることの認知を求める、ひとつの「申し立て」である。

歴史的に顧みると、都市計画は、自然のシステムに特別な配慮をすることもなく、環境に対して人為的な変形を加えることに終始してきた。技術と計画によりあらゆる問題を解決し、自然から受ける拘束を克服できるという、暗黙の前提が存在してきたように思われる。しかし、乾燥した気候の都市に水を供給したり、都市の水道水から毒性のある廃棄物を除去したり、自然災害で破壊された都市を再建しようと苦慮するうちに、技術の限界は明らかとなった。寿命の長い環境を実現するためには、廃棄物の適切な管理が不可欠である。事実、都市計画を支える基本的な価値の中には、廃棄物の管理に直接的に関連するものがある。第一の価値は、人間の居住地の「健全さ」と「安全」を維持し規定すること。第二の価値は、「効率」の達成、つまり土地やその他の資源を無駄なく最善の使い途に向けること。第三の価値は、「適応」の要求として、使用済みの資源をリサイクルさせること。多くの計画は、まさに、この問題の解決に多くの時間を費やす。古い軍用基地、瀕死の状態にある都市の中心部や工業地帯の活用法などなど。開発や成長を促進するのと同じように、場所の衰退や場所の優雅な死を手助けするのも、プランナーの重要な役割である。廃棄の過程や廃棄物に由来する災害の管理が、ますますプランナーに要求されるようになるだろう。したがって、読者はこの論題こそが計画の中心であり、中心となるべきだと認識するだろう。

変化、衰退、変様、再利用という廃棄と廃棄物にかかわる主題は、長い間、ケヴィン・リンチにとって、興味のつきない対象であり、彼の数多い著作の中で一貫した道筋をなしていた。マサチューセッツ工科大学都市計画学科に一九四七年に提出された学士卒業論文、「住宅地区における建替えと計画の見直しのフローの管理」は、建築環境の中で起きている、変化、価値の低下、廃棄への彼の関心が示されている初期の事例である。この中で、彼は、住宅供給の計画の見直しと構築のやり直しをもっと速やかに促進させる手法の可能性を探求している。その後、一九五二〜五三年のヨーロッパ旅行の日誌の中では、荒廃した風景について幾度も触れ、シエナの郊外の丘陵やフィレンツェに近いムニョーネ渓谷に沿った丘陵の廃棄された土地について、以下のような記述を残している。「シエナの東側はまるで悪夢だ。雑草しか生えていない剝きだしの岩丘、あぜ道のある土地、不毛な土地が、溢れでてくるように何マイルもつづく……浸食作用は今も起きている」。リンチは、子供たちが、廃棄されたモノや廃棄された空間で喜んで遊んでいるようすを熱心に観察した。その後の著作では、子供たちの遊び場、将来への余地、そして人間以外の生物が生存する場としての都市内の「廃棄された空間」の重要性をいくども検討している。

『敷地計画の技法』(一九六二)の中で、リンチは、土地資源の利用について、鉄道の操車場、家畜の飼育場、氾濫池などの遺棄された土地のリサイクルの可能性について検討した。廃棄された土地には価値などないように見えても、他の誰か、あるいは他の生命には、とても重要かもしれず、将来の利用にも欠かせないかもしれないことを強調した。事実、現代の郊外住宅地は、郊外の恩恵を享受するには、人のいない廃棄された空間が少なすぎるのではないかとリンチは考えていた。「オープンスペースの開放性」[*2]（一九六五）とともに『青少年のための環境計画』（一九七七）と『居住環境の計画』（一九八一）では、子供たちが管理からの自由と冒険を発見できる都市の中の荒野、つまり「廃棄された」空間の大切さを主張した。彼の晩年の計画の中でも、ボストンの二つのプロジェクト、コロンビアポイント、そしてフランクリンフィールドは、都市の中の廃棄されていた空間に建てられ、半ば遺棄されていた公共住宅を、再び利用するという課題を抱えていた。

『時間の中の都市』（一九七二）の中で、リンチは、廃棄のひとつの様相である、環境の中で起きる変化の知覚、表現、管理に焦点を当てた。とくにイギリスの石炭産業やストーク・オン・トレントの陶器産業などの衰退後に放置された土地についてのリンチの記述は、鮮やかである。環境を静的に考察するのではなく、環境の変化に取り組み、変化を助長し、表現し、賛美するべきだと、彼は都市計画家や建築家にいくどとなく忠告している。ドナルド・アップルヤードとの共著であるサンディエゴの研究『サンディエゴは束の間の楽園か？』（一九七四）では、まず第一に、サンディエゴに人びとを引きつけた特別な魅力の「計画的な」破壊、つまり敷地の持つエコロジカルで地理的な特質を無視した、近視眼的な開発によって引き起こされた環境破壊に焦点を当てた。彼の人生が終局に向かうころ、軍備競争が過熱して核廃棄物や産業廃棄物の危険は脅威となる一方で、廃棄物という論題は、彼にとっても緊急の課題となった。晩年の二編の文章、「私たちに何が起きるのか？」（一九八三）そして「カミングホーム」[*3]（一九八四）では、核戦争が日常生活や環境に及ぼす破壊的な影響を思索している。

ケヴィン・リンチの廃棄に関する考えは、ウェイストコンシャスな質素倹約に徹したライフスタイルに明確に示されていた。紙、アルミニウム、硝子のリサイクルには潔癖なまでに参加し、「コンポスト」が広まるはるかに以前から野菜のゴミは地中に還して堆肥にしていた。彼の家庭では、仕事と寛ぎのバランスが保たれていたし、時間を無駄にするテレビはなく、時間がみごとに按配されていた。本を書くときには、いつも紙の裏側まで使ってから捨てていた（この著作の最初の下書の一部は『居住環境の計画』の原稿の裏に書かれていた）。もったいないからといって、欲しくないものや必要ないものまで食べたり、翌日捨てることになるのに冷蔵庫に入れておいたりするのは、無駄なことに変わりないと食事のときによく言っていた、と彼の家族は、回想する。リンチは、エコロジカルなトイレ「クリヴュス・ムルトルム」を誇りにしていた。それはマーサスヴィニヤード島の別荘とニューハムプシャーの自宅に設置されていて、自宅のものはマサチューセッツ州で最初のものだった。ダブリンのジョージアン様式の住宅のような観光の名所をめぐるときには、実際の生活や衰弱が、気取りなく露わにされている家の裏側を眺めて歩くのを、彼はとくに楽しんでいた。

本書は廃棄物の科学的な分析、あるいは「ハウツー」マニュアルではない。むしろ、廃棄のプロセスに向けられた哲学的で社会的な問いである。数多くの疑問が提出されているが、解答はほとんど示されていない。廃棄のプロセスに関する科学的で技術的な指摘もあるが、社会的・心理的な示唆の方が重要なのである。所によっては本書の内容は、耐えがたく心地良いものではないかもしれない。廃棄物を扱う論考を楽しむことなどないのが普通だろう。リンチによる多岐にわたる廃棄のプロセスの検証は、新しく優れた見識に溢れ、論議を呼び起こすものだが、ヒューマニズムと機智は、彼の読者の期待どおり本書の隅々にまでゆきわたっている。彼は、文化人類学、歴史学、自然科学、社会科学、そして、計画を含むさまざまな分野の題材を渉猟し、統合している。祝祭や儀式そして芸術における廃棄についても得るところがあるだろう。

リンチの廃棄物に関する概念は幅広い。日常のガラクタ、ゴミに始まり、放置された土地や建物、そして自然界で起こる破壊や衰退にいたる、さまざまな現象が包括されている。彼が指摘するように「これほどの多義語は辞書でもたかだか百語だろう」。廃棄されたものという考えを、もっとも根本的な意味にまで還元し、その意味の広がりの多様さを探求し、読者の概念を拡張する手際は、面目躍如たるものがある。「廃棄されたものは、人間の目的にとって価値のないもの、使い途のないものである。有用で有益な結果をもたらすこともなく、ものが減少してゆくことである。それは、損失であり放棄、減退、離脱であり、死である。それは、生産と消費という行為の後に残る、使いはたされ価値の失われた物質であり、また使用済みのあらゆるもの、ゴミ、屑、残りもの、ガラクタ、不純なもの、不浄なものを意味する。この世の中には、廃棄されたモノ、廃棄された土地、廃棄された時間、そして廃棄された人生がある」と彼は書いている。

本書は、廃棄の過程を描く二編のファンタジーが収められたプロローグで始まる。このまったく楽しくない文章は、廃棄に満ちた世界と廃棄のない世界の、両極の論理的な帰結を鮮やかな筆致で描写する。リンチはユートピアとともに、その対極の地獄のような悪夢カコトピアにも魅了されていた。どちらも示唆的であると考えた彼は、よく著作の中に取り入れたり授業に用いたりして皆の思考に焦燥や刺激を与えている。二編のファンタジーは、読者を本題へとすばやく引きこむ、言葉のスナップショットである。

次章「病的で不浄な思考」の中で、彼は私たちを社会の中にある廃棄物という、あまりにも幅の広い問題に連れだす。なぜ廃棄物や廃棄のプロセスは不快なのか？　廃棄が尊ばれたり祭られたことがかつてあったのか？　数多くの文化の中での廃棄物を考えながら、彼は、その他の主題とともに、階級と廃棄物、食事、洗浄、そして死を語る。次の二章、「モノの廃棄」と「場所の廃棄」は、自然界における廃棄に始まり、人間社会における廃棄、つまり、軍事的な廃棄、破壊や解体、放火、ゴミ漁りや収集、放棄、遺棄、さらには再利用にいたる、数多くの廃棄のプロセスに、私たちを導く。

「廃棄を眺める」と「廃棄について話す」（補遺A）は、良いケース悪いケースを含め、廃棄のプロセスが環境の中でどう見えるのか、廃棄物がどのような意味を持つのかを生の声で伝える。リンチの著作の持ち味は、ごく一般の人の視点から観念を立脚し検証する方法であり、それは、初期の代表作『都市のイメージ』で始められたアプローチである。「廃棄について話す」でも、同じように、限られたインタヴューを基に、人びとの廃棄に対する態度を報告する。「それでは廃棄とは何か」の中で、ようやくリンチは、廃棄物の定義を行ない、廃棄物とそれ以外の損失との違いを探求する準備をする。最後の章「上手に廃棄する」は、積極的な廃棄の哲学を示し例証する。廃棄物と廃棄の問題は、積極的にしかも創造的に捉えられるべきなのだ。廃棄は、生命や成長に必須の要素だからである。上手に廃棄を行ない、その中に喜びを見いだすことを学ばなければならない。

本書の編者という私の役割は、彼の死後に始まった。私は、マサチューセッツ工科大学で彼の生徒であり、二〇年以上もの間、彼を熟知する間柄であった。私たちは、都市の中の廃棄物や廃棄された土地の問題について、さまざまな機会に議論をしてきた。リンチが死去したとき、本書の原稿は、おおよそ完成され、すでに彼自身の手で一度編集されていたが、最終的な本の構成、出典の指示、図版、編集は残された。彼のノートから、本の構成や表題については検討中であったことが、はっきりしている。リンチはまだこの原稿に十分には満足していなかったため、出版の準備は完全に整っているとはいえなかった。しかし、原稿に目を通してみると、それは、思考を大いに刺激し、廃棄物が持つジレンマへとアプローチする新しい方法を充分に喚起するものであった。原稿を読んだ人は皆、原稿を公開するべきであると強く感じた。私が原稿を受け取ったとき、彼のノートと出典の指示は整理されてはいなかったし、参考文献リストも未完成であった。予定されていた図版の集められた未完成なファイルは、存在していたが、図版の位置もキャプションも定められてはいなかったし、まだ多くの図版を必要とした。そこで、編者としての私の役割の多くは、原稿を最終的な構成へ展開し、本にまとめ、表題を選ぶことであった。いくつかの章では、私は、彼の文章の流れを良くしたり、文章を明断にしたり、重複を削除したり、ある部分の内容を最新のものに変更したが、大幅な書き換えは行なわないように努めた。すべての図版の選択とキャプションの記述は、私が行なった。本書のために二五年にわたりつくられてきた研究ファイルに基づいて、リンチによる出典の指示を文書化し、参考文献をリスト化するためには、かなりの努力が投入された。（補遺B「編集の手法」を参照）

作業を支持してくださった以下の多くの方々に謝意を表さなければならない。リンチ家の方々、ケヴィンの妻アン、そして子供たち、キャサリン、デイヴィド、ローラ、ピーター、私の研究の助手を務める、ラジーブ・バハティア、キムバリー・モーゼス、アミタ・シンハ、リンチの原稿をタイプした、アン・ワシントン・シムノヴィック、リンチとともに「廃棄について話す」のためにインタヴューの仕事をしたアーン・エイブラムソン、本書の出版を可能にした、シエラ・クラブ・ブックスのダニエル・モーゼスとその同僚諸氏。また、以下の方々からは、本書の編集のさまざまな段階で、原稿についての貴重なご意見をいただいた。トリディブ・バネルジー、ゲイリー・ハック、リチャード・ピーターソン、ケヴィン・リンチのすべての生徒たち、そして、その同僚たち、リンチの恩師でありマサチューセッツ工科大学では同僚でもあったロイド・ロドウィン、そしてスーザン・サウスワース、とナンシー・ウォルトン。

人間環境への理解を深める研究、あるいは環境を利用する人びとの参加による環境の創造を検証する研究を広く知らしめるためにマサチューセッツ工科大学にケヴィン・リンチ賞基金が設立された。本書の著作権使用料は、この基金に寄付されることになる。

マイケル・サウスワース
一九九〇年三月、バークレイにて

PROLOGUE

プロローグ

変化の暗い側面

「吾の眼にするは、変化、そして衰退、
ああ、汝、変わらぬもの
吾のそばにとどまれ」
ヘンリー・フランシス・ライト（一七九三-一八四七）

すべてのものは変化する。死は、変化の中で生物的なパターンを維持するひとつの戦略である。私たちは、意識する存在であり、頭脳は、安定、分離、そして突然の動きを認識するのに適している。そのために、死だけではなく、多くの変化を悲劇的で混乱させるものととらえ、死、損失、そして損失の兆候である廃棄物を恐れる。最悪の変化は衰退、廃棄による衰弱、そして高齢化である。廃棄物は、回避すべき、洗い流すべき、不浄である。清潔さと永続性が望まれ、さらには、能力と力量のあくなき増加が望まれる。しかし、永続は停滞であり、成長は不安定なので、永続と成長をともに望めばジレンマに陥る。

いくたびかの苦難を経て、「計画」は、ようやく変化の存在を認識した。「公共の事業が、寿命と安定性をもたらすならば、変化と擾乱よりも望ましいとは言えなくもない」[*1]というモンテーニュの言明を支持することは、もはやできない。増加を促進し管理するさまざまな技術が開発されてきた。それでも、私たちは初期の変化がそのままつづくと思いがちである。衰退へのアプローチは、ひとつの迂回路を示す。トレンドの転換、封鎖、処分、一掃を試みる。

廃棄物や損失は、変化の暗い側面であり、抑圧されてきた情緒的な主題である。セックスや死を露わにするポルノグラフィと同様に、廃棄物のポルノグラフィも存在する。ローマの遺跡を撮影したスライドは、大抵ローマ時代のトイレの座席も映す。有用な排水設備は、もったいぶった工学の一端を担うわけではなく、「衛生設備」としての品位を保つ。私たちは、倒壊された建物に魅了される。環境パンフレットには、ゴミの山がつねに登場する。都市の内部に放棄された家々の映像は、アメリカの大都市の姿を、もっとも力強く描写した。「不浄」という形容詞には、さまざまな意味の広がりがある。

固形廃棄物の集積や悪化の一途をたどる水と空気の汚染は、急務の課題になった。もう、何事も容易に処理できるはずもない。私たちのつくりだした毒が戻ってくる。都市は必ず衰退する。急成長した新しい都市が衰退を始めるときには、事態は一体どうなるのだろうか。考えるだけでも身の毛もよだつ。

これから、この始末に負えない問題を検証してゆくことにしよう。毎日放出されるゴミ、何世代も放置されてきたコミュニティ。それは、モノの廃棄であり場所の廃棄である。上手に廃棄してゆく方法があるのだろうか？

環境と経済についての議論が白熱する中、ベイヤード・ラスティンはかつてこう叫んだ。「誰が、廃棄物を肯定するだろうか！」この申し立てを引き受けてみよう。

ファンタジー

廃棄は、生存には欠かせない要素である。廃棄のプロセスが、上手に管理されなければ、生命は脅かされる。また廃棄が抑止されても、別な意味で生気がなくなることもある。廃棄の制御できない世界は、どのようなものなのだろうか？　これから始まる二編のファンタジーは、廃棄に満ちた世界、そして、廃棄のない世界の成りゆきを論理的に探求している。それは、どちらも悪夢である。[*2]

廃棄のカコトピア

人びとが住む建物から、圧縮された生ゴミと屑が、ゆっくりと絶え間なく押しだされてゆく。この行列は、つぎつぎにベルトコンベアの上に落ち、都市の境界線である高い尾根へと向かう。この大陸は人口が多く、隣り合う都市が、互いに圧し合い、廃棄物の尾根はネットワークを形成し、尾根の中を各都市を結ぶ道路が貫通している。それぞれの都市は、国境警備隊を配備し、隣国が国境を越えてゴミを投棄しないように監視している。

廃棄物の行列は、尾根の陵線近くで、降ろされる。コンパクトに固められた廃棄物は、鋭い角度の山の上に静止して、落ち着く。廃棄物の山の基礎が、徐々に帯状に広がり、居住地は圧迫されてゆく。水や食料は、遠くから輸入されているので、到着したときには、漏出したり痛んだりして、使えるものはわずかしか残らない。陸地は、放棄された建物、所有者もわからず草も生え放題の空き地で埋めつくされ、もはや都市が効率的で高密度な形態に変様するのは、ほとんど不可能である。誰のものともつかぬ土地で、人びとは、防毒マスクをつけ、大きな機械に乗り、建物を破壊し、雑草を刈り取り、危険な虫や小動物の駆除に明け暮れる。学校をさぼった子供たちもまた、このジャングルで遊ぶ。そして、悲しい事故も毎日のように起きる。

多額の予算があれば、市当局はゴミを人も住まない何処か遠くの窪地まで運ぶだろう。グランドキャニオンは、もうほとんど満杯となり、コロラドの地下に恒久的な水路が整備されてきた。今では、ミンダナオ海溝は浅く、オランダは海面よりもずっと高い。廃棄物が、北極の雪原を覆いつくし堆積するにつれて、表面は黒ずみ、汚染された大気による温室効果も加わり、氷は溶け、海面は上昇してきた。

人びとの居住地は、海へ突きでたり、幅の広い河の上をまたいで建設されている。河の流れを速くするために、河は直線状にされ、内壁はガラスで表面処理されている。居住地からは、その下の流れに直接排泄できる。水流や潮流が粘性を帯びすぎないように、濾過装置で粒の粗い排出物を取り除いている。水路全体の流れを維持するために、輸入された水が放水される。建物は、密封されているので、中にいれば、水路からでる臭気は気にならない。海は腐食性がとても強く、普通の船は航行できない。しかも浮遊する屑が散乱して航行は危険なので、海底を横断する長いトンネルが設けられている。

普通の煙は、かなり高いところから吐きだされる。有毒な霧とガスは、薄い膜でできた袋の中に封入されて、宇宙へと放出される。この袋は、封入された気体を閉じこめ、地球の外へ送りだすのに充分な強度があり、反射性も高いので航空機が回避するのも容易である。空中清掃局の作業員が、大きな着陸地へのアプローチ周辺の空間の開放性を保つ。このあたりは、大気の開口部から、いつも太陽や月を眺められるので、リゾートホテルの敷地として好評である。

急速に消費される物質を補うために、地球、月、二つの惑星、いくつかの小惑星で、鉱物、酸素、水、炭化水素の採掘が行なわれる。地球の内部が空洞化し、表面に廃棄物が堆積するにつれて、岩底が崩壊し、火山活動が復活する懸念もある。万一の事態をさけるために、廃棄物が廃鉱の横坑道に注入される。しかしその後に生産欲が高まると、新しい鉱物や少し質の落ちる物質を求めて、再び採掘されることになる。

このような大規模な物質の輸送と変様には、相応のエネルギーの損失が必要となる。一度エネルギーが浪費されると、あたりの騒音として、また廃熱として、排出される。地球から宇宙への放射では処理しきれず、排出されたエネルギーは、結局、大気の温暖化を持続的に引き起こす。外部への熱放射を増やすために、最近、放射装置が対流圏に設けられた。

化石燃料はほとんど枯渇し、森林は、成育が阻まれ、伐採しつくされている。原子と太陽の力は、今やもっとも重要なエネルギー源である。地球の表面の大部分はすでに放射能で汚染され、原子力の副産物が安全に宇宙へ吐きだせる割合にまで原子力の使用は抑制されている。一方、大気の不透明度が増して太陽の力も必然的に抑制される。太陽エネルギーは、ほとんど、スモッグの上空の軌道上を周回するパネルで集積され、今では、地球は、太陽の放射熱から安全に遮蔽されている。エネルギー源を増加させるために、太陽という原子炉の中に新しい非安定物質を打ちこみ、核融合の速度を速め、太陽の恒星としての進化を加速させている。この太陽活動の寿命を縮める行為は、人類の寿命に影響を及ぼすとは考えられていない。

近年では、生物の種の半数以上は、生息地が完全に破壊されたために絶滅した。可愛らしく、人間にとって有用な限られた種だけが、保護区に移されたり、防毒マスクやその他の人工器官で守られている。人間に寄生する動物は、人間の居住地の近くやその中に群れをつくり、比較的巧みに生存している。他の生存種の中でも、とくに原始的な生物は、この緊張状態の中で、豊富に流動する有毒物や廃棄物や熱を活用して、急速に進化した。これらの新しい生物は、急激に増大したり減少したりをくり返し、周期的に人間の居住地に侵入する。

人類とて、もっと活動的で攻撃的になる。女性は、一〇人から二〇人の子供を産み、強いものが選択され、弱いものは淘汰される。人生は短く、さまざまな出来事に溢れている。暴動やデモは、頻繁に起きる。都市は、相互に競い合い、それぞれの軍隊は、あたり構わず踏みにじる。

祝典、見せびらかし、所有物の交換は、「財」の流動をもたらすので、生産の体系には欠かせない。華麗なる饗宴の数々が、夜遅くまで催され、嘔吐も絶えることがない。多くの見物人の羨望に満ちた眼の前で、高価な品物を惜し気もなく破壊することは、富と権力の何よりの証しである。

富裕な人びとの家は、下層階級の清掃夫が扱う精巧な機器によって、染みひとつなく清潔に保たれる。収入が下がると、環境はどことなく汚れてゆく。消費の割合と清潔さの度合いをかけ合わせたものが、社会的な地位を測る規準である。洗練された人は、すばやく食べ、よくシャワーを浴び、食後のたびに、ぱりっとした衣服に着替えている。

上品な社会では、廃棄物や死は話題にされない。望まれない幼児は夜陰に紛れ、遠い場所に捨てられる。大人は、特別な病院に、匿名のまま送られ、浄化され、そこで死ぬ。子供たちは、排水の流れる河の上に設けられた秘密の場所で、気づかれずに排泄するように教えられる。河の話をしてはならないことも学ぶ。でも子供たちの中には、建物の下からゆっくりと絞りだされてくる膨らんだ廃棄物のチューブや、空高く突きでた煙突の人びとを冷やかすような姿を見て、クスクスと笑いだす者もいるだろう。廃棄に対する羞恥心は、社会的な地位の目安となる。

廃棄のないカコトピア

この悪夢から逃走し、廃棄から解放された社会を夢想しよう。生ゴミよさらば。汚水よさらば。清浄な空気、閉塞していない地球、そこでは、あらゆるものが使いつくされ、食べものは傷むことなく、倉庫のロスはまったくない。植物も動物も不用な部分が小さくなるように育てられる。すじのないさや豆、骨のないニワトリ、皮のないビート。これらは立方体に梱包されて、あまり遠くない所に輸送される。食料は、消費される場所で生産され、消費される瞬間にほどよく準備されている。残飯を目にすることもなく、地下深い鉱山もない。モノは、木と骨と動物の羽毛でできている。エネルギーは、食べものあるいは太陽から直接に供給される。炎はプロメテウスの手に戻され、空気は清らかである。

どこまで行っても、雑草や無用な動物を見かけることはない。ヒメ芝、三色昼顔、サルトリイバラ、ホテイアオイ、アキノキリンソウ、生け垣のバラもなく、蟻やトガリネズミもいない。人間に寄生する動物もいない。ハツカネズミ、ドブネズミ、ゴキブリ、アライグマ、スズメ、カモメ、蚊、蚤、ゾウムシ、そして病原菌なども消滅した。飼い犬も飼い猫もいない。野良犬や野良猫は許されない。有用な植物は均等な間隔で植えられ成長する。多くは広い温室の中で育ち、どの植物も互いに光を遮らない。秋の落ち葉のため、落葉性の植物は嫌われるようになった。反射鏡が、丘陵や建物の北側にも太陽の光を分配する。

使われていない建物、空き地、使い途のない隙間、荒廃した屋上、長い廊下、曲がりくねった空間、奇妙に奥まった空間などは存在しない。建物の形は、規則正しく、不釣り合いな増築部分はない。建物は何世代にもわたり保たれ、先祖代々皆同じ家に暮らす。家は、標準設計図に従い、基礎の部分から採取された材料で、建てられる。材料の寿命がつきると、完璧に分解され有用な材料の堆積物になる。外部も内部もすべての空間が完璧に使用される。部屋は狭く天井は低く、身体の寸法に正確に合わされる。居住地は小じんまりとまとまり、パオロ・ソレリ[*3]が予告していたように、複雑に小型化されている。居住地は、暗く、冷たく、静かで、太陽熱と体温で暖められている。体温は、厚着をしたり寝床で毛布にくるまることで保たれる。建物は完璧に断熱され、ガスは排出しない。都市のヒートアイランドも、スモッグも、存在しない。まれに変化が必要となるときには、明確に区切られた領域の中で、すばやく計画的に起こされる。空間が放棄されると、たちまち接収される。

時間も、空間と同じように、効率的に使われる。工場はつねに稼働し、街路もいつも満杯で、寝台には、いつも誰かが寝ている。食事はたえず用意され、次から次に食べられてゆく。地球外の軌道上の鏡が、太陽からの放射熱の量を一定に調節し、庭園では一年中植物が育つ。毛皮の商いは、過去のものとなった。季候は、いつも晴れていて涼しく、暴風雨は起こらない。雨は、軽い霧のように、農業地域全体に降るが、山側の地域には降らない。流れる水を採取し、建物や巨大な温室の中に閉じこめ、たえず循環させて水の循環ロスは極小化された。そのため、河口は干上がり、海の水位が低下した。海洋の表面は、今では陸地の表面よりも低い。海の旅は、帆船に頼るが、風力は弱く、速度は緩やかである。陸の旅はもちろん、徒歩、サイクリング、動物の牽引車に限られる。しかし旅行者はわずかで、遠くへ運ばれる品物もほとんどなく、浪費される時間もほとんどない。

入念な遺伝子操作により、身体の寸法が標準化され、衣服や設備を途方もなく節約した。小さくなって身体の維持に必要な熱量の摂取と損失のバランス効率も良くなった。居住空間も変速機のギアの寸法も節約した。子供たちは、ある標準身長から次の標準身長へととびとびに成長し、割に早く標準身長に達する。これは子供服のサイズの種類を低減させた。未成熟で注意を要する期間は、すべての有機体にとって無駄《ウェイストフル》な時間でしかないので、迅速に完了される。人びとは、受動的で穏やかである。個性は、選ばれた鎮静剤で矯正されている。

共生するバクテリアが体内の排泄物のリサイクルを助け、人間が排出する廃棄物は、わずかであり、食物の摂取量も低減された。料理は、太陽熱で行なうが、食物の多くは、生で食べる。子供たちは、軽く食べること、認可を受けたリサイクル・ステーションで放出するまで体内の廃棄物を保持することを教わる。リサイクル・ステーションはいたる所に点在し、つねに効率的に機能している。もちろん、饗宴は、道徳にもとり、嘔吐は、たとえ不本意でも、きわめて恥ずかしい。

下水は何処にもなく、ゴミも極端に少ない。街路にはゴミひとつなく、家の中には塵ひとつない。漏出も、破損も、煙も、スモッグもまったくない。街路清掃は、もはや必要なく、（先に述べたように、廃棄された水を低減するために水量は減少されてはいるが）すべての水は、清潔に流れる。点在するリサイクル・ステーションは、昔の廃棄物の尾根の唯一の名残りである。

清涼で一様な空気に保つために、発汗作用も低く抑えられている。涙は、好ましくない。身体は、心地の良い状態に調整され、虫垂は誕生したときに切除される。活動してエネルギーが消費されても、身体が小さいので皮膚からの熱損失は低く、不必要な動作も回避される。跳ねたり、爪先で旋回したりはしない。歩行は、非効率的な移動の様式であり、今ではほとんど一輪車を利用する。もちろん交通機関は無駄《ウェイストフル》なので人びとは遠出をしない。さまざまなシンボルが旅行に代わり、人びとの多くは、生活する場所で仕事をする。

石鹸は、滅びた日用品となり、入浴や洗濯の道楽も忘れられた。ほうき、モップ、電気掃除機は、今では博物館の展示品である。情報を伝達する、音、香り、光波は、空気中に拡散して失われぬように、受信機に向けて直接に送られる。情報を欠いた信号は、情報の発進源で削除される。機器は無音であり、交通、木々の葉、水の音は検出できない。ここは沈黙の世界であり、柔軟で正確で象徴的な情報交換によって、わずかに擾乱されるにすぎない。摩擦は私たちが直立したりモノが静止できる極小の値に抑えられている。大陸の縁は、潮汐エネルギーの損失を低減するために滑らかにされた。機器や道具の動く部分は、すべて接触すると静かに滑る。人びとが、手を擦り合わせて暖まることもなく、炎は禁止されている。人工の光は冷たい。

ここには、言葉や動作の無駄《ウェイスト》も存在しない。すべてに注意がわたるように意図されている。装飾、音、その他の過剰な誇示も、禁止されている。祝典は、みな通常の範囲を逸脱しない。誰も、反復、騒音、誤報に悩まされることはない。議会の議事録は、広告、ゴシップ、学者の論文とともに廃止された。不注意、怠惰、精神的な放浪も存在しない。誰もが、ぐっすりと眠り、ぱっちり眼を覚ましている。慢性の不眠症が理想的だが、いまだに完全には成し遂げられていない。睡眠時間は誕生の時に短く調整され、二四時間の中で均等な人数の集団に均等に割り振られる。予定は完璧に規則正しく、重なり合う場合を除けば、時間で規定された集団同士の、社会的な交流はまれである。誤りは決して起きない。そのために学習のひとつの様式が失われたが、収集された情報の蓄積は、正確で入手も可能である。

廃棄物の究極は、経験豊かな思慮深い人材の損失であるのは言うまでもない。不死に向けてさまざまな勢力が重ねられてきた。記憶や人格を次の継承者へ転移させる方法を探求する研究者もいる。この研究の成果により、活動的な人生の長さを数百年にまで延長してきた。別の研究の成果により、人の認識と情緒のパターンの多くをみごとに記録し、新しい人の内部に取り入れることもできる。したがって、ある世代は別の世代ととても良く似ている。人生は、長い。いかなる事故による死も、まれとはいえ、破滅的である。自然死の訪れは予測できる。完璧な報告を行ない、事態を慎重に落ち着かせるのに充分な時間が与えられる。それは、むしろ静寂で厳粛な出来事でもある。

また逆に、新しく誕生する人は、亡くなる人と交替に生まれるように、慎重に管理される。そのため、詳細な予測と計画が要求される。求愛やその他の性的な準備に費やす時間はない。精子も卵子も廃棄されてはならない。悦びを求める性交は、たしかに禁止されてはいないが、明らかに不必要である。適切な予防策が取れるように、この行為は登録されなければならない。多くの女性は子供を産まない。女性に対して男性の割合は低く抑えられているが、わずかな数の男性は必要とされる。胎児や子供はまちがいなく発育し、若死にや出生数の不足もない。その予防のためにも、子供は慎重に隔離されている。

まれにしか起きない事故は、ニュースの大見出しを飾るに値する。この世界のニュースは、本書の読者には少し退屈なものだろう。新聞は、反乱も、混乱も、戦争も、災害も、どのような闘争も、読者に伝えない。すべての話題は、興奮も憎悪もともなわずに、迅速に、決定される。ここには、経済的な競争も、社会的な競争も、地位や資源の分配をめぐる争いも、破産も、景気循環も、失業も、存在しない。巨大な保険会社も広告会社とともに消え去り、往時のオフィスタワーは、鳩舎と養鶏場に転用された。かつての軍事用地は、今では、教練担当の年老いた軍曹が木々の整列を監視する、整序化された森林や農地である。軍事的な廃棄物の抑止は、その他のすべての著しい消費を止めることに匹敵し、世界中の生活水準を上昇させた。この申し分なく管理された世界では、統制も個人の内部で対処され、警察官もわずかな数しかいない。人びとは、非常に慎重であり、要求どおり過不足なく行動する。誰も、心理的な抑圧、混乱、神経症、精神病で苦しむことはない。

忘却されるものは何もなく、成長をつづける情報の蓄積を管理するのも困難となり、今では、知識の修得よりも、むしろ、知識の効率的な再構築と効率的な消去の方に、学問的な重要性がおかれている。記憶は完璧なうえに個人の寿命が延びているので、学習は抑制されなければならない。時間は浪費されず、過大評価もされていない。人びとは、この緩やかな生存の速度や、沈滞した情報交換に満足している。ただ変質者だけが、新しさを求める。おぞましいイメージの数々は、アンダーグラウンドで流通する。そこには、興味をそそる悦楽の記述、不浄な手、温かい炎、虐殺、野蛮な笑い声がある。

この世界は、予測が可能であり、驚きはまれにしか起こらない。偶然に左右される遊戯の数々は、入念に補整されて発展してきた。もちろん、物が賭けられることはない。公には推奨されてはいないが、寿命を予測する強力な能力と対抗するために、この遊戯は、きわめて複雑化してきた。新奇さと不確実さを求める堕落した欲望は、かつての私たちの愚かしさの名残りであり、のびのびとした創意に富む芸術によって癒される。多くの人びとが、あらかじめ調整された睡眠時間のたびに、地下深い洞窟の中で、依然として、芸術に耽溺するのは、嘆かわしいことだ。

＊　＊　＊

ひとつのファンタジーが、対極のファンタジーも、つくりだしたが、どちらも魅力的ではなさそうである。

CHAPTER-ONE MORBID-AND-DIRTY-THOUGHTS

1

病的で不浄な思考

廃棄をめぐる言葉

廃棄に対する不快感は、廃棄の過程にあるさまざまな危険の客観的な結果であり、また理性が創造したものでもある。私たちの思考と行動が、何世代にもわたって集積したものが、感情である。その感情が、変化を管理する方法を決定する。感情は、自己の意識には欠くことのできない重要なものであり、私たちは、両義的で否定的な廃棄のイメージを用いて、日常に生起する物事の流れを扱う。廃棄に対する行状と心構えに折り合いをつけようとしながら、廃棄の過程を転換できないなら、私たちは、考え方を変えなければならない。人間の感情には、この目的に適うものも、適わないものもある。もっと上手に世界を管理するためには、まず人間の感情を理解することである。

汚物を表わす一般的な語彙には、情緒をともなう強度がある。会話で使うと寛いだ面持ちを誘うこともあるが言葉の刃となることもある。宗教が意識の中心から去り、いにしえの神への頼みごとや悪魔、そして罵倒の役割を、セックスの言葉とともに汚れた言葉が引き継ぐ。shit うんこ、piss おしっこ、crap 糞、pus 膿、これらの言葉をただページの上に並べるだけで、読者の注意を強要する。汚れにまつわるスラングの多さも、汚れが無意識の中でも重要であることを暗示する。丁寧な言葉を用いて、スラングにまつわる情緒をぬぐい、当たり触りのない客観的な言い回しにしようとしても、（stool 便器／大便 offal 屑肉 ordure 汚物のように）まれに自意識過剰で使われる言語的な変種のままでいるか、日常語に組みこまれ、祖先たちと同じく情緒的な色合いを帯びはじめてゆくのである。defecate（清める／排便する）もこの変貌の渦中にある。

汚れにかかわる思考は、人間の文化の中にあまねく浸透している。不純には物質的なものも象徴的なものもあるだろう。聖なる教えが心奪われてきた問題は、主に不純なもの、不純の回避の方法、そして浄化の儀式である。私たちは、混沌と見える世界に秩序をつくり、定義や安定をもたらすために、境界線を用いて世界を分離する。清純と不純は、この境界線を誇張し、切り口を明確にする。私たちは、時間をひとつの流れとしてではなく、ある時代の静寂な水面から、次の状態へと流れ落ちる滝のように認識する。

二元論

私たちの理性は、物事を分別するようにつくられているので、二元論はとりわけ歓迎される。有用か無用か、前か後ろか、効率的か無駄が多いか、貯蓄か支出か、成長か衰退か、生産か消費か、成功か失敗か、生か死か。私たちは、廃棄も、このような二極の中で捉える。二元論は経験に秩序を与える強力な手法ではあるが、このデジタルな観念は、用心しないと不条理な行動を招くこともある。養鶏農家は、「出荷する生産物の売れ残りは、法律で廃物とみなされるので、鶏の餌にすることはできない」と不満を言う。古代中国の陰陽の教義（そして魅惑的でグラフィックな象徴）は、全体性に対する直観に反して、心につくりだした、明るい／暗い、冷たい／温かい、女性／男性、受動的／能動的、水／火、地球／天空、という二元論を溶解しようと試みているので興味深い。見慣れた境界線がないと、私たちは、事象への手がかりを失う。例えば、動物の内的な器官は、外側の形よりも、混沌として見える。根茎や内臓よりも、外観から種を見分ける方が楽である。表情豊かな外観は、その種に対する私たちの長年の経験と共鳴し、外界からの明確な影響力にも共鳴し、また意識と意識対象の相互進化とも多分に共鳴している。しかし、解剖学者たちは、私たちには不定形で不快感を催させるほどの内臓にも豊かな形を認める訓練をしている。

アイデンティティが危機に瀕するとき、危うくなった境界線をしっかりさせるために、定義も鋭く硬直したものとなり、両義的な周縁部は、歪められたり、抑圧される。このような事態は、時がたてば危険ではなくなる、できたての廃棄物に関しても生じる。同じ有機的廃棄物にしても、ボロ布よりも腐ってゆく生ゴミの方が、むかつくのである。

清純と汚物

不純なものへの社会的な「しきたり」は、生物的に危険なものを警告するだけではなく、世界観にも影響を及ぼす。そうした「しきたり」は、人間集団の特異性をきわだたせる。癩病は、人からは伝染しにくいが、人間の姿形を歪め醜くする病気である。社会は、伝統的に癩病患者を、あたかも猥せつで淫らな罪人のように拒絶し、彼らに警告のベルをつけさせ、街から追放したり、街はずれの癩病患者の家に隔離した。中世の西欧では、この追放によって、かえってこの病を流布させてしまった。

ユダヤ正教の食事と食器にかかわる戒律も、よく知られた約束事のひとつである。ローマ人の征服によってユダヤ人のアイデンティティが脅かされたとき、その規則は、さらに入念に、さらに綿密につくられ、永い歴史を超えて、ユダヤ人のアイデンティティを維持することに貢献してきた。一方、キリスト教は、普遍的な宗教となることに専念し、信者たちを食事にかかわる戒律から解放し、忌み嫌うべきものに関する戒律だけに関心を向けさせた。「どのようなものも、それ自体は、不潔ではない」とパウロは宣言した。しかし、エルサレムの宗教会議は、偶像へ捧げる肉を自制するように布告した。一五世紀から一八世紀にかけて広められた、ヨーロッパの行動教令も、糞便、尿、粘液、唾液、おならなどの身体からだされる廃棄物の礼儀正しい管理の方法に、重点をおいていた。話し方と食べ方の礼儀作法とともに、このような規則が、大人と子供を、そして上流階級と下層階級を区別した。インドでは、その独特なカースト制を維持するために、ブラフマンたちは、毎日三度、入浴をした。

古代の神道の教義は、清純さに対して、もっと強烈な考えを示している。神道は「生」を指向し、健全な生活の対極にある、病気、不具、流血、あるいは死を厭う。天皇たちは、亡くなった先代の宮廷をさけた。死に逝くものは、その場を汚すことのないように、できる限り亡くなる前に家から運びだされた。そして、亡くなると、あたかも特別な配水管や運搬車で運ばれる廃棄物のように特別な城門から市外へと運びだされた。「怪我」を意味する日本語は、清純さを「汚す」意味もある。「清め」は、重要な儀式であり、日常の生活は、清純さを維持するしきたりの数々で取り囲まれていた。六世紀に日本へ伝来した仏教が成功を収めたのは、おそらく、この忌避されていた空白の部分に入りこむ能力を備えていたからである。それは、初期のキリスト教が、地中海の周辺の古典的な宗教にはできなかった新しい方法で、死や病気に対処したのと、まさしく同じである。

このように、不浄は、コンテクストや文化と結びついた概念である。不浄は、場所をわきまえず、とりわけ、不愉快で、危険で、取り去り難い。「不愉快で」「危険で」「場所をわきまえない」状態は、文化によって定義されるものであり、また立場によっても相対的である。私たちは、髪を洗わない人を見下すが、彼らは、月経中の女性に軽率に近づく私たちを、軽蔑する。庭に咲く輝く矢車菊（cornflower）も、小麦の間に育てば、雑草である。古いアイルランドの農園では、うんざりするほどの肥料が、玄関の前に積み上げられていた。肥料は、良好な収穫の源であり、豊作の象徴であり、農家の人びとの丹精の証しでもある。「堆肥（muck）のあるところに幸運（luck）あり」。いたずら好きの妖精たちがあたりに姿を現わす、五月一日の前夜祭では、農園を守るために、聖なる木ナナカマドの小枝が、堆肥の山の中に垂直に据えられた。

私たちは、自分の仕事場にあるガラクタに戸惑うことはない。ガラクタを置いたのは自分だし、他の場所へ移すこともできるので、不浄ではないのである。新しい秩序をつくりだす自分の能力には自信があるので、この混乱は、表層的なものであり、伝播性もなく、他へ広まることもなく、私たちを脅かしたり、妨げたりしない。しかし自分の場所ではなく、どこか他の所で同じ光景に出会うと、うんざりする。今は他人の住まいとなった、昔のわが家を久しぶりに訪れてみると、しつらえ方が場違いに思えることがある。「彼らは、豚みたいに暮らしている」（と言うのは、清潔に暮らす動物に対する不正な中傷である。彼らが軽蔑されるのは、おそらく私たちの食べものの廃棄物を食べるからである）。引越したときに、私たちの使用していたモノが床に残されたまま、一時的に堆積して廃物となる。洪水の余波による荒涼としたようすは、さらにひどい。浸水した家財は、泥に覆われ、床の上にゴチャゴチャに横たわる。大地、水、そして財産。すべての価値あるものが、混淆され、むかつくような廃棄物にされてきた。

ひとたび定義された不浄さを増幅させるものは、いたる所にある。非生物や他の種の生物の汚物よりも、むしろ他人から排出された汚物の方が嫌われる。自分で努力しても汚物から逃げられない場合や、信念のために汚物が現実的な脅威となる場合には、事態はさらに深刻である。通常は清潔で、親しみのある、神聖なモノや場所を、汚物が汚染する場合には動揺はさらに大きい。街路のゴミよりも家の中のゴミの方が、野原のゴミよりも小川のゴミの方が、車庫の中のゴミよりも教会の中のゴミの方が、また床の上のゴミよりも食卓の上のゴミの方が、私たちをあわてさせる。身体や衣服や食べものにゴミがついていたりすると、気分が悪くなる。排泄物や、公序良俗を乱す行為や、あるいは不潔な人物そのものといった人間ならではの汚物は、あまりに身近な不浄である。

不浄が持つある種の危険性は、生物が媒介する伝染病に関する現在の科学的な理論によっても裏づけられている。たしかに、汚物への強い嫌悪感は、病原菌の理論よりもはるかに古く、根深く、幅広い。実は、この古くからある嫌悪感が、新しい理論を感情的に受け入れやすいものにした。

聖なる廃棄

不浄には、精神的な力「マナ」がある。不浄は、恐ろしく、また魅力的である。私たちは、不浄を抑圧するから恐れるようになる。その力はここに由来する。不浄は、パターンを傷つけるが、新しいパターンの素材ともなる。不浄には潜在的な力がある。対極の統一性を表現するために、あるいは文化的な「分別」を償うために、不浄を祝祭する聖なる儀式もある。そのような儀式は、私たちの両義性を客観的に眺め、不潔なものにひそむ危険な力を引きだす。清純さの境界を超える人、汚物や夢想、あるいは激しい興奮にひたる人は、特別な強さを獲得する。ズニ族の間でもっとも効力のある療法は、尿を飲み大便を食べ、ネウェクウェの舞踏をすることであった[*1](図55)。アッシジの聖フランチェスコは、裸で汚物の上を転がり、死の女神を迎えた。仏教の教義が、朽ち果てゆく死体を黙想して、「汚れの意識」を経て悟りにいたることを賛えるのは、生と再生の循環を自覚し、清濁が永遠に交替しつづけることを理解するためである。敬虔な宗教的な説話は、僧侶たちが、この汚れの意識を完璧なものにするために、夜になると死体の置かれている野原へ、どのようにして赴いたかを詳しく語りかける。初期のキリスト教徒たちは、身体を清潔にすることに強く反対した。隠者の聖なる不浄は、身体を虐待する断食のように、称賛すべきものであった。不浄の思考は、死の思考と同じく、このような裏返しの中で、情緒的な力を発揮する。

聖書［マタイ伝］の中で悪魔の名前であるベルゼブルは、ヘブライ語の「ハエの神」（あるいは多分「糞の神」）に由来する。「シーオウル」（ヘブライ人の死の国）つまり地獄は、エルサレムのゴミ捨て場の名前であった。地獄は、汚物や悪臭や騒音や得体のしれない怪物で溢れている。初期のキリスト教の修道者が、水のない荒野へと赴いたのは、荒野に棲み、魔力と性的な魅力の幻影で人びとを誘惑する、悪魔たちと戦う神の軍隊の先陣に加わるためであった。エジプトの「聖なるスカラベ」は糞にまとわりつく虫であった。ボロロ族の間では、治療の力のあるシャーマンは、自らの役割を遂行するために「不快で汚らしい臭いだが、慈悲深い、水の中に棲む怪獣」に招かれ、その愛撫に耐えるよう強いられる。病と死を予告する自然の霊気に憑れた、別のシャーマンは、自らの廃物もすべてその霊気に帰さねばならない。したがって彼は、何も捨てはせず、自分の廃棄物の片割れを一生携えて行かねばならない。*2

不浄に耐えられる度合いは、文化の違いや人格の違いによってさまざまである。この違いは、家庭や近所で頻繁に生じる軋轢の原因となり、アメリカ文化の中では、世代間の闘争の原因にもなっている。清潔さに脅迫観念を抱いて頻繁に洗浄し、自らの身体を阻害し友人も疎外してまで、とても慎重に汚染を回避する人もいる。一方、集団の規範に無頓着であったり、反抗的な人もいる。私たちは、このような人びとを、不道徳的で汚ないと判断し、脅迫観念を抱く人びとを、愚かでつき合い難いと判断する。私たちが不浄を扱う様式は、私たちの品位と社会的な地位を定着させる方法でもある。

階級と不浄

職業として廃棄物を扱うことは、汚れであり地位の低さを示すことになる。街路清掃やガラクタ商は、相当の収入を得ても、尊敬される仕事ではない。農作業とゴミの収集とどちらが上かと問われたときに、躊躇する人はいないだろう。しかし、ゴミの収集の方が熟練を要する職業である。ゴミを収集する人たちは、自己弁護のために、改めて「衛生労働者」と自称したが、この名前は見え透いている。北京で最高の街路掃除夫を祝福する宴会が開催されたことがあった。その席上「すべての労働は誇るに値します。何百万人もの人びとが清潔な環境を享受できるように、あなた方は、もっとも〈汚い〉仕事を引き受けているのです」と副市長が激励し、彼らの社会的な地位は念を押されたのである。次頁に掲載されているゴミの収集作業の写真と、トラックの運転や農作業、絨毯の洗浄や窓の拭き掃除や配管工事に対して、私たちが抱くイメージとを対照してみよう（最後の作業は、いささか下水溝に近くはなる）。

私たちは、人びとが嫌う作業を、熟練した専門家に任せておきながら、彼らが反抗するのではないかと落ち着かない。先ごろ限りなく論議を呼んだ中流層の家事と「お手伝いさん」の問題が思いだされる。

廃棄物のイメージは、フリードリッヒ・エンゲルスによる、有名なマンチェスターの階級間の関係の分析[*3]の強力な動機となっている。またディケンズが、「お互いの友人」の隠居した掃除人ボッフィン、「荒涼とした家」の邪悪なクズ拾いクルックなどの登場人物に特徴をもたせるさいにも、廃棄物のイメージは頻繁に用いられた。次に引用するV・S・ナイポールの文章からもわかるように、階級への帰属意識は労働の役割にも影響を及ぼしている。

> ボンベイの心地良くないホテルの階段を掃除しながら降りてくる四人の男たちを注意深く見てみよう、彼らが立ち去った後、階段はもとのように汚れたままである、彼らは、「清潔にする」ことを要求されてはいない。掃除は掃除夫という蔑まれた存在にふさわしい堕落の動作を

つづける口実のようなものだ。デリーの気のきいたカフェの床を清潔にしながら、掃除夫たちは、顧客の脚の間を、誰にも触れることのないように気を配り、蟹のようにうずくまり移動してゆく。決して見上げたり、立ち上がることもなく。*4

秩序や明晰さを求めすぎると、変化するものや、ぼやけたものは、耐え難くなる。人びとやモノや場所は、確かなものでなければならず、移ろうことはなく、中間にもなく、部分的にどうこうということもなく、黒白も明らかに存在しなければならない。

個人的浄化と儀式的浄化

動物たちは、多くの時間をかけて、羽毛を整え、身繕いをし、巣の周りを清潔にする。社会的な動物たちの間では、基本的な行為の多くが、宥和や求愛や社会的なつながりを求めるコミュニケーションに向けられてきた。同じように、私たち人類の一日のかなりの時間は、浄化に費やされている。身体を洗い、食べものを清潔にし、余分なものを

02——ゴミを収集したりガラクタをリサイクルする仕事は、私たちが尻ごみし軽蔑する廃棄物を扱うので歓迎されない。(ニューヨーク市衛生局)

取り除き、衣類を清潔にし、家を清潔にし、身繕いをし、庭の手入れをする。この活動の中には、社会の象徴へと変質したものや、宗教的な清めの儀式へと精緻化していったものもある。廃棄物の投棄は、根本的に品位を落とす仕事と考えられているのだろう。清潔にする行為は、廃棄物を善なるものから切り離してしまうが、シャワーのようにそれなりに楽しみに溢れた行為となる可能性はある。

浄化は、喜びに溢れた、共有の出来事ともなる。浄化は、社会性のある動物の間で、相互の安心と慈愛の象徴として活用される。作業が辛いか楽かは、この心理的な「裏返し」にはあまり関係はない。建物の石の表面をサンドブラストで仕上げたり、古い自動車を潰して金属の塊にするのを目にするとき、私たちは、清潔にする高度な技術に感服する。そして、すでに凝縮された廃棄物が、堆肥、燃料、土盛り、あるいはスクラップとしての使い途がある場合に、私たちの満足感は、さらに高まる。

神聖な場所や神聖な文章を、腐敗や腐食から守り保存する場合には、浄化は、聖なる天職となる。古典学のそもそもの目的は、私たちに伝えられた古いテクストの不充分な断片を修復することである。言葉の廃物や誤謬を捨てつづけてゆくことは、一生を清純さに捧げることである。

浄化は、劇的な儀式にもなる。インカ人が秋の新月の夜に催した祭礼も、清めの祝祭であった。人びとは、トウモロコシと人間の生き血でできた特別なパンをつくり、夜明け前に、衣服を洗い、衣服を街路の中へ向けて揺るがせ、自分自身と敷居を、新しいパンで拭い、そのパンは、すべての病とともに外側に残された。槍を携えた四人の男たちは、病癖を追放するために都市の中心で出会い、交差する四本の主要な街路を走り抜け、引きつづき戦士たちが、五〜六リーグ［約二四〜二九キロメートル］走り、市街の外側へと槍を運び、最後の戦士は、槍を地面に突き差し、病を大地に釘づけにした。

シェーカー教徒たちは、「クリーニングギフト」と呼ばれる儀式を行なっていた。小枝や、細かな屑のような廃棄物まで、ひとつひとつ集めて、家の内も外もきれいに掃除して、聖なる来訪者のために、風景を整頓した。聖歌隊が、ひとつひとつの建物に入り裏庭を歩き回り、掃除をする人びとを激励し、不浄や邪悪を捜し回った。もうひとつの理想主義的な共同体であるオネイダでは、共同体のメンバーが、許可を得て、外の世界を訪れ、戻ってきたときには、共同の蒸し風呂に入り、中国の「文化革命」を思いださせるような「相互批判」の議論をする、清めの儀式を受けることになっていた。（当の文化革命の狂乱の中で被疑者とされた、ある中国人の知識人の娘は、「資本主義者的な虚栄心や資本主義者的な汚物への不安と格闘するために」、肥料を収集する作業に自発的に奉仕した。）このように、多くの文化の中で、洗浄し、掃きだし、吐きだすというありふれた行為は、宗教的で政治的な清めの儀式に取りこまれてきた。

しかし、床を掃き、床を洗い、埃を払い、窓を洗い、芝を刈り、洗濯をし、皿洗いをして、清潔にすることは、賞賛に値するが、骨が折れるものであり、頑固で守りの活動にすぎない。時折これらの作業に従事するのは、社会的な責任や平等主義者としての原則を誇示するためである。生活のために行なうのは単なる肉体労働であり、その多くは言うまでもなく女性の仕事となる。

浄化に威厳を与えることが、はたしてジェンダーの平等を擁護することになるのだろうか？　あるいは、その逆なのだろうか？

浄化が、儀式によって支持されないとき、浄化しても清潔にならなかったり、清潔になっても一瞬のうちに汚くなってしまうとき、その作業は重荷である。パンを焼く仕事や機織りや木工は、興味深い職業として受け入れられているが、たえず清潔に保つ作業は、そうではない。生産的で反復的な作業は、高潔な労働だが、望まれないモノを果てしなく除去してゆく作業は、消耗でしかない。もし終局だけが貴重であり、しかもその状態が、ほんの一瞬しか訪れないなら、浄化は、望みのないイタチごっこである。必要な食料や家屋や衣服が、多くの人びとに保証され、物質の消費量が多い社会では、かつては衣食住に注がれていた心配が、廃棄物に向けられている。生ゴミや屑を除去する仕事は、公共的で「難しい」役割となり、つねに崩壊の危機に瀕している。より頻繁に起きる停電や、より深刻な水や食料を断たれることにもまして、ゴミ収集車の停止の方が、はるかに重大な心配事となっている。ストライキの間に生ゴミが集積してしまうことは、全国に、あるいは全世界に向けた、格好の大見出しとなる。

ガラクタ、アンティーク、遺物

アンティークとなるほど古くもなく、神聖さも充分ではない場合には、中古品は、貧しい人のものである。中古品を扱う店は、街はずれの朽ち果てた建物の中にある。再生紙やつくり直されたマットレスやタイヤのような、再利用された素材でできたモノには、良くないイメージがある。つまり、新鮮ではなく、独占的な所有に対する性的な喩えで言えば、処女ではなく、清潔ではなく、灰色で少し油で汚れたように見える。木材を乾燥させる効果や香辛料の効果を知っていて、新しい材木を古い板に交換するのは、よほど経験のある大工に限られる。矮小化から逃れられる再生・生産物は、ごくわずかである。「ラグペーパー［上質紙］一〇〇パーセント」は、その例外である［ragラグはボロを意味する］。子供たちは、屑の中をくまなく捜し歩いて不思議なものを家に持ち帰ってくるのが好きである。しかし、親たちは、子供にそのような品位の落ちる行為の危険性を警告し、即座にガラクタをもとの屑の中に戻してしまう。それは、排泄物で遊ばないことも含め、子供たちが学ばねばならない、基本レッスンなのである。

本物のアンティークは、日常的に使用され、手入れがゆき届いているもので、決して捨てられることはない。しかし、本物のアンティークが、ますます少なくなるにつれて、以前は日常的に捨てられていた、古い切符や古い瓶や脱ぎ捨てられた衣類のように、古いモノの中でも、特別な種類のものへ熱い視線が注がれる。古いモノが、魅力的であるためには、かつて人間が使用していた状態との連関を持たなければならないが、また不潔さや拒絶感を心に想い起こさせるほど、その連関が直截すぎてもいけない。それらは、清潔でありきわだっていなければならないし、嗜好によって選択できたり、鑑定家が細やかな価値の綾を丹念に織りこめるように、さまざまな形を提示する方がよい。

聖なる遺骸とは、古びた身体の断片を神聖化したものである。数多くの戦争は、聖なる遺骸をめぐり闘われた。ご聖体は、街や聖堂の栄光であった。聖人の遺骸は、頻繁に紛失し、途方もなく離れた、新しく神聖になる街まで運ばれて、礼拝を受けたりした。ロンドンで放棄された橋梁が、観光客を引きつけるためにアリゾナの砂漠の中に再びその姿を現わした。これも現代における神聖な遺骸が、新しい力の中心へと移動された、いささか歪んだ例である。

　無用なガラクタが無作為に混合されたモノは、古い意味に由来する哀感を保ちながら、新しい形態を暗示しうる。それは、新鮮な原材料と同じような可塑性を持ち、暗示や示唆にも富んでいる。多くの芸術家が、廃物となった材料を用いている。廃物で巨大な記念物を構築した人もいる。サイモン・ロディアのワッツ・タワーは、ロサンジェルスで大切にされている。クラレンス・シュミットは、放棄されたおよそ三〇万個ものモノを用いて、アスファルトとコンクリートの中にオブジェを置き、オハイヨー山に三エイカーの広さの彫刻を構築した[*5]（図72）。このゴミの記念物は、夫人や近所の人たちから嫌われてしまい、結局は皆に取り壊されてしまった。しかし、そのゴミの山は、子供たちを魅了し、子供たちにとって、豊かで感動を呼び起こ

03———1831年に築造されたロンドン橋が使命を終えたとき、アメリカのあるディヴェロッパーが橋ごと買取り、1万トンの石をアリゾナ州レイクハヴァス市の砂漠まで運んだ。第二次世界大戦のときには滑走路があった敷地に再び築造され、橋の下に水が流れるようにコロラド河の流れが変えられ、観光の名所となった。　(UPI／ベットマンニュース写真)

す世界であった。チャンディガールの修繕工場の作業員であったネック・チャンドは、皆に内緒で、壊れた備品やセラミックタイルの欠片で驚くべき岩の公園をつくり上げた。これを見つけた役人たちはそれらを一掃しようとしたが、幸いにも失敗に終わった。

ところで、乱雑さは、問題視されるが、ひとつの新しい現象であるのかもしれない。世の中には、衝動的な収集家と衝動的な排出者が存在する。上品にできる人もいるし、ほとんど溺れかけている人もいる。家の中を天井までゴミで一杯にして、廃棄物のトンネルの中を腹ばいになって移動する、風変わりな人もいる。非常に年月を経ると、モノにはたしかに特別なオーラが備わる。しかし、そこまでは年季の入らないモノを無作為に選択して収集し陳列する人もいる。年月を経たモノたちは、「興味深い」雰囲気をつくりだし、損失という現象に対して、感傷的な調停を行なう。それは自分の廃棄物ではなく、収集されたモノであり、由来もわからぬ無害な断片にすぎない。日用品が滅びかけていることに脅威を感じている人もいる。次から次へとゴミ箱へ捨てても、モノがどんどん集積されてゆく。彼らは、モノとの戦闘状態にあり、つねに非常事

04———オークランドにあるバルウィンクルさんの家の庭は、スクラップの鉄で組み立てられた鳥や花のあるファンタジーの世界である。
(©キムバリー・モーゼス)

05———廃物で建てられたサイモン・ロディアのワッツタワーはロサンジェルスのランドマークになった。
(©ウェイン・アンドリュース／Esto)

態である。第三のタイプは、厳格な管理を徹底する。彼らの家は、規律の厳しい場所である。充分に機能していないものは、即刻に排除され、何も堆積しない。すべてのモノは順調に作用する。モノの重要性は、ただ「何を行なうか」だけにある。しかし、この三つのタイプの人びとは皆、モノが「どんどん前に進む」こと、手を打たないかぎりますます独特な力が宿ることには同意する。誰もが、絶えることなく流れてゆくモノに心穏やかではいられない。三集団こぞっても、モノの生命が失われることに困惑している。アンドレ・ジッドの『背徳者』の主人公は、逆上してモノの衰退を食い止めようとする。「息を吸い息を吐く空気の中のチリでさえ、物質が恐ろしく擦り減らされたもの。染みは、病に触れられた、死の標し。」しかし、死と直面した後に、彼は、「背徳者」となり、自分もモノも諦め、さらには、妻が肺結核という「消耗する」病で死ぬことにも無頓着となる。[*6]

放棄された場所

放棄された都市のイメージは、空想科学小説の中によく登場する。そして、その多くは、恐怖と退廃の場所である。しかし、これは、真実を完全に言い当てているわけではない。廃墟の中での生活にも、それなりの喜びはあるからである。壁、屋根、舗道、金属、鋼管、ガラス、機械。有用な素材は豊富にある。その風景は、自然な世界のどこよりも、はるかに茫漠として、自由と危険が混在した、誘惑的なものになりそうである。同時に、廃墟には、喚起的で象徴的な力があり、過ぎ去った時間も、想像の中では再び構築される可能性はある。アナイス・ニンは、誰もいない空虚な都市を記述しているときに、次のような気分に襲われた。「それは、過去へと向かう退行の力を借りて、詩文という形に姿を変えた都市であった。多くの都市が、画家の絵筆によって要素が省かれて、詩に翻訳されるのと同じであった。さまざまな要素は、ひとりひとりの手によって、新たに構築されるべきものなのだ」。E・M・フォースターは、インドに残る英国植民地時代の軍隊の古い宿営の廃墟を訪れ、次のように記している「たとえ愚かしかろうと、ある文明が過ぎ去ると、急に愛しくなる……(私

06———ネック・チャンドは、国有地の中の荒廃していた一画に、12年もの間、皆に内緒で、捨てられたタイルやガラスや陶器や岩石で有名なチャンディガールの岩の公園をつくり上げた。12エーカーの公園には、2万もの空想的な姿形をしたモノたちが住んでいる。今日ではこの公園には毎日2千人以上の来訪者がある。
（アジッド・ヒンド・ストアズ）

は)かつてはウィスキーの香が漂い、静かな笑い声が谺したバンガローの朽ち果てたホールを歩き回った」[*7]。

放棄された場所では、人間の直接的な目的から解き放たれると、今までよりも自由な行動や自由な精神の再構築が許容される。ニンの話の中で、主人公は、子供のころ、両親から遊びに行ってはいけないと厳しく言われていた、「都市の下にあるもうひとつの都市」のような、放棄され、途中までトンネルが掘られた、地下鉄の中で遊んだときの感激を覚えている。子供たちは、マットやロウソクを持ちこみ、そこで、日常よりも、強烈な、秘密の生活を送った。そこは、ドキドキする危険な場所であった。地上の世界から忘れ去られる危険を冒していたのである。

産業革命で消耗した、イギリスの街ウィガンについてのジョージ・オーウェルの有名な記述は、彼がこの街に抱いた嫌悪感とともに、この街が持つ魅惑も伝える。初めに、オーウェルは「ロンドンでもありえないほどのむさ苦しさ」を記述する。そして、彼の文体は一転して、いきいきとしてくる。「揺らいでいる煙は、硫黄で薔薇色となり、丸鋸のように、ギザギザの歯をした炎は、その下の、鋳物工場の煙突の逆流止めの頭巾から、自らを、絞りだす……鋼鉄が、火炎に包まれた蛇のように、前後運動をくり返し、引き延ばされ、打撃を受けて叫び声を上げている姿を、目にするだろう」[*8]。

廃棄された多くの場所にも、廃墟と同じように、さまざまな魅力がある。管理から解放され、行動や空想を求める自由な戯れや、さまざまな豊かな感動がある。子供たちは、空き地や雑木林や裏通りや使われていない丘陵の斜面に魅惑される。ウォーレス・ステグナーは、捨てられたシェークスピア全集や可愛がっていた小馬の骨の話をとおして、子供時代に近くのゴミ捨て場で見つけたものから感じた、美しさ、不思議さ、そして苦痛について詳しく述べている。このゴミ捨て場は、彼が定住してゆく歴史の証しであり、彼がそこから救いだすたびに、家族に捨てられた宝物の宝庫であった。彼は、「学校よりもずっと多くのことをゴミ捨て場から学んだ」[*9]と言う。それは、モノや場所を次の世代に正しく残すというパイオニア精神の大切さであった。とはいえ、既成の美しさや価値の観念によって、抑制されすぎている大人たちも、上手に管理され

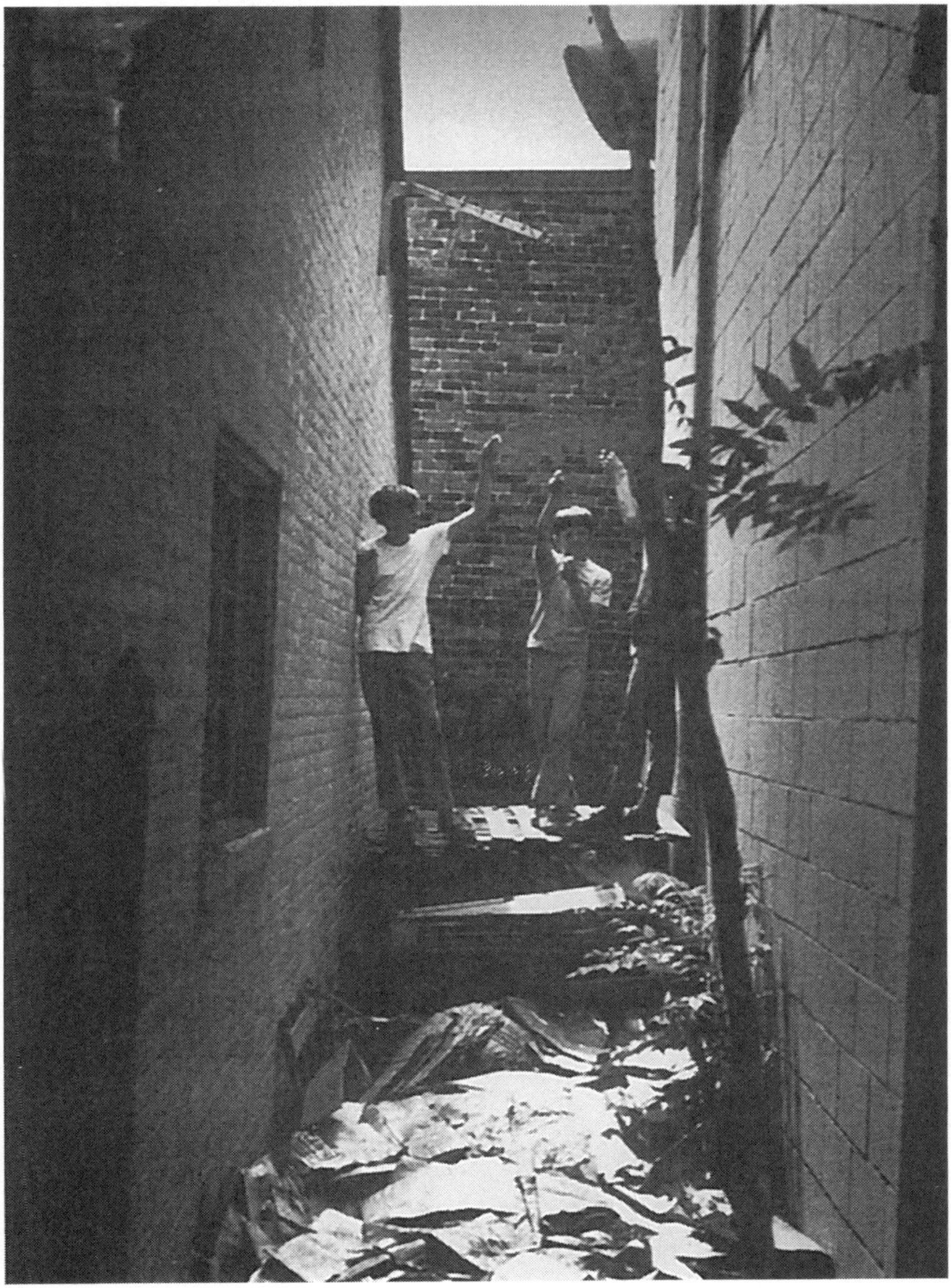

07———子供たちや青少年たちは、人びとの視線や管理から逃れ「寄り道」できる場所に惹かれる。
(©マイケル・サウスワース)

た身近なゴミ捨て場や、定評のある廃墟ならば、楽しんで行くことだろう。そのような、排斥されてはいても他人に迷惑のかからない行為に耽溺できる場所を、デニス・ウッドは「影の空間」と呼ぶ。[*10] 周縁にあり、遮られていても管理されていない場所は、たえず浄化運動に脅かされているが、しなやかな社会には必要なものでもある。

その他の廃棄された場所は、あまりにも危険であったり、自由な行動を束縛するために魅力に欠け、想像力を育むものもなく、人間の痕跡にも乏しいのである。ゴミが散らかり、アスファルトで舗装され、誰もいない、竜巻よけのフェンスで覆われた工場は、ひとつの事例である。不毛な、紙屑の散乱した、道路沿いの空間は、別の事例である。これらは、廃棄された場所というよりも、単一の機能しか果たさない、空虚な場所と言えるだろう。核爆弾による大虐殺の風景は、廃棄された場所の究極の事例を象徴する。それは、まったき死、生命と運動の空白、誰もいない、意味もない世界である。これらの反例は、逆に、廃棄された場所を楽しくする要素、豊かな形態、自由、連続の意識をきわだたせる。

裏側

ただむさ苦しいだけの場所にも、それなりの魅力がある。建築家が、建物をどの角度から見ても彫刻に見えるように努力しても、建物には表側と裏側がある。都市の中の、威圧的な街角の裏側には、控え目で不格好な場所がある。礼儀正しく格式のある場所は、素晴らしく秩序が整えられ管理されている。その一方で、気取らない、うちとけた雰囲気の「裏側」は、気心のしれた限られた人だけが使う場所である（図42）。この「裏側」では、モノの位置や役割の図式《シェマータ》が充分に展開され、モノを整然と並べたり、体裁を保つ必要もない。ここでは、多くの対象物が、絶滅の一途をたどっている。裏側は、モノの役割や個人的な使い方と関連しているので、大いに意味深長である。この光景を管理しようとする圧力はほとんどなく、多くの素材が人びとの視線の前に露わにされている。これらのモノが、地域を知りたいときに観察すべきものであることを、都市計画の専門家は知っ

08———広島市の60パーセントは原子爆弾で破壊された。炸裂の1年後の1946年に入っても、放射能の影響のために建築材料は使用できず、再構築の努力もほとんどなされていなかった。6千人から1万人の人びとが廃墟の中に埋まったままであると推定されていた。

（UPI／ベットマンニュース写真）

ている。彼らは、裏通りを歩き、裏庭の中や、街角の小さなお店の奥を、覗きこんでみる。みすぼらしく当たり前の場所は、権力の重圧や感銘を与えようとする意図から逃れている。このような場所は、計算されたコミュニケーションや行動が必要な世界から、私たちを解放する。それは、場所に意味が存在しないからなのではなく、まったく逆に、素晴らしく落ち着いた、習慣や馴染みのある使い途がもたらす、素朴さと気楽さが備わっているからなのである。好奇心の旺盛な眼には、多くの有名な都市の中でも、街の裏側の方が、啓示的であり、ひとたび旅人であることを止めた者には、永続的な喜びを感じさせるものがある。

素晴らしい自然の景色の中にも、廃墟や裏庭に共通する楽しみがひそんでいる。その楽しみのひとつは「遠い昔からある小川」である。いくら眺めてみても、そこには太古らしさを見つけられないのである。小川は、昔から流れつづけてきたし、これから、いつまでも流れつづけるだろう。川の本質は、時の経過とともに、川上から川下へと流れて行くことにある。川の魅力は、石と流れゆく水、静寂と流動の対比である。川は、流れながらひとつの場所に留まり、しかも、永遠にそこに留まることはできない。ほかにも例えば、波や炎のように、たえずくり返してゆく廃棄を観想する中にも、同様の楽しみがある。とりわけ炎は美しい衰退である。日本の芸術家や宗教家は、仏教の影響の下で、長い間、無常を賞賛し、モノの本質と美は、その滅びの中にあると述べてきた。「生命の中でもっとも大切なものは、不確定性である」。

喪失

> 環境が失われると、痛切な思い出がつくりだされる。W・H・ハドソンは、整地されて農場になる前に、鳥たちの生息地であった、アルゼンティンのパンパスの沼地を思いだして、次のように書いている。

おびただしい数のさまざまな鳥たちが住む、茂みや花で覆われた湖の数々、輝くような翼の群れ、心に生気を吹きこむ野生の叫び声。その消滅してしまった光景の数々を思いだすとき、私は、その場所に二度と戻ることなく、遠く離れたところで人生を終えるのかと思い、地球から失われてしまった、美しさのイメージを心の中で最後まで慈しみながら、喜びを感じる。[*11]

これほどまでに恒久的で、これほどまでに破壊的であった喪失は、喚起力のある思い出となった。

造園の歴史家たちは「庭園は長生きしないが、建築は長生きする」と嘆く。庭園は、継続的な手入れが欠かせない。庭園は、容易につくり直せるし、またすばやく放棄できる。しかし、ケアと使用に左右される。この非永続性こそが、庭園のもっとも素晴らしい価値なのである。庭園はそれらしくしつらえられているときから幾年月か経て、雑草の茂る状態へ先祖帰りしてゆく過程で、失われた過去と新しい生命とをともに物語る。ここが、人のいない建物とはきわめて異なる。

そのような変化に耐え、変化を享受できるかどうかは、ある程度の個人差がある。緑青と錆びを美しいと感じる人もいるし、恐ろしい衰退と感じる人もいる。環境の安定は、誰にとっても重要である。高齢の人は、知り合いが亡くなるにつれて、触れ合いの意識を求めて、環境へと向かう。非常に若い人も、自分と自分を取り囲む世界《コンテクスト》との関係を整理し、確かめようと格闘するにつれて、安定した場所が必要となる。精神的な病気のような、ストレスを受けた場合も、同様である。適応性とは心の状態である。たとえどのような境遇に置かれても、行動し選択してゆけることを確信し、変化を喜んで受け入れようとする心の持ち方である。廃棄を理解するには、この確信が必要となる。

消費

経済学では、財を使用して財の有用性を損失することを、消費という。消費は、生存と満足を確かめる、正当で普遍的な過程であるが、それを保証するために、たえず新たな有用性を生産しなければならない。経済学者は、人間の行為をすべて、生産と消費の二元論の範疇で捉える。消費と生産がバランスを保てない場合には、市場は、必要とあらば、強引にでもバランスを保とうとするだろう。このような経済学の視点は、たしかに人間中心の世界観であり、社会を捉える視点を狭めているかもしれない。

それは、モノとエネルギーの管理された流れにも似ている。不幸にも、経済学は、その背後に共有された、ある先入観をともなっている。つまり、生産は賞賛されるべきものだが楽しくなく、消費は楽しいものだが嘆かわしく、その副産物を取り除くのは、楽しくもなく生産的でもないという先入観である。消費の過剰は災難へといたる。生産の過剰は、無駄ではあるが致命的ではない。豊かな暮らしとは、生産の増加に支えられた消費の増加である。どんどん消費して生産を促せば裕福になる。このような仮定事項が、モノの廃棄に深く根ざした恐怖感と衝突を始めた。

食べることとは、消費の原点といってもよい。私たちは、モノを体内に摂取し、分解し、一部を取りこみ、残りを排泄する。食べることは、ものを獲得し、場合によっては力を行使して、モノを包みこみ、私たちの生気の中を通過させることである。ひとたび消費されると、モノは生気を失い無用となるが、まがまがしい汚染物質なり、残留物質などがひそんでいれば、内側から危険な攻撃を仕掛ける可能性もある。食事は生物には必要不可欠なものであり、一生の楽しみであるが、それは、また飽食や攻撃ともなり、優雅に行なう人はまれである。食事、酒、煙草、そして会話は、社会生活の基本である。お酒を飲むことは、社交的で象徴的なふるまいであり、(命にかかわっても)煙草を吸うとエレガントに見え、お喋りは、上品な観察者の目にも適うべきである。一方、人が食事をしている姿をじっと見つめるのは、上品ではない。食事は、形式的な規則の障壁で囲まれている。食事のエチケットは、別格なのである。潔癖なバリ島の人びとにとって、食事は排泄と同じように忌まわしいものであり、彼らは、急いで人目につかないように食べる。ピタゴラス学派では「月に棲む動物は食べることも排泄することもせず、希釈された熱や空気や水蒸気を摂取して生きているので、地球上の動物よりも、大きく、強く、美しい」と教えた。

排泄

食事ほど分別くさくはないが、排泄もまた、楽しい。[*12] 排泄は、口にだせば猥せつになるような、恥ずかしい楽しさとして、人目を忍んで享受される。レストランが社交の中心であるとすれば、トイレは、孤独で危険な場所である。[*13] 排泄を、食事やセックスと結びつけるのには、まったくうんざりする。多くの社会的なエネルギーが注がれている、長期にわたるトイレのしつけは、不注意や恐怖や興奮のために、あるいはトイレが遠いためにしくじった、みじめな衣服やらの恥ずかしい思い出を残す。このような「教化」が、私たちの人格に影響を与えるのだと言われている。最近の裁判では、トイレのしつけのさいに娘を叩いていて死なせてしまった母親は、第三級殺人の罪で告訴された。この母親は、家をとても清潔にしていたし、子供の健康には異常なほど気を配っていた。多くの母親たちは、本当に衝撃を受けていたが、しかし、この母親の常軌を逸した怒りも理解できると言った。

スティーヴン・グリーンブラットは、ラブレーとトマス・モアとルターの排泄と身体の機能に対する態度を比較している。それは、中世には、生命の一要素として両義的に受容されていた死、廃物、損失の概念が失われ、自己嫌悪の感情によって狭められた、ヨーロッパの社会秩序が出現する過程の記録である。[*14]

ライフサイクルの対極では、高齢のために起きる失禁が、もっとも深刻な重荷となる。高齢の人は、尿による匂いや漫然とした不快感に適応しているのかもしれない。しかし、社会はそうは行かない。私たちは、老衰によるボケを許容し、車椅子に押しこめられている人を温かく同情をもって眺める。しかし、学者として精神的には機敏で活動的な老教授が、ベッドを湿らせているのはみじめである。時折、結腸を切除する手術を受けねばならない人がいるが、手術後は、切除された器官の代わりを務めるバッグを携帯しなければならない。単に身体機能を外にだしただけなのに、それは、心理的には深い不快感を催させる。そうした感情は、あまりにも強烈で共通しているので、自己嫌悪からの解放を相互に支援する、全国的な患者の会が組織されている。

ナイポールは、インド人の排泄に対する無分別を次のように述べている。「インド人は、所構わず排泄する……彼らは遮蔽するものを決して捜さない……それにもかかわらず、インド人は、これらのうずくまる人びとを見ることはない。心底から彼らの実在を否定しているかのようだ」[*15]。ガンディーは、この無分別に正面から立ち向かった。彼は、すべてのインド人が、不可蝕賤民のように排泄物を扱うことを学ばなければ、不可蝕賤民の立場の改善はありえないし、腸チフスの罹病率も減らないと感じていた。インドの文化が、牛の糞に価値を与えてきたのと同じように、人間の廃棄物も神聖であることを理解させるために、彼は、信奉者たちを、牛小屋と屋外便所の清掃に遣わした。彼は、人間の廃棄物を肥溜めに投棄し肥料に転換するための詳細な手続きを、身につけさせた。散歩にでかけると「他人の廃棄物を取り除くことが、聖なる交わりをもたらす」と言いながら、通路の掃除をしたり、兵士たちに、武器を置いて国土を清掃するように呼びかけた。彼は、ハリジャン(不可蝕賤民)の扱いと、社会の廃棄への態度を関連づけた。中国でも、街路や床へ唾を吐きだす古い習慣が、ウイルス性の病気を再循環させるので、その抑制に懸命である。全体主義的な統制により新たな習慣を浸透させようとはしているが、文化に帰属する信念に深く根ざしたものとはならない。たとえカリスマ性のある賢明な指導者が奨励しても、社会的な行動をともなわないかぎり、頑強な信念の座を奪うことは容易でない。

大便やそれを拭いた紙を水槽の中に落とし、大量の急激な水流で希釈した廃棄物の目に見えない体系へと洗い流す、精巧な技術によって、私たちは、排泄にまつわる感情を欺く。建物の中や地面の下を通る何マイルにも及ぶ配管によって、すべての流し台やトイレや下水溝は、巨大な処理施設や遠く離れた下水の取水口に通じている。処理施設は、激しい水流の中に分散されていたものを濃縮したり、海へ放出したりする。これまでは、ここで問題は解決したことになっていた。伝染病の回避という名目で、このまま目をつぶることもできる。しかし、このやり方では、膨大な量の水を消費し、しかも海水を汚染してしまう。

暴力と管理

消費や廃棄は、暴力や管理とともにある。マキシン・ホン・キングストンは、ベン伯父さんの偏執狂的な空想を綴っている。伯父さんは、街中の生ゴミが、自分のために収集されて貯蔵されていると思いこみ、不信感がつのってゆく。「もうすぐゴミの収集作業員がやって来て、自分を捕えて全部食べさせようとするだろう。そうだとすれば、来たるべき恐ろしい消費の任務に就かないためには、何も残らないものを食べなければいけない」。結局、伯父さんは、誰も廃棄物を出さない中国本土へ帰る。[*16] ブルーノ・ベッテルハイムは、精神的な失調のある患者の間では、失禁などの自制不良や極度の禁欲などの自制過多の扱いが難しいと書いている。[*17] 患者たちが、身体の機能を受け入れられるようにするためには、大変な辛抱と理解が必要である。『ミダス王の世界』の中で、フレデリック・ポールは、社会が巨大な生産力を持ち、消費されない生産物は倫理にもとる廃棄物であると確信する社会を想像している。ここでは、消費は強要されるものであり、もっともモノを使用しなければならないのは、もっとも下層な人びとである。この世界で「出世をする」とは、このような狂乱から自由になることである。これは、来たるべき世界の予測なのか？　あるいは現在の消費に対する不安感の反映なのか？

昔も今も現実の世界では、物質の不足は当たり前であり、モノの廃棄は権力の誇示の悪名高い方法である。ヴェブレンが痛烈に指摘したように、王は住むこともできないほどの宮殿をつくり、着ることもできないほどの衣服を手に入れ、消化できないほどの料理を口にして気分を悪くする。この危険な肥満の状態が、幸福のしるしであった。収入にふさわしい生活を送り、肥満の赤ん坊を祝福する人びとはごくわずかであった。クワキウトル族のポトラッチ［自分の財力を誇示するために行なう派手な贈答の儀式］では、何千枚もの毛布分の銅が壊され、海に投げ捨てられ、最高潮に達する（表面に模様を施した「銅」はこの土地の貨幣である）。そして、手入れのゆき届いた芝生の前庭の、使われることのない廃棄された空間や、大きな誰もいないオフィスは、同じように、持ち主の社会的な立場を証明する。

廃棄の喜び

もちろん、廃棄は、地位を強化するだけではない。「モノを壊す」のは楽しい。これは、否定し難い。廃棄は、モノを私たちに従わせる行為であり、私たちの進化の初期には、有用な感情であった。衝突レース、ピアノ破壊芸術には、熱狂的なファンがいる。戦争の歴史の中でも、富や寄る辺のない者たちの豊かな塊である都市の略奪は、つねに記憶に残されてきた。略奪への望みを賭けて、海軍と陸軍を確保し、長期的な軍事行動が開始されたときには、目当ての品々は、略奪の動機の要素のひとつに過ぎなくなっていた。ほとんどのものは、略奪や帰還のさいに、失われてしまったからである。何か月にもわたる、行軍、待機、重量のある武器や武具の運搬や、寒さと飢えの苦しみの果てに期待されていたものは、強奪による荒々しい喜びであった。略奪や富の破壊を記録したドラマは、誰もが覚えている。遠隔操作される現在の戦争は、社会にとっては、はるかに廃棄に溢れ危険なものとなったが、兵士にとっては敵を無差別に廃棄する機会が少なくなって面白味が減ったという。

私たちは、モノを壊すのが好きである。思い切りよく鋭く壊れる、ガラスや陶器のような人工的な素材を壊すのが、とくに面白い。私たちは、焚火を楽しむ。知っているモノを燃やしつくすのは、格別である。建物が燃えるのを見るのは、恥ずかしいまでの戦慄であり、心中の放火の虫が騒ぐ。私たちは、取り壊し業者が建物を破壊するのを見るのが好きである。とくに大きな鉄球が、建ちはだかる壁を壊すときが最高である。私たちの文化には、人間に向けて暴力をふるう傾向があり、それが転じて、モノに向けらているのかもしれない。ヴァンダリズム（破壊行為）も、これと同じ楽しみを求めて引き起こされるものであり、私たちに相当な社会的な負担を課している。ヴァンダリズムは、力のない人間が行なう力の誇示である。

暴力の対象が、自分自身であることもある。拒食症は、あまり珍しくはない神経症であるが、自制を失い、鯨飲することを恐れ、空腹のまま、骨と皮だけのようになり、場合によっては死ぬこともある。統御の状態には、中間地点がなく、オンとオフしかなく、有機体は、ある状態から対極の状態へ推移する。したがって過食症は、拒食症に似た病気である。（例えば一時間に五万五千カロリーもの）食料をこっそりとむさぼり、その後に、嘔吐や強い下痢が誘発される。便通や嘔吐は、このような日常を浄化し動機づける気晴らしであり、一方、食べることは、嫌悪感とパニックをともない、常識的な状態とは正反対になる。過食症は、大学のキャンパスにもあまねく広がっている。女子の大学生の一五〜二〇パーセントは、そのような廃棄に耽溺した経験があると推定されている。

私たちは、あからさまに消費することはできない。サハリンのアイヌ人たちは、動物にも、人間がつくりだしたものにも、魂があると信じている。魂は、使命を終えた後に、礼儀正しく、役割から解放され、逝くべき所へ送りだされる。礼儀を怠ると、魂は、あの世から疎まれ、この世に長居をし、病を引き起こすもとにもなる。山の中に、動物の種類ごとの骨塚が設けられている。例えば、海洋性の哺乳動物の塚は、海が見下ろせる丘の上にあり、海鳥の塚は、海岸の近くにある。壊れた道具は、家の近くに捨てられる。植物の屑や、木工作業で生じる破片だけが、魂のないモノであり、慮ることなく、捨てることができる。「先祖代々の炉床」を新しくするときにでる灰も、家にとって聖なる方角にある場所に、捨てなければならない。同じような連続性を考えていても、正反対の象徴的な行動を採る人びともいるだろう。マルコ・ポーロの記録によれば、新鮮な植物には魂があると考える、インドのマラバー海岸の宗教階層の人びとは、新鮮な植物なども含め、生きているものは食べず、乾燥した植物だけを食した。彼らは、砂浜に排泄すると、分散させ、細かくして、砂の中に混ぜた。「排泄物を無に帰したので、排泄物から虫がわいて、私たちの罪や過失のために餓死することもないでしょう。」

見捨てられた人びと

私たちは、ある限度を超えた、高齢者や不適応者を見捨てる。彼らは、唐突に、無用なものと判断され、またそのように自分を識別する。デイヴィッド・マーヴィンは、浮浪者へ転落した自らの経験を記述している。それは、感動的であり、また拒食症の飢餓状態にも似ている。彼は、耳が聞こえず、失業していた。はじめは、毎日仕事を探していたが、ある日、失業保険がつきたときに、彼は、補聴器を質に入れ、自分の孤独を確かめ、廃物の中で暮らし、安い酒に浸り、落ちるところまで落ちた。その後回復した彼は、自分に起きたことを省みるが、片方の肺を失い、そのためにまた仕事を失い、再び転落するよりは自殺を選んだ。[*18]

　私たちは、排斥された人びとを、廃棄の語彙を借りて、「見捨てられた人」とか「滓」とか「屑」と呼ぶ。居住地区の周縁の野生的な場所や山岳で暮らす自由生活者たちは、平地で暮らす人びとから憎まれ恐れられている。彼らは、無法者であり、絶好の非難の的となるが、規則の外側にいる。入院歴のある精神に波のある人は、直ちに病気だと判断される。変化をつづけているために、社会的な定義を受けていない人びとも、周縁の人びとと同じように、危険とみなされる。たとえ彼らが、思春期のように、予測できる変化を過ごしていても、その変遷は、死や再生が、典型的に象徴する、何らかの特別な儀式によって、定義されなければならない。

死

　人間の死も、廃棄に含まれる。何千年にもわたり、人間の思索や感情は、死とかかわってきた。死に対する情緒的な関心は、生物的で根本的な葛藤から生じる。個人の死は、さまざまに変化する条件に適応させる機会を、遺伝子の運び手にくり返し与え、遺伝的なパターンの存続を確実にする方策である。私たちが、時間と個人のアイデンティティを意識することは、生物学的には利点だが、そのために死を考え、心を痛めるようになる。この苦悶の解決に向けて、多くの信仰体系が成熟してきた。

　この情緒的な緊張を示す初期の証拠がある。旧石器時代には、死者を花で飾り、化粧を施し、儀式を行ない、神聖な場所、神聖な位置に、埋葬した。埋葬に必要な花を栽培したことが、農業の始まりではないかという説もあるくらいである。死の儀式が、最初の象徴的な空間、つまり最初の都市をつくりだしたとしても、不思議ではない。本来、都市は、宗教の中心であったからである。死を考えることは、たしかに、優れて知的な宗教という構築物をつくり上げた。宗教的な儀式は、言語という種子の萌芽に必要な土壌であったのかもしれない。死は、偉大な師であった。

死の儀式には、二重の目的がある。それは、個人の消滅を否定し、死者を甦らせることであり、死者が生者に抱く嫉妬に溢れた怒りを払いのけ、逝くべき正しい場所へと送りだすことでもある。食べものと装具は、血の通う生きている肌を象徴した。身体は、再生を象徴するために、身体に添えて置かれた。身体は、再生を象徴するために、胎児のように置かれることが多かった。洗練された文化の中では、ミイラ、お守り、魔法の翡翠の鎧が、永遠の生命を保証するものであった。同時に、生者が、執念深い霊魂の攻撃を受けないように、死者の身体が、束縛されていたこともあった。怒れる亡霊が、この世から去るまで、遺族は呪文や徹夜祭によって保護された。葬式は、公に行なわれる追悼の儀式であり、私事にまつわる情緒を解放し、あの世へ逝く嫉妬深い霊魂への、尊敬の念を改めて確かめ、また故人の生前の地位を認識するものでもある。葬儀の後に行なわれる儀式は、変わらぬ悲しみを救済し、亡霊の悪意をさけ、死で汚された共同体を清純にし、生きていることを再

09——フィリピンのイフガオ族は人びとから見えるように家の下に設けられた死者の座に遺体を15日間座らせる。寿命がつきて亡くなった人は手厚い心配りと畏敬の念をもって扱われるが、殺された人は軽んじられ、その魂は怒り執念深くなる。

(ロイ・F・バートン、カリフォルニア大学バークリー校ロウィー文化人類学博物館)

び確認するものである。特別な記念祭や、悠久の祖先の崇拝や、死者を神聖化する儀式も継承されてきたこともある。

身体とともにモノが意図的に廃棄される文化もある。埋められたり、燃されたり、壊されることにより、モノにひそむ力が解放され、生者には無用のものとなり、これらのモノたちは、故人とともに死ぬ（また、このようにして、考古学の資料が創出される）。死がもたらす汚れの意識は、アメリカでのさる中国人の葬儀にも明示されている。ここでも、死者の衣服は燃された。葬儀に出席した友人たちは、棺を上げる親戚の数が足りないのを知り、しぶしぶ手伝った。棺を運んだ人は、手袋を外し墓の中に投げ入れた。感染や、おそらくは亡霊をさけるために、家の前に火が灯された。

死者の身体は埋葬される。しかし、火葬、解体（この世への回帰を封じる手段）、あるいは、野晒しを指向する文化もある。野晒しは、とても不快に感じられるが、例えば、ゾロアスター教のパルシー教徒にとっては、火葬にすれば空気が汚され、埋葬すれば大地が汚されるので、汚れをさけるために、正当化された方法である。たしかに、これは、身体が自然の循環へ回帰できる、もっとも開放された方法ではある。

死者は、霞と暗黒の中でか弱い、空虚な余生へ向かうのか、再生される身体とともに、将来の復活を待つのかもしれない。あるいは腐りゆく肉体には、物質の邪悪な重みや身体から解放された余生が約束されている不滅の精神が閉じこめられているのかもしれない。仏教は、もっとも哲学的な観念を、私たちにもたらした。個々の魂は、業に従い存在の輪廻を上ったり下ったりしながら、いつかは永遠の統一体に受容される。これは、生態学的な循環の終末や、エントロピーの増大の果ての宇宙の熱死を象徴するイメージと似ているようである。個人の消滅という観念を仏教が初めて受容したのは、おそらく、紀元六世紀ごろであるが、これは人間の歴史の中では、比較的最近の事態である。

死の否定は、タオイズムの魔術的な実践や、クリスチャン・サイエンスの教義の中でなされるように、極端になる可能性もある。エジプト人は、富と権勢のあった死者に防腐処理を施し、保存された身体を、死者

10———ヒンドゥー教の神話の世界では、カーリは死と破壊の女神と見なされている。この女神は武器を携え頭蓋をつなげた花輪や首や腕の花飾りを身につけている。

（J・B・カーナ・アンド・カンパニー）

が使えるように、精巧な埋葬品を揃えて、巨大な死の都市に埋葬した。このような都市を構築し、維持し、警備し、「永遠に」儀式をつづけることは、生者に途方もない負担を強要した。財力のない一般庶民は、永続する人生を望むことはなかった。当然、これだけ貴重な廃棄物が集積していれば、寄生生物や補食生物の一種を引きつけた。儀式を司る僧侶と、盗掘者である。

死は、否定されるだけではなく、神聖視されることもある。ヒンドゥー教の女神であり、暗黒的で破壊的な大地の母であるカーリの容姿は、もの静かで将来に希望を与える女神デヴィの裏返しである。カーリは、歯を露わにし、武器や首を絞める輪縄を持つ、裸の魔女として描かれている。彼女の体は、血で汚れ、頭蓋や腕を花飾りのように身につけている。暗殺者や刺客たちは、この女神を崇拝し、彼らの犠牲者を捧げた。神秘主義者たちは、この女神を、創造と破壊が一体化された、至高の女神として崇めた。

中世初頭のヨーロッパで優勢であった、死に関する視点は、共有された運命に対する受動的な諦めであった。死ぬことは、死へ赴く者が管理する儀式の中で、公然と運命に従うことであった。死者は、生者の間に埋められた。人生が耐えられるものになり、天国と地獄の存在の確実性が失われるにつれて、死は、それほど容易ではなくなった。死は、緊張となり、永遠への劇的な変遷となり、受容し難い離別となり、丹精こめた葬儀、感銘深い墓地、暴力的な悲嘆によって支えられなければならなくなった。

今日、私たちは、死の否定へ、視覚的な悲しみや告別の象徴を抑圧する方向へと、進んでいる。高齢の人びと、死にかけている人びと、慢性的に病気の人びとは、私たちの視界から外れた病院に入れられている。墓地は、遠く離れた場所へ移され、注意深く造園が施されている。死ぬことは、もはや、死ぬ当人だけの問題でも、近い親戚だけの問題でもなく、医師、僧侶、葬儀屋という専門家の手中に委ねられている(廃棄物に対する今日の私たちの態度に酷似している)。同時に、心霊主義、降霊術(死者との魔術的なコミュニケーション)、防腐処理、そして墓地の「永続的なケア」も復興している。将来に甦り、治療を受けられることを期待して、身体を冷凍保存しておく、最新の先端技術もある。そうした企業のひとつが破産し、電気が止まり、冷凍装置も停止したときには、腐敗してゆく身体を引き受ける親戚を捜し回り、大騒ぎとなった。

　宗教的な信条、他者との離別、自己の喪失。これらは、時代が共有する、死の恐怖の源泉であることは、数多くのインタヴューを通して、リズル・グッドマンが確認した。[*19] その中でも、最後に挙げられた、自己の喪失が、もっとも耐えがたいものであった。彼女が話を聞いた人たちの中で、充実した人生であると感じている人は、死を恐れてはいない。不完全な人生、目的を失った人生の終局が、深い悲しみを引き起こすものである。彼女は、死こそが人生を高揚させるものであり、私たちは、死について考えてみるべきだと主張する。さらに、彼女は、統計的に予測される死亡年令から逆算して、自分の年令を評価する方法を提言する。「クリスマスまで、あと一四日！」（自分の年令を越えて生きられたら、歳はとらなくなるのだろうか？）

　高度な有機体の死は、誕生や成熟と同じように、緩やかな過程である。素晴らしい死は、尊厳に溢れた劇的な出来事である。そのためには、死の受容とある程度の統御、つまり人生の幕を効果的に降ろす方法やそれを早めたり遅らせたりする方法についての知識も必要である。死というドラマは、人生の参加者ひとりひとりに、観客の声援を感じながら内奥の感情を表現する、社会的に承認された方法を提供する。物語は、記憶できるように分節され、意味を帯びている。主人公は、人生を統御したという意識、少なくとも人生に参加したという意識を得る。堂々たる葬礼のうちに深い悲しみは鎮められ、喪失感や恐怖感もしだいに薄められて、日常性に戻る心構えができてくる。

建設的な廃棄

　喪失や汚染の脅威を処理するために荘厳に演出された死の儀式から、廃棄物を管理する方法を学ぶのも良いだろう。喪失も、達成感につながれば生命を高揚させるものとなる。芸術は、生命の移り変わりと、私たちが渇望する永続性との隔たりを調停することもできる。審美的な高揚感は、終局にふさわしく、最高潮に達する。日常的な経験の中でも、静かな一日の終わりや、夏の終わり、日没や秋の始まりを、素晴らしいと感じる。

廃棄は、建設的な行為となる可能性もある。体重が減ったとき、上等なソースを煮詰めるとき、木々の下に茂る低木を切り取るとき、錯綜とした事実を、単純な論理の下に包括したとき、誇張された韻文を簡潔にしたとき、私たちは、喜びを感じる。無駄をそぎ落としたものが、美学的な観念になる。そして、簡潔さは、科学の到達点である。日本の茶道の「侘び」の精神は、簡素さと静寂さを暗示し、粗野で飾り気のないモノを使うように推奨する。この簡素さは、原始的な簡素さとはきわめて異なり、故意の排除であり、一見ごく自然な、稚拙と思われるほどの手段で、巧妙に熟慮されたさまざまな意味を伝達する。このような先端的な簡素さには、洗練された技術と強力な統御が必要である。素敵な街並に連なる、静かで人影の少ないお店は、資本や技術や多くの裏方の努力によって支えられているに違いない。美的な純化は、繊細な閃きの数々が染みわたる、無為の連続である。宗教における簡素さも同じである。修道院に入るさいに、自分の所持していた物を放棄したり、公衆の面前で、高価なものを燃したりするのは、廃棄の能力を前提にした行為である。断念は、複雑で苦痛に満ちた、解放である。

浄化と投棄は、健康や良い効果をもたらすだけではなく、社会の象徴でもある。これらの象徴は、他の社会的な概念とも密接に結びついているので、相当に頑強であり、干渉するのは煩わしいことではある。しかし、社会や状況が変わると、廃棄にまつわる感情も、由々しく不適切なものとなり、廃棄物が、はなはだしく不適切な管理の下におかれる可能性もある。破滅的な廃棄は、通常は、火事、洪水、疫病、遠くの敵からの攻撃などの、外的な原因によるものであるとされている。しかし、今や、私たちが、この世界の放蕩者であり、モノとエネルギーの最大の消費者であることは明らかである。悪魔や亡霊は、私たちのうちにひそんでいる。

今では、廃棄物は、はるかに複雑になり、その危険の兆候は、ますます捕えにくくなり、また逆に、明らかにもなっている。吐き気を催させるゴミは、豊饒な肥料となるが、放射性物質の清潔な容器は、何世紀も使われずに、そのまま残る。

物質の生産量や人口が増大するにつれて、廃棄物は増加し、分解も容易ではなくなり、原材料も枯渇するようになり、廃棄物の投棄場所を見つけるのも難しくなった。廃棄物を合理的に投棄する新しい方法は、古い習慣になじんだむきには、非常に心地の悪いものかもしれない。知性と倫理の変化も、また新しい方向へ私たちを追い立てる。私たちは、生態系がうまく機能するように配慮するようになった。そして、軽蔑していた役割を、他人に委ねたままでは、良い心地はしなくなった。

新しい態度

問題は、二元的である。つまり、廃棄に対する態度と行動が、互いに支え合うように、廃棄への新しい態度を学び、新しい技術と儀式を創設することである。効果的な投棄は、生存にとって重要であり、廃棄を楽しみと充実へ変えるようにすべきである。私たちの思考の習慣には、容易な管理を妨げるものもある。危機に瀕して目をつぶり叫ぶだけの人のように、私たちは主題を回避している。死を直視するのを渋り、衰退を忌み嫌い、物事は、純粋なまま永遠に存続すれば良いのにと願う。私たちは、消費を豊かさの指標としているが、消費の果てにあるものは好きではなく、創造を強調するが、廃棄されたものや廃棄された場所をないがしろにする。そして、二元論という明快な分類によって考えるために、連続する流れやぼかしを了解できない。

あまり省みられることのない他の人間感情の役割も認められてもいいだろう。浄化、再利用、修繕、そして儀式が持つ価値には、楽しさがある。たしかに、いささか面はゆいが、私たちは、ガラクタ、廃墟、廃棄された土地、裏側に興味を抱く。ユーモアの中に、詩の中に、声とジェスチュアの中に、そして示唆的な文章の中にある両義性には、私たちを引きつける魅力がある。両義性は、私たちのパターンを包括し、その繊細な違いを曖昧にしてしまうこともあるが、同時に、新しい構造を暗示する。私たちは、構造をつくりだす生物である。廃棄されたものも、アンティーク、自然を感じさせる場所、あるいは、考古学の素材になるときには、大切にされる。しかし、幼いころの訓練で充分に抑圧されている、排泄の楽しみや、モノを壊す喜びは、敬まわれることはない。依然として、美学や科学や宗教が備えている、洗練された簡潔さのような損失や禁欲を楽しむ方が称賛される。長期にわたる人間の死についての黙想は、まことに貴重な知恵であり、また、近年の流れと循環の動態に関する科学的な概念も、同じように貴重な知恵である。

現実の危険を確定し、否定的な感情と結びつけなければならない。私たちは、パターンをつくり、違いをつくる生物には違いない。しかし、清純さや固定化した価値観を維持するよう託されたわけではない。すでに見てきたように、私たちは、廃棄を二通りの喩えで捉えている。そのどちらも、身体と親密に結びついている。短期の変様に対して、私たちは、食事と排泄、つまり、楽しさとともに、貪欲さや羞恥心も連想させる行為を思い浮かべる。長期の変様に対して、私たちの精神は、死へ——死の嘆き、恐怖、死による身体の変化へと向かう。移ろいゆく流れに対して、気持ちを落ち着かせてくれるような、生物学上の喩えはないのだろうか？　呼吸、睡眠と覚醒、成長と加齢。いずれも、食と死の感銘には及びそうもない。私たちの感情は、容易にスイッチを切ったり入れたりできない。しかし、対象となる過程、変様の儀式は、合理的な行動や内奥の感情と一致するように、明確な基準で管理されることも可能である。私たちは、廃棄の悠久の流れの要素であるという事実を受け止め、そこに居場所や拠り所を見いだせるだろうか？　息を吸い、息を吐くときに、周りを取りまくモノの流れを実感するだろう。この世界を浄化し、修繕し、後世に伝えることが、世界を活用し、組み立てるのと同じくらいに、大切になるだろう。

CHAPTER-TWO THE-WASTE-OF-THINGS

2
モノの廃棄

自然界における廃棄

廃棄は生命系にあまねくゆきわたっている。生物は物質とエネルギーを取り入れ、必要な分だけを使用して、残りは排出するか処分する。皮膚や消化器官や肺や腎臓により発汗や分泌や体内での分離を行ない、最終的には死によって、老廃物を排出する。廃棄物は他の生物の食料となり、物質はめぐりリサイクルし、しだいにエネルギーは熱として散逸する。

捕食動物は、他の生物を食べて生存する。腐生植物や腐生菌は、死体や消耗した有機物によって生存する。糞生植物は、生物の排泄物によって生存する。例えば、カバは、川の中にある膨大な量の餌を食べるが、まったく効率は良くない動物である。カバの大便には、消化されずに体内を通り抜けた食物が濃縮されているので、多くの水中生物が、カバに依存して生きている。軍隊蟻が、ジャングルの中を広い路を切り開きながら行進する後を、蟻鳥や蟻蝶が、追って行く。先を行く蟻たちが、葉っぱを散乱させると、葉蔭に隠れていた昆虫たちが驚いて姿を現わす。蟻鳥は、それを餌として食べる。花の蜜からエネルギーを得ている蝶は、生殖のためには窒素を必要とするので、蟻鳥の後について、点々と落とされた糞を食べる。

もっと一般的な事例を見てみよう。海洋の生命がもっとも富裕になるのは、廃棄物が打ち上げられる海岸の近くや、有機的な廃棄物を海底から運んでくる湧昇流の近くである。それ以外の場所では、海洋の廃棄物は海面の下へ、光合成の起きる温かで明るい水位からはるかな深みへと速やかに沈降し、直ちに再利用に使われる可能性はなくなる。有機的な廃棄物は使われないまま深海に集積するか、(石油や石炭の源となる)沼地のようにある程度の酸素欠乏状態か、あるいは極度の乾燥状態におかれる。毎年一〇万トンを超えるグアノが、ペルーの島々に集積する。それは、廃棄物を運ぶ湧昇流に育まれた、沿岸の豊かな海の幸を享受した海鳥が堆積させたものである。極度の熱さと乾燥のために、窒素がアンモニアとして空気中に蒸発してしまうことはほとんどない。グアノが最初に発見されたとき、この貴重な肥料の鉱脈は三〇メートルの深さに堆積していた。

自然界には生物の死体や種子などの廃棄物が多い。安定した生息地を占有している種は、競争するさいの効率、寿命、密度や同腹子孫の間隔と数をコントロールしている。一方、不安定な生息地は、爆発的な成長や、総力を上げた繁殖や、束の間の生命を歓迎する。限界を超えた繁殖や新しい捕食生物の出現により個体群が崩壊することはまれではなく、個体群の消滅や、種全体の消滅も、まれではない。最悪の場合を除けば、生命の廃棄（浪費）は、不確実な事態に直面しても、継続していながら緩やかに適応する遺伝子パターンの維持を可能にする。

破壊的な廃棄

有機体の生命は、廃棄物の排泄を阻止されると、食料や空気や水の供給が断たれるのと同様に破壊される。集積した廃棄物がコミュニティを破壊することもありうる。加齢とは、蛋白質や核酸のように重要な大きな分子が、しだいに失われたり、組織が破壊されたり、異常な物が累積することである。現在は遺伝性の不治の病とされている「蓄積症」にかかると、不用な複合物を分解できなくなり、脂肪分や糖分のような「化学ゴミ」が累積してゆく。自家中毒は、家庭内の埃によって起こることもある。室内居住者である私たちは、埃の影響を蒙る。埃の六〇パーセントは人間の皮膚の廃棄物であり、しばしばアレルギーの原因ともなる。それは、人間からだされたものではあるが、自分自身ではなくなっているからである。

汚染は栄養分の循環が攪乱されたときに起こる。つまり現存の有機体には使用できない種類の廃棄物や、使えないほどに産出された廃棄物が、この循環系に侵入する場合である。多くの生物は、廃棄物を産出する。それは、自分だけではなく他の生物にとっても有毒となり、廃棄の循環を崩壊させることもある。自分のみかすべての生物にとって有毒な物質を産出するのは人間だけである。私たちは、排出する廃棄物質の量においても、目新しさにおいても、法外な存在である。廃棄物を解体する生物は、廃棄物の産出に追いつけず、新しい化合物に即応して進化することもできない。人間の居住環境の変化は、生態系の全体の一部であり、通常のパターンに従う面も少なからずある。しかし人間の行なう廃棄は、投棄の唐突さ、閉塞地への廃棄物質の極度な集中、エネルギーの急速な散逸、連続性の寸断という点で、尋常ではない。

不潔な都市

昔の都市は不潔であった。都市は、自ら排出した廃棄物の山に囲まれていた。小川や水路や溜池は洗濯に使われ、飲み水は汚れ、空気は、煙と悪臭に満ちていた。対照的に田園には、居住地の周辺を除けば、ほとんど人間の廃棄物はなかった。都市生活の日常の廃棄物は、街路に直接的に捨てられ、豚に漁られたり、豪雨が洗い流すまで堆積をつづけた。最初の下水システムは、廃棄された汚水のためではなく、街路を洪水から守るために設けられた、雨水排水溝であった。

中世のロンドンでは、廃棄物は不法に街路の脇の水路に置かれ、大雨のときに押し流されていた。家々の下に設けられた雪隠は、定期的にさらわれ、その内容物は、周辺の農場に運び去られていた。上流階級のお気に入りの住宅地は、テームズ河などの河沿いにあった。雪隠が水の上に直接張りだせるからであった。テームズ河に近い街路は、ほとんどいつもきれいだった。それは、糞やゴミを河岸のゴミ捨て場までカートで運び、そこから谷間の農園まで船で運ぶことが経済的だったからである。

もともと、水洗便所は上流階級が使う贅沢なものだったが、一八世紀の後半に、水道が多くの家庭に供給されると、一般家庭にもかなり普及した。雪隠からだされたものを運ばずに、河や水路へ、あるいは直接地面に流すようになったことは、腸チフスの流行の引き金になった。市民はすべての排水を、河につながる雨水排水溝に流すように指導されていたからである。これらの排水管が汚れるにつれて、しだいに排水溝は拡張され、蓋で覆われ、延長された。テームズ河は、かなりの負荷を受け入れ、吐き気を催させるような悪臭を放っていた。

病原菌で侵されていたテームズ河から、初めて腸チフス菌が検出されたのは、一八五四年である。その結果、下水道が各家庭に直に接続された。次に、下水流出物が処理されるようになり、「衛生設備」と雨水排水溝が分離された。この複雑に入り組んだ、水に流してしまう投棄システムは、最初に何気なく使った街路の脇の溝が、長い間に増殖してきた結果ではある。個々の技術的な解決が、新たな問題を招き、そこから次の解決へと向かい、さらに大量の水を消費することになった。これはぶざまなシステムながら大都市を可能にし、人口減をもたらした腸チフスの流行の再発から多くの都市を救った。

現代の投棄

少しずつ自治体は清潔な水の供給、街路の清掃、屑や下水の除去、汚水の制限に乗りだした。廃棄物は、その発生源からどんどん遠くへ追いやられている（まるで好物の菌類の土台や葉っぱの食べ残しを自分の巣から離れたゴミ捨て場へ運ぶカミキリアリのように）。都市での廃棄は、注意深く処置され、さらに大きく混み入った社会的な組織に管理されるようになっている。カリフォルニアの下水の排出口は、七マイル沖合まで突きでている。固形廃棄物は、都市の境界を

11———1890年代のニューヨークのダウンタウンのゴミ収集のようす。　（ベットマン写真資料館）

越えて手ぎわよく運ばれる。隣の州へ運びこまれることもある。有毒な廃棄物は「開発途上国」へ輸出される（開発を速めるために？）。清潔な田園地帯に立地したかつての不潔な都市は、廃棄物のドーナツの中心にある清潔な都市となった。

都市を清潔にするために、水に流したり海上に投棄する方法が、ますます歓迎された。産出物を水で薄め重力で運ぶ河川の体系は、ほとんどいたる所にあるからである。濃度の調整も自在だし、運ばれている間はバクテリアの活動に委ねられる。最後に到着する海はいかにも巨大だ。長期的な視点もないまま改善に改善を重ね、立派な下水のネットワークや下水処理施設や排水口を構築してきた。それは近代都市が必要とする、もっとも高価な装置ではある。

水に流す投棄は、必然的な発展ではない。それは都市の街路の脇に下水を引こうとした初期の努力の隔世遺伝の結果であり、一つの選択肢にすぎない。英国の高密度な都市域では、使用可能な水の約二分の一が下水へ流されている。河川をまるごと公共下水路に指定する施策は、以前から勧められてきた。わずかな河だけでも清潔に保とうという案だ。アメリカ合衆国の都市を流れる河には、中に入ると危険なものがある。多大な公共投資のおかげで、その内のいくつかは最近になって改善された。自然の河の流れに平行して、古い下水口から排出された水を回収する、長い下水溝が、河への流入を遮断するように延びている。これらの汚染物質を流す人工の河は、双子さながらに自然の河に連れ添っている。

希釈と汚染

ある程度の費用をかければ希釈された廃棄物を水に流す前に回収し、処理することも可能である。一次処理で、浮遊する固形廃棄物を除去し、二次処理で、分解した有機体を除去する。三次処理で、そのままでは取り除けない化学物質を分解する。この三次処理に費用がかかる。

問題をさらに悪化させているのは、古い下水溝システムである。地面や建物から排出される雨水が汚水と同じ排水管の中で混合されてしまうし、雨の後に押し寄せる水流が、処理施設の能力を超え、処理されない汚水がそのまま流れでてしまう。回収されるべき廃棄物は、さらに希釈されてしまい、処理に必要な費用もはね上がる。解決策は、汚水と雑排水の二系統の排水システムを整備することである。それでも雑排水にオイルや重金属や動物の廃棄物が含まれるかもしれないので、処理施設は必要である。問題をこれほど複雑にさせているものは、私たちが混沌そのものを排出しつづけているからにほかならない。

「衛生設備」のシステムは、運ばれるものの千倍にも相当する多量な清水を必要とする。巨大な都市は、この魔法の液体を集めるために、水道管をさらに遠くへと延ばしてゆくが、水不足は、水の豊かなアメリカ合衆国の東部でも、くり返されている。しかし、水は多くの場所で依然としてほとんど無料に近い。遠くの水源から、圧力が加えられた純粋な水が、需要があれば即座に、何の障害もなく、あらゆる部屋に、一トン当たり三セントの値段で、供給されている。水に匹敵する生活必需品が他にあるだろうか？　それほど、私たちは水を廃棄(浪費)している。

排水のリサイクル

私たちが、水を万能の溶媒や担体としてふんだんに使うことは、別に合理的でもなく、また必然的でもない。もちろん、水は、リサイクルできる。上流から流れて来た中身のわからない汚水を、下流の街で飲んでいるかもしれないが、素晴らしい水の循環システムは、それ自体が、水を浄化する巨大な機構となっている。私たちは、山から湧き出る小川の水の純正さを、疑わない。すでに都市の下水は処理され、農地の灌漑用水や工場用水や保養地の湖水として使われている。嫌悪感さえ克服されれば近いうちに、乾燥地帯の飲料水としても使われるだろう。

コレラ、腸チフス、そして赤痢。かつて都市に災厄をもたらし、今でも第三世界の脅威となっているこれらの病気もアメリカではほぼ消滅した。旋毛虫病や有毒な化学物質の拡散は別として、鼠や蠅がいるにもかかわらず、都市からだされる、液体や固体の廃棄物と関連するような病気はほとんどない。今、廃棄と結びついている死や不調の多くは、空気が原因である。そして、技術的な難題としてもっとも論議されているのは、廃棄物の空気中への投棄である。清潔な水は、無料であることが多い。しかし、清潔な空気は非常に高価である。人間はさまざまな気体を流出し、汚れのない空気は、地球上の何処にもほとんど存在しない。水や土とは違い、空気には、廃棄物を分解するバクテリアがいない（この分ではそのうち廃棄物も進化する?）。したがって、かなり有害な物質が、長期間にわたり存続することにもなるし、スモッグにも含まれているような、刺激性があり有毒な新しい物質が、上空で太陽光線の作用を受けて合成される可能性がある。連続的な媒体としての空気は、つねに動き、よくかき回されているので、廃棄物は相当に遠くまで運ばれている。スモッグを解消するために、大気中に酵素を放出する計画がいくつか提出されているが、飲料水を浄化するような方法で空気を浄化するのは、ヘラクレスに課された難業にも等しいだろう。空気の清浄さを求めて、煙突を高くしたり風下に据えるのは、放出物を何処か別のところへ運ぶだけのことであり、燃焼の過程を変化させたり排気ガスが出る前に汚染物質を抽出するのは、放出物を事前に抑えこもうという発想である。

都市の大気汚染は、燃焼効率の悪い木材や有煙炭の使用が減った分良くなりはしたが、自動車の大群がオナラのように排出する、新顔の炭化水素が結合して光化学スモッグとなるにつれて、事態は再び悪化してきた。自動車の使用を制限し、排気ガス管理装置を義務づける、厳しい基準が設けられてきたが、それは大気汚染の悪化をチェックしているにすぎない。大気の清浄化に失敗した多くの都市、そして第三世界では、悪化の一途をたどっている。通常のガソリン・エンジンがもたらす大気の汚染を、しかるべき水準にまで減少させるためには、自動車の後ろに、大きさも価格も本体に匹敵するトレーラーのような清浄装置が必要となるだろう。廃棄物の発生源が高度に分散されているときには、発生源で廃棄物を処理することは、高くつく。新しい燃料、新しい自動車、そして新しい交通システムが求められている。

暖房と産業に必要なエネルギーが、石油やガスから石炭へ戻ると、古いタイプの大気汚染が復活する原因となるだろう。ニューハンプシャー州の南部のような低密度の田園地帯では、住人たちが再び薪ストーブを使うようになり、大気汚染が再び現われている。化石燃料がどのように使われるにしても、燃焼される炭素は大気中に放出される。二一七五年までに、大気中の二酸化炭素は、一八〇〇年の水準の二倍になると予測されている。[*1]これだけの二酸化炭素の放出が及ぼす影響が、いかなるものか、確かめられてはいない。少なくとも、地球の温暖化は定常的に進行し、極地の氷が溶解し、その結果、海面の水位が五メートルから八メートル上昇し、沿岸の多くの居住地が浸水するだろうと考えられている。

その他にも、飛行機の排出物が大気の状態に及ぼす影響や、大気による太陽光線の遮蔽や透過具合いの変化についてもわかっていない。近年では、樫や松の木々までが、スモッグに加担する炭化水素を放出しているのではないかと疑われている。大気は、繊細な、地球的な規模で一体となった、廃棄物の容器である。多くの興味深い結果が、待ち受けているのかもしれない。

固形廃棄物

固形廃棄物は、土の上に捨てられるか、海まで運ばれる。排泄物、木、布、紙、生ゴミ、さまざまな死体ないしは生体などの有機的な廃棄物は、遅かれ早かれ、生態系に浸透し、循環する。壊れたガラス、陶器、石、鉱屑などの比較的安定した廃棄物は、かなり永続して堆積する。生命系から充分に隔離されていれば、有機的な物質も集積する。南極では、マクマード・サウンドに廃棄物が腐敗することなく堆積している。地球の外周軌道上にある屑は、いつの日にか、煩わしいものとなり、さらには危険なものとなるだろう。

人間の廃棄物の集積が、必ずしも有害となるわけではない。かつて廃棄された物質も、新たな目的に使われている。ブラジルのリオ・デ・ジャネイロよりも下に位置する南東部の海岸に残る巨大な貝塚（サンバキ）は、高さが二五メートルある。それは、五〇〇〇年もの間この海岸でつづけられた居住生活による廃物だが、今では、掘りだされ、加熱されて、農業用の石灰となっている。[*2]ニュージーランドでは、初期に掘削された金鉱の廃棄物の堆積した山が、一八七〇年代に再び使われだした。最初に始めたのは中国人のゴミさらいであったが、後には、大規模な先進的な技術を持つ鉱業会社が参画した。古い屑に手を加えるということは、需要が変遷し、技術が進展するときには、よくある話である。

一九七〇年代の初頭、アメリカ合衆国の人口は、世界の総人口の六パーセントであったが、世界の原料の総産出量の二分の一を消費し、世界中の固形廃棄物の七〇パーセントを産出した。それは、鉱業、農業、燃料の燃焼による廃棄物を除いても、年間三億トンに達していた。こうした比率もアメリカの水準に刺激を受けた他の国々が、消費量を伸ばすにつれて下降してゆく。新興諸国がアメリカやヨーロッパなみの廃棄をすれば、自然の循環に動揺を与えるほどの負荷となるには違いないだろう。

廃棄物の産出の王者は軍事である。アメリカ合衆国の砂漠の中の何千平方マイルもの場所に、戦争の機材が廃棄されている。そして、第二次世界大戦のガラクタが、依然として太平洋の島々に散乱している。戦後すぐに、ある商人が余剰の飛行機を五千機も購入したが、機体のタンクに残っていたガソリンだけで充分に購入費用のもとが取れたという。戦争になると、軍需物資は気前良く消費され、失われ、誤って使われる。そして市民の財産は破壊される。戦後の経済成長の躍進は、こうした徹底した廃棄の上に成り立っていることが多い。アメリカの国家予算を一目見れば、膨大な廃棄が依然としてつづいていることが確認できる。

投棄

自治体が回収する廃棄物の二分の一以上は、紙とプラスティックであり、その多くは捨てられたパッケージである。パッケージは、商品が良く売れるし、腐敗や病気を防ぐので便利だが、かさ張る上に生ゴミと混ざり合い、投棄の手間を増大させている。家庭の廃棄物が分別されていることはまれでだいたいゴミ入れの中で混沌としている。投棄の時点での分別こそ必要で、役に立つものは取りだし、堆肥にすべきものや焼却すべきものは効率的に処理すべきである。廃物を分別するように各世帯を教育することにも時間と労力を要す。

長い間、空気で運ばれる廃棄物による被害を蒙ってきた大気を救済する道もありうる。廃棄された液体は、排水溝があってもなくても、どれほど有毒でも、川へ、そして海へと流れこみ、また地面に浸透してゆくことになる。地表を流れることじたいは、ひどいことにせよ、少なくとも、その液体は自力で退却する。しかし固形廃棄物はそうは行かない。固形廃棄物をただ回収するだけでも膨大な時間がかかる。同様に、固形廃棄物を正しく投棄するのも難しい。固形廃棄物を回収するのに必要な費用は、自治体の総支出の二〜三パーセントにも及ぶ。それは、警察や消防、水道や電気に支出される費用と同等であるが、道路や福祉、あるいは教育に支出される費用に比べれば相当に低い。とはいっても、清掃問題は公共サービスの中でも、もっとも厄介事のひとつであり、治安と並んでたえず市民の不平の的となる。人口密度の高い、低所得者の居住する地域では、犯罪も屑も管理できそうもない。たとえ収入が高くても、ゴミの回収に関してはいつも気がかりのもとである。

都市中心部の居住者たちは、いつも公共サービスへの不満を洩らしている。片や市の管理者は、居住者たちの協力も得られず、衛生事業の作業員たちの労働組合からは圧力を受けながら、最善をつくしていると主

12——廃棄物のリサイクル意識は盛り上がっているが、やり遂げるのは難しい。効果的なリサイクルは廃棄物の発生源から着手しなければならない。（©カーク・コンダイルス）

張する。収集作業員たちと居住者たちの反目はつねに起きている。規定よりも大きなものや、入れ物が破れているものは回収しない。破れて中身がこぼれ落ちそうなゴミ袋をだしたり、トラックが通過した後にまたゴミをだす。私有地の屑は無視。まき散らされた物質の回収は誰の責任だろうか？　両者は、警察を呼び相手側が実行するように強制しかねない。問題は、「強制」「回収作業員の職務の遂行」「人びとが正しく行動するための教育」にあるようだ。管理の及ばぬ焦りがにじんでいる。屑の供給は無限であり、サービスの改善がなされても、さらなる負荷を招くだけだからである。屑は、目に見えるもっとも迷惑な廃棄物の形態であるが、下水や大気汚染や有毒な化学物質とは異なり、屑が危険であることはまれである。屑の認識は主観的なもので、屑が減ったことを定量化するのは難しい。八方破れで八方塞りのサービスというほかない。

　市民一人当たりに換算した場合、ニューヨーク市は、どのアメリカの主要大都市よりも多くの費用を衛生設備に支出している。それは、平均のおよそ二倍に相当する。しかし、ニューヨークはもっとも汚ない都市のひとつとしても有名であり、ますます汚れてゆく。市の街路の半分しか、市民が満足を感じる標準に達していない。マンハッタンでは、それがわずかに四分の一となる。予算が限定され、街路の清掃の労働力を大幅に削減させられた。さらに悪いことに、街路清掃の生産性は低く、多くのトラック・チームはどんなに効率の良い日でも、一日に二、三時間しか働かない。市民たちは彼らを軽蔑し、彼らもそれ相応に振る舞う。市民たちは、周りに散乱している屑に倣い、所構わず廃物を落とす。ニューヨーク市民による市の衛生条例の違反は、一日に四万件と推計されているが、この中には個人的に屑をまき散らす違反は含まれていない。裏通りが不足しているために、美観はますます損なわれる。裏通りがあれば、一時的に屑を置いて、回収することも可能ではある。近代都市では、廃棄物は「玄関の外」にある。馬車から自動車に替わり、肥料になるものを街路から取り除きはした（そしてガスを空気に加えた）。しかし今、都市の舗道は、ペットがだす糞《フン》に悩まされている。ニューヨークでは、いち早くキャニン廃棄物法を一九七八年に制定した。この法律では、最愛のペットが公共の道路に落した糞を飼い主が取り除くよう義務づけている。少なくとも、ある期間は、多くの飼い主がそのように行動し、舗道は歩行者にとって素晴らしく快適ではあった。

個人的なゴミ投棄の被害に遇っていた場所が減るにつれて、不法な投棄が増える。不法に投棄された破片が、高さ八～一二フィート、幅二〇フィート、長さ一マイルにも及ぶ隆起となり、クープ・シティーに集積している。偵察用の自動車に先導されたトラックの一団によって、夜間に行なわれる「捨て逃げ」を現行犯で逮捕することは難しい。不潔な街路は、旅行者の名所になってしまった。旅行者たちは、まるで世界の八番目の不思議に遭遇したかのように、あっけにとられている。コッチ前ニューヨーク市長は「衛生局は、私がかかわった事業体の中でももっとも失望させるものでした」と語った。

軽蔑される仕事

収集車で働く人びとの生活は、その役割のために、色目で見られる。仕事は、きつく、うるさく、臭いもすごく、冬の寒さの中では難しい(図2)。切り傷、背骨の捻挫、トラックからの落下、コンパクターに手を挟まれるなどの怪我が多い。

13———ゴミは、目につく煩わしい廃棄物のひとつの形態ではあるが、下水道や有毒な化学物質や大気の汚染とは違い、危害を加えることはまれである。　(UPI／ベットマンニュース写真)

衛生作業員は、アメリカの職業の中でも事故に遇う割合がもっとも高い。彼らが負傷する割合は、炭鉱労働者の四・五倍である。若者は、この職業に尻ごみする。ある年輩のゴミ収集作業員は、自分の仕事に誇りを持ち、その仕事の必要性も感じているが、自分の子供はもっと良い仕事に就くことを望んでいる。奥さんは、彼の業務に当惑している。*3

軽蔑された人が、軽蔑されたモノを扱う、という軽蔑された過程は、いかんともしがたいものがある。先端技術も、この問題は解決できないだろう。ここで欠けている要素は、幅広い協調とケアである。新しい機材や口当たりの良い宣伝だけで、変革を成し遂げるのは不可能である。

散乱

ポイ捨て。それはもっとも目だつ投棄の方法であり、もっとも象徴的に損害を与える。ゴミは、実際には大きくはないが、目につく。まき散らされたゴミを再び回収するのに要する費用は高くつく。ゴミをひとつひとつ手で回収しなければならないからである。散乱は、社会的に禁じられたり、容認されたりする。教会の墓地の上にゴミを落とすことは冒とくであり、カーペットの上にゴミを置くのはマナーが悪いと、多くの人は考えるが、街路の上に紙を落とすことにはほとんど無関心だ。投棄の場所を直接管理する人がいなかったり、いくら浄化に努めてもその効果が見えなかったりして、投棄の影響がはっきりしないときこそ、なすがままにされる。近づきやすい場所には、すばやくモノが捨てられる。ゴミは象徴的に都市の堕落した地域に堆積する。そこは、自動車がすばやく密かに積み荷を降ろせる、細い道や裏通りに沿う場所、放置された森の外れ、人のいない空き地、廃棄された土地、遺棄された工場地域であり、正面通りほどには管理のゆき届かない車の往来も途絶えがちな街角である。それはまさしく、密輸の裏返しのような、罪深い行ないである。

ゴミの散乱は、安定した社会の因習によるところが大きいので、定期的な「ゴミ捨て禁止」キャンペーンの勧告には免疫になっている。[旧]ソ連のような国々では、厳格な警察の管理に頼っている。ゴミを散らかした人は、その場で罰金を徴収される。各人の注意、維持管理の改善、ゴミ箱の設置などによって、環境を変えることも、ひとつの手段である。居住者たちを組織して、地域を定期的に清掃することは、地域の保全への関心をもたらし、ゴミを散らかさないよう心がけさせるだろう。居住者が管理する仕組みによって、多くの住宅地が整然と保たれている。

街路灯や警察のパトロールが犯罪を他の地域に追いやるだけのことにも似て、限られた地域の保全は、散乱をより保全のゆき届かない地域に移行するだけなのかもしれない。犯罪の場合と違って、ゴミの散乱に関しては、場所を公式に、清潔な所と不潔な所、表と裏という領域に分類する政策もありうるだろう。さらに一般的な改善をするためには、「ボトル・ビル」[あきビン回収のための前払い制度]の成功例に倣い、散乱する屑を低減させる工夫や、廃棄システムの改善、廃棄物に対する態度の変革も必要である。この最後の課題を実行するのがもっとも難しい。人の態度は、説教や広報活動によっても影響を受けることはない。通常は、自分の廃棄の行動を自覚してはいないし、抑圧しているので、自己矛盾にひたりきっている。

14——「オレゴンの長い列」アルベルト・ビエルシュタット、1869年。西部へ移動する開拓者たちの後には、壊れたワゴンや生ゴミや死にかけた動物や遺骸などがひとつの流れのように残されていった。
(バトラー・アメリカ美術研究所、ヤングスタウン、オハイオ)

廃棄物の回収は、市民にもっとも身近なもので苦情もつきないが、もっと絶望的な問題は、廃棄物の最終投棄である。多くの沿岸の都市が海洋投棄しつづけてきたつけが廻ってきた。汚泥が海底に盛り上がり、海の中に汚染が拡がっている。廃棄物の海洋投棄を一九二四年に始めたニューヨーク市は、これまでに一平方マイルに及ぶ、生命のほとんどいない「死の海」をつくりだした。汚泥が、ロング・アイランドの海岸に戻るにつれてクイーンズとサザンプトンの間の砂浜は、夏の間も閉鎖される。一九三三年に海洋投棄は禁止されたが、別の方策を模索する間も、市が依然として、毎年何トンもの廃棄物を海に預けつづけているのは、かなり絶望的である（図43）。自治体の管理者は、海洋投棄を即座に停止すれば、一九八八年の時点で毎日一六億ガロンの下水を処理していたシステムがなくなるために、二百万人の市民は、市の領域から撤退しなければならないだろう、と主張する［一九九二年に海洋投棄は停止された］。

地球の表面の四分の三を覆っている海洋から廃棄物が閉めだされるならば、私たちの廃物は、地面に向けられるほかない。地上での投棄には、屋外投棄、焼却、衛生的な埋立という、よく知られた三種類の方法がある。屋外投棄は、人里離れた場所に堆積させた物質が、腐食したり、残留したりして、地下水を汚染する危険性があり、今では、アメリカの多くの場所で禁止されている。

効率もメンテナンスも良くない小さな焼却炉での所構わぬ焼却は、大気を汚染する。集中的な焼却は、運搬距離が長くならないよう注意を要するが、ごく小さな土地があれば、燃え滓を捨てて有用な灰と熱を生産できる。だが高額の投資や維持管理の支出が必要なうえに、注意深く作業をしても、ある程度は大気を汚染してしまう。固形廃棄物の中にはこのとき大気中の廃棄物に変換されるものもある。不注意や設備の老朽化や望ましくない廃棄物の混合によって、焼却が非効率的になる場合には、危険なものともなりかねない。自治体の焼却炉はしだいに閉鎖され始めている。

15———海洋で投棄された廃棄物は、再び舞戻り、ニューヨークの海岸を汚染している。しかし、海水浴客たちの多くは警告を無視している。　(©カーク・コンダイルス)

16———156日間の航海の後に、この悪名高いゴミ運搬船「モブロ」はブルックリンへ戻ってきた。この船は、ニューヨークでは必要とされない、3186トンもの屑の捨て場所を求めて、6つの州と3つの国を旅した。　(UPI／ベットマンニュース写真)

埋立

　このような消去法によって、「衛生的な」埋立が、もっとも一般的な投棄の方法である。一九六八年の時点でも、すべての廃棄物の処理施設の八〇パーセント以上が、このタイプであった。ゴミと屑は、狭い層の中に広げられ、圧縮され、一日ごとに薄い層となり、地表を覆い、再び圧縮される。埋められた分解可能な物質は酸欠の状態で、腐植土、二酸化炭素、メタン、アンモニア、硫化水素に変換する。地面が安定するには時間を要するので、その上に何かを構築するさいには地盤沈下を考慮しなければならない。メタンは燃料として使用できるので、公益事業体が手をつけ始めている。しかし地中で空気と混ざると爆発の可能性もあるので、地上に建てられる建物の下から排気しなければならない。さらには、埋立は、地面に近い地下水を汚染する可能性がある。アメリカ中の六千のゴミ投棄場と埋立地を調査したところ、適正な処理が行なわれているのは、わずかに六パーセントであった。[*4]

　埋立の手法は比較的安い。埋立は、あらゆる種類の廃物を、区別なく受け入れる。それは、外見上は完璧で最終的な投棄であり、大気汚染を引き起こさず、土地を埋立て、建設を可能にする。また観点を変えれば、自然の湿原を破壊することでもある。この認識の違いは各自の視点に左右される。場当たり的なところもあり、別の使い途もある物質を封印してしまうかもしれない。当然、悪天候での作業は困難である。使用可能な土地が、どんどん遠くへ離れて行くので、運搬距離も長くなる。たしかに、埋立に頼る私たちにとって、土地が埋めつくされて行くのは基本的な障害である。大都市は、つねに新しい場所を周縁に捜し求め、投棄もますます遠くなる。ボストンの廃物は何割かは鉄道でニュー・ハンプシャー州へ運ばれている。ウエスト・ヴァージニア州では、東部の都市からだされる屑を、かつて石炭の輸送に使われていた鉄道で運び、石炭の掘りつくされた狭い谷を埋める計画が提案された。山に暮らす人びとにとっては妙案とはいい難い。

　その他の投棄の手法も、拠り所を失った。家庭のシンクの生ゴミ用ディスポーザーは便利だが、それはただ、ゴミを水に流しているだけである。今では多くの街で、ディスポーザーは禁止されている。生ゴミは豚

17———固形廃棄物の投棄は全世界的な規模の問題である。固形廃棄物は燃えると空気中に漂う廃棄物を産出するので、市のゴミ焼却炉は、閉鎖されつつある。　(©キャサリン・リンチ)

の餌にされていたが、それも過去のこととなった。豚小屋が近くにあることを好む人はいないし、旋毛虫病を防ぐために調理されるようになり、食べられるゴミを容器から分別するのは、さらに難しくなったからである。その他の多くの廃品回収業は、主流から外れて衰退している。人件費に対して回収品の価格は競争者とのかねあいで低下したり不安定だからである。例えば、獣の死体から脂肪分を精製することは止められた。ボロ切れや骨を扱う商売もほとんど姿を消した。そのような廃品回収の仕事は、ヘンリー・メイヒューが一九世紀に行なった魅惑的な調査記録『ロンドンの労働者とロンドンの貧困層』[*5]の中にいきいきと描写されている。個人の収入が上昇し、相対的に原料の価格が低下したために、産業革命の初期には著しい活気を呈していた、廃物の再生産業の多くが廃業した。

コンポスト

庭園や農場で復活しつつあるコンポスト（堆肥）も、ヨーロッパでは、いくつかの集中処理施設で行なわれるようになっている。堆肥に適した廃棄物は、好気性微生物によって急激に腐植土に分解される。物質はリサイクルされるので、大きな場所は必要なく、回収運搬の距離を短くすることもできる。さらに重要なことは、コンポストは土壌というかけがえのない資源を保存する手段として卓越していることだろう。

コンポストは廃棄物の構成物質に敏感である。炭素と窒素の比率は狭い範囲内に限られるし、余剰の水分も堆肥にならない物質も取り除かなければならない。廃物は、炭素が多すぎ、生ゴミは水分が多すぎる。窒素を加えるために動物の廃棄物を混ぜたり、炭素を加えるために紙を混ぜたりして、混合の割合を調整する必要がある。こうしたインプット側の工夫に加えて、産出物の定常的な市場を見つけることも、いまだに基本的に難しいので、商業的な農場よりも小さな庭園や都市の公園で使われている。一九七七年に、ニューヨーク州北部の八つの街が、ニューヨーク市の下水からだされる汚泥（市では乾燥した汚泥を毎日二〇〇トン吐きだしている）の何割かを、街の公園や森林の堆肥として受け入れたいという提案をしたとき、汚泥を堆肥にする

18———骨掘り職人は、かつての脱産業経済に存在した商売である。
（H・メイヒュー著『ロンドンの労働者とロンドンの貧困層』G・ニューボールド社、1851　ロンドン）

には一トンにつき八〇ドルから九〇ドルの費用がかかったが、汚泥の海洋投棄にかかる費用は一トン三〇ドルであった。概して、投資と維持管理の費用は、焼却炉の場合と同等である。焼却炉の場合と異なる点は、最終的な産出物が、土に戻されることである。堆肥や下水灌漑により、痩せた土地を直接再生させる実験も試みられている。

エネルギーと廃棄

ほかにも固形廃棄物に内包されたエネルギーを抽出するさまざまな試みがなされている。例えば、石炭に潜在するエネルギーの約半分はそのまま捨てられている。かさの大きなモノが取り除かれると、残りは、金属やガラスのような有用な燃えにくい物質である。それ以外の廃棄物は燃やされて水蒸気を生成したり、発電するために使われる。あるいは、熱分解によって焦がされてペレット化した、密度の高い燃料が生成される。残された灰は、埋立に使われたり、コンクリートの砕石や道路の素材として売買されている。ロングアイランドのヘムステッドにある処理施設は、毎日、二千トンのゴミを扱い、一年間に五千トンのアルミニウム、四万トンの鉄鋼、二万五千トンのガラス、二億五千万キロワット時の電力、そしてコインそのものも五万ドルから一〇万ドルに及ぶ資源が見込まれる（未来の考古学者の愉しみを奪うことにはなるが）。原油の価格が上昇し、起業家と公共事業体は、大都市圏のゴミの使用権を獲得するために競争している。供給は巨大で安定しており、電力資源として信頼できると充分に保証される。熱分解による処理施設は、半径一五から二〇キロメートルの範囲に二〇万人から三〇万人を必要とするだろう。

これらの施設にも問題がないわけではない。まず大気汚染の問題がある。純費用は、埋立と比較して二倍から四倍という高い費用となる。アメリカ国内の七か所にある新しい施設はすべて、汚染物質の排出や汚染物質による腐食の問題を抱えている。ボルティモアにある大規模な実験的な施設は、永久に閉鎖された。ヘムステッドの施設から出された煙がロングアイランドにある航空交通センターの空調設備の中に入り、センターの始動を遅らせた。砒素や塩素が、航空管制官の頭痛や眩暈や吐き気を引き起こしたのである。

田園地方のゴミ捨て場

田園地方では、投棄の問題も異なる。低密度で低所得の住民は、廃物も多くは産出しないし、周りには、廃物を投棄できる広い場所がある。反面、最先端のゴミ処理も無理だし、リサイクルさせて見合うほどの量にもならない。例えば、使い古された自動車なども業者を呼ぶほどの数にはならないので、遠くのスクラップ作業場まで運ぶべきところだが、イザというときの取り替え部品の山としての価値があるので、動かなくなった所で捨てられる。逆説的だが自動車の希少さは、その使命を終えた後にひときわ顕在化される。ひとつの固形廃棄物が周縁に与える損害は、都市よりも田園地帯の風景にある方が、実質的に大きい。地域に点在するゴミ捨て場は、広域圏の埋立地に統合されてしかるべきかもしれない。しかし、これを実現するためには、地域を超えた自治体間の協調と、長い距離の運搬が不可欠だろう。

廃棄の社会的な役割

数々の欠点にもかかわらず、田園地方のゴミ投棄には都市の場合とは異なる社会的な役割がある。都市のゴミ投棄が産業の一過程として専門の業者に管理されているのに対し、地方では市民ひとりひとりに管理が委ねられている。ここで、人は、自分のモノに対する所有の権利と責任を合法的に放棄したり、他人が放棄したモノに対する所有の権利を要求する。そして怠けものという汚名を着せられることなく、のんびりと時を過ごしたり隣人と会うこともできる。それは、モノの交換であるのと同時に社会的な意味での交換である。一日に二度は立ち寄り、新しいものを見分けたり、新しいゴシップに聞き入ったりするもの好きはいるものだ。都市の領域でも、「ガレージセール」や「ヤードセール」という形式の交換が行なわれている。そこでは、安い中古品がやり取りされている。近所の知り合い同士でやるときも、そうではないときも、社会的な交換は、また、ひとつの喜びとなる可能性がある。値の張らない大安売りのおかげで、多分、購入者にも役立たないような品物もめぐるようになる。

廃棄の社会的な役割を示す多くの生物的な事例がある。脊椎動物と昆虫は自分で身繕いをするほか、同じ種の他者の身繕いもする。この他者を清めたり舐めたりする行動は、本来は衛生が目的であるが、広く和解と絆を象徴するコミュニケーションに変化してきた。実は、このコミュニケーションに使われている、嗅覚を刺激する物質は、生物学的には、本来は廃棄物であった。

リサイクル市場

廃棄物の中には、私的な市場の中で定常的にリサイクルされるものもある。どの程度かはわからないが古着や古い機器などの消費財は、より低所得層へリサイクルされている。都市居住者の階層間の乖離は、この需要と供給を結ぶことを難しくしてきた。したがって使える廃棄物が往々にして失われていた。軍隊の基地や大学街は、このような取引には絶好の場所である。街の人たちは短期の滞在であり、交換は実用的だからである。

工場からでるガラクタは、家庭からだされる物よりも、よく分別され、連続的に供給される。廃品回収の市場は、原料の基本的な供給の埒外にあり、またデザインや用途の変化にも敏感なので、たえず変動する。すでに触れたように、脂肪や下肥や古い皮革や骨の主要な市場は、今ではすべて姿を消した。

一方ガソリンは、かつては燈油を精製するさいに廃棄されていた副産物である。ボロ布、紙、ガラス、金属、ゴム、そして灰は、再び売るに値する。合成繊維、プラスティック、なめし皮、そしてマットレスの場合には、その価値はない。金属のガラクタは、一番商売になるが、価格は非常に不安定である。世界中の金属の七〇パーセントは一度使われただけで捨てられている。アルミニウムの缶の市場は限定されているが、もし再利用するなら、アルミニウムの鉱石を製錬するのに必要なエネルギーの三パーセントを使用するだけで済む。壊れたガラスにも、優れた市場があるが、分別は厄介である。アメリカ合衆国では全廃棄物の半分以上を紙が占め、リサイクルされている物質の九〇パーセントは紙である。再生紙の価値は、急騰と急落をくり返している。タイヤは世界の総量の五分の一しか再処理が施されておらず、残りは、驚くほどのタイヤの山となったり（図59）、壁の保持、魚床、彩色された花壇などに再利用されている。潤滑油は、雨水排水管や下水道に流さずに浄化して再利用することもできる。今では、この再生が法律で義務づけられている州もある。ヨーロッパでは、助成金によって奨励されている。

　スクラップが重視されるようになるのは、（戦時のように）需要が突然多くなるとき、あるいは（銅のように）最初の抽出が非常に高くつく場合、あるいは（アンティークの家具や古い建物の装飾のように）古いものに威厳が備わる場合に限られる。需要が確実ではないので、スクラップ業者たちは、多くの在庫品を抱えなければならないし、求められてもいないモノの所在も知っている必要がある。この商売には低い金利と安い戸外のスクラップ置き場が欠かせないが、コミュニティに嫌われるため、置き場も容易に見つからない。雑多な品物を抱えている業者は、在庫が悩みのたねで、古書店のよ

19——不要な自動車は、収集された後に分解され、各部品は分類され、必要になるまで、周縁の空き地に取り置かれる。
（©マイケル・サウスワース）

うな分野は、専門的で幅広い記憶力が必要とされる。

自動車のリサイクル業者は、最近の型の中でも傷んだ車を買取り、使える部品に分解する。部品は、分類され、箱に入れられ、建物の中で保管され、駆動モーター、バッテリー、ブレーキドラム、ドライブシャフト、フレームなどの部品が、品質保証をつけて自動車販売業者や修理業者や「土曜メカニック」に売却される。その他の残った物が潰されてスクラップになる。「私たちは、屑屋ではありません」と彼らは憤慨する。

四年から一五年使用された車はガラクタ置き場へ行き、細かく分解され、分離され、圧縮されてスクラップになるか、あるいは屋外に放置されて、部品が時たまふりの客に買われる機会を待つ。このような商売は、幅広い在庫品と広い置き場が必要となる。自動車も、二五年以上使用されると、その価値は再び上昇する。専門家は珍しい部品を求めてその自動車を分解する。部品はアンティークになり、カタログも印刷されて通信販売が行なわれている。たしかに、将来に備えてポンコツ自動車を「栽培する」こともできる。道外れの見通しの良くない安い土地を取得しよう。さほど古くないポンコツ自動車を回収するのにコストはかからない。そして時期を待とう。

スクラップの価格が低いときには、自動車の路上投棄は深刻な問題となる。盗難車でも駐車中のものでもなく、自動車が放置されたことを確証し、罰金なしに回収するには、膨大な時間と法律上の手続きがいる。目障りなものをガラクタ置き場へ牽引して片づけるのは、毎度のことながら、警察の頭痛の種である。しかし、スクラップの価格が急騰すると、不法なゴミ漁り屋が出没し、荒廃した街路に乗り捨てられ放棄された車を先を争って奪い、使える部品を剝ぎ取り、廃品回収業者に売り飛ばす。厄介者はたちまち盗っ人の懐の金と化す。

中古の自動車は、鉄鋼の生産能力のない発展途上国に輸出されている。パキスタンのカラチから三五マイル西側にあるガダニ・ビーチは、まるで侵略を受けているようである。世界中から一度に百隻以上の古い船が流れつく。船は砂浜に引き上げられ、金属を回収するために分割される。一万人の労働者が砂浜で働いている。彼らは船から取りだした木材でできた小屋に住んでいる。ここでパキスタンの屑鉄の七〇パーセントが供給される。

一九七〇年の時点で、取り壊し業者の置場に備蓄されていた自動車は一千万台に達していた。鉄鋼の新しい製産方法により、スクラップ鋼を大量に使用することが可能になり、供給が再び不足してきたので価格は上昇している。清潔なスクラップの混合物で鉄鋼を製造すれば、エネルギーの消費は少なく、水の汚染も少なく、原料の鉱石も少なく、空気中に排出される二酸化硫黄も少なくなる。[*6] アメリカ合衆国内に貯蔵されているスクラップは七億トンと推計されている。その多くは分散されているが、価格が急騰したときだけ回収に見合うものとなる。一方、採掘可能な鉱石として地中に眠っていたときよりも都市的な地域にはるかに集積されている金属がいくつかある。したがって、都市は鉱床のようなものとも考えられる。

新車の部品にプラスティックやアルミニウムや合金がますます使用されるようになり、廃車のスクラップはかえって使い難くなっている。売るための自動車を設計する人には、消耗した車体を捨てる方法まで考える必要がないのだろう。しかし、スウェーデンでは、自動車のための「ボトル・ビル」が定められた。新しい車種を購入する人は、前払金を払う。これは、車が最終的に解体業者に引き取られた後に、所有者に還元される。

農業地域でも、リサイクルは起きている。農業廃棄物は目の前にある農地を超えた使い途を見つけている。パルプ状の植物の屑の多くが家畜の飼料として輸出されている。ビートの生産コストの三三パーセントは、今では植物パルプとして埋め合わされ、トウモロコシからアルコールと果糖を抽出するコストの七二パーセントはその残り滓によって相殺される。家畜や家禽に与える蛋白質は、セルロースや農業パルプ、醸造所、あるいは製紙工場や都市の下水道や固形廃棄物から排出される物質に作用する、イースト菌とバクテリアの培養によって生産することができる。しかし、重金属に汚染されている多くの産業廃棄物を再利用することはできない。技術的には可能でも、経済的にはいまだ実現性はない。だが、それほど微妙な過程ではないので、熱帯であれば、バクテリアによる処理は屋外の池で行なえるし、廃棄物が分別されていれば、バクテリアと作用を受ける物質を正確に対応させることもできる。例えば、ナイロンや原油を食べる特殊なバクテリアを開発することも可能である。

身体のリサイクル

間に合いさえすれば、人間の身体も同じように再利用できる。カニバリズムは、恐怖感を呼び起こす。しかし、緊急事態にはきわめて合理的なものかもしれない。近代医学技術は、死亡直後の身体から摘出された臓器を活用できる。角膜や腎臓そして心臓を、生きている患者に移植し好結果を得ることもできる。それは、自動車の中古部品を使うのに似ていなくもない。ここでも、アイ・バンクや臓器移植提供者《ドナー》登録のような、リサイクルを行なう社会的な組織が進展した。しかし、廃棄物の基準よりも厳しい制限による障壁がある。私たちは、自分の個性と身体の間に親密なつながりを感じているので、身体を使用可能な廃棄物として考えるのは難しい。身体のリサイクルには経費も手間もかかるので、人間部品の供給は不足している。私たちは今、死亡した人の身体の一部分を使用することを日常的に受け入れているが、医療で胎児の組織を使用することは、また別の問題である。胎児の組織は、パーキンソン病やアルツハイマー病のような、さまざまな病状の治療に効用を認められているため、流産や中絶による胎児が将来使われる可能性もある。しかし、胎児の身体を医療に使用すべきか否かという問題について、激しい議論の応酬がくり広げられている最中であり、この研究はきわめて制限されている。[*7]

身体まるごとについても、大学の医学部は死体をたくさん必要としている。例えば、ニューヨーク市にある大学の医学部で、一体で八人から一〇人が解剖を学ぶとしても年間に六〇〇体は必要だが、実際に供給されるのはその半分である。一九世紀の貧困や悪名高い「死体泥棒」が、大学の医学部に充分な死体を供給したこともあったが、もはやそうではない。ある時期、年間に四〇〇体から五〇〇体の身元不明の遺体が市の安置所に置かれていたことがある。しかし、今ではそれも八〇体ほどである。貧困が改善され、埋葬費用が福祉で補助されるにつれて、遺体の引き取りも多くなった。生前から、死後に身体の寄付を保証するように訴える努力がなされるべきである。響きはすこし芳しくないが、身体の寄付による税額控除のような、経済的な奨励策を創出することが、おそらく必要となるだろう。

埋葬

身体の適切な投棄に必要な空間が不足してきた国もある。アメリカ合衆国では、すべての投棄の場所と同様に、墓地も都市の周縁に押しだされてきた。中心部に残る墓地では新しい死者を受け入れることはできない。墓地は、その他の廃棄物の投棄場所とは異なり、移転が難しいおかげで都市の中心にある貴重な緑地となってきた。日本の文化の中では、家族は、生家のある村の近くの静かな寺に、先祖代々の墓を持つことになっている。家族は、毎年先祖たちの命日に、その遺骨を納めた場所を訪れる。しかし都市に居住する何百万人もの人びとは、故郷から遠く離れて暮らしており、都市の墓地も満杯である。鎌倉にあるもっとも小さな墓地は、四〇平方フィートほどであるが、その価格は一九八四年の時点で七五〇〇ドルであった。これをローンで購入するのである。東京には遺骨を収める幅九インチ高さ一八インチのロッカーのある多層の斎場が建てられている。合成樹脂の花を容れる小さなバスケットや多分子供の好きだったオモチャなどがコンパートメントの扉に下げられている。(仏教は個人は終局的には全体に吸収されると告示しているが) このように身体の直接的なリサイクルも、墓地の再利用も許容できない文化は、より繊細な技術的な対応を求められている。

ホームレス

生きている人びとを廃棄するのは、さらに深刻な社会的な問題である。アメリカの都市には、多くのホームレスがいる。彼らはわずかな所持品を持ち、移動をつづけ、公共的な空間で寝起きする。人びとから無視され当惑されても、彼らはゴミ漁りと物乞いで生きている。危険であるというよりも危険にさらされており、つねに襲われたり暴行の被害を受けている。かつては彼らを収容していた精神病院から大量に追いだされ、都市に群れている。

家出した子供も街路や放棄された建物の中で生活している。その数はニューヨーク市だけでも、二万人と推計されている。彼らは、物乞い、窃盗、ゴミ漁りをしたり、慈善団体から配給される食べ物や、麻薬や売春によって生活している。彼らは、街路の中に危険とともに興奮と自由を見いだしている。彼らの多くは、麻薬やアルコールや失業や自暴自棄、そして残酷な、あるいは無関心な両親が原因となって、人生につまずき家をでた。彼らは、寛容で支援を得られる社会のある、生地の近隣に留まる傾向がある。彼らは廃棄物というより、ある程度健全な世捨て人である。彼らには将来がある。あるいはその可能性がある。*8

回収業

一九一〇年から一九三〇年の間、アメリカ合衆国の廃品回収業は、黄金時代を迎えた。当時は、貧困ではなくなったが、富裕でもな

20———ゴミさらいは今でも多くの国で重要な生計の手段である。ベイルートの郊外では、毎朝、大人や子供たちが、積み降ろされたばかりのゴミの山から、お金になる、ガラスや空き缶やその他の品物を拾いだす。
（ロイター／ベットマンニュース写真）

い社会に入っていた。工場生産の品物がたくさん出回り、低賃金労働者も多く、修繕されたものには価値があった。建設工事とともに、廃品回収は、移民には格好の仕事であった。わずかな資本で参入できたし、一大帝国を築くこともできる商売だった。動きの速さ、慎重な分別、機転の良さ、記憶の良さ、つまり需要と備蓄の隠れたつながりを見いだす能力さえあれば、富が蓄えられた。それは自由な市場であり、体系的なデータも公式な規則もなく、現金払いで取引され、往々にして税金も免れていた。廃品回収業について授業で教える大学はなく、ケース・スタディで取り上げるビジネススクールもない。戦時中の軍隊のように、中央に統制された社会は、厳しいリサイクルの問題を抱えている。取り替え用の部品は不足しがちで、人が必要とするモノを手に入れることを請け負う、超法規的な「五パーセント族」［五パーセントの手数料を取って斡旋をする人］が出現する。新しい設備機器が、必要な部品を取りだすために分解されて廃棄されている。

イギリスのジプシーたちは、長い間、周縁にいながら、著しい個性を保ってきた集団である。馬の売買、よろず屋、興行、窃盗まがいなどのかつての商売から

21——パリのヴァルミ地区のボロ商人、1913年。　（ベットマン写真資料館）

転換し、彼らは今や廃棄物の事業に集中し、主にボロやスクラップされた金属を扱っている。ボロは、再利用のためのゴミ捨て場から回収されたり、各家庭から安い「景品」と交換して回収される。この商売は衰退している。今の頼みの綱は自動車の破壊や部品やスクラップされた金属などの、ガラクタである。彼らは移動するときに、自動車の殻を燃やし、売れない残り物をキャンプに置きざりにして行く。大きな供給と市場がある大きな街の近くを仕事場とする。彼らはイギリスのスクラップ金属事業の中で、もっとも低い系列にある。

明治時代の日本で、もっとも低い職業は、運送業と泥処理業とボロ業であった。貧困層の人びとは、そのような合法的な雇用の最低の線にある仕事に就くよりは、物乞いをしたり窃盗を働いたりした。街路でのボロ拾いやゴミ漁りは、今も依然として一番低い立場にある。空き缶、ガラス、紙、ゴム、金属、藁、木材などありとあらゆるものを回収する。回収者のすぐ上の立場にいるのがボロの仕入れ屋である。彼は、ボロ業者から支給された資金で廃棄物を各家庭から購入する。ボロ業者は、仕入れ屋に利益を還元し、回収者から購入し、そして備蓄し分別した素材を、その上の立場にいるボロ再生加工業者に売る。加工業者は、分別された素材を処理して、それを原料として使用する工場へ手渡す。回収者と仕入れ屋は、普通は業者の備蓄置き場の中に同居している。タイラコウジは「蟻の街」と呼ばれるボロ切れ拾いの人びとの珍しい共同体のことを記述している。一九五〇年頃に、ある廃品回収業者が廃業し、解雇された一五人の回収者が、隅田川の近くにある廃物の投棄場所の跡地を自治体から借受け、この共同体を組織した。蟻の街は、今では完全な自治による、生産者と居住者の共同住宅であり、自分たちの家の他に、作業所、教会、レストラン、リクリエーション施設、そしてゲストハウスも備えている。かつての回収者たちは、自分たち自身とともに職業をも変様させた。[*9]

廃棄物の循環

リチャード・ファーマーは、いかなる社会にも、廃棄された工場生産による物質の使用に関して一定の歴史的サイクルがあると提唱している。まず最初に、非常に貧しく技術の低い文化の場合には、ガラクタは使われずに置かれたままとなる。人びとは、技術的に進んだ所の生産物を修繕する手段を持たない。したがって、最初に機能が悪化したときにすぐに脇に追いやられる。[*10] 生来のアメリカ人であるインディアンは、ヨーロッパ人から馬と銃を手に入れた。彼らは馬を使うのは上手だったが、銃が錆びついたり巧く発射しなくなっても、修理できなかった。一九一六年にロレンスの率いるゲリラたちにアラビアの砂漠で停止された、ヘジャ鉄道の機関車と車両は、一九六二年までそのままであった。暖炉にくべる木造の側面以外には遊牧民たちの役に立たなかったからである。砂漠の経済が進み、金属や機械が入用となるや、車両は瞬く間に姿を消した。私たちは、地球外からの最初の来訪者に持ちこまれる目新しい生産物に対しても確実に同じことをするだろう。

技術と収入が少し上昇すると、ガラクタは回収され再利用される。初めての再利用であるために、処理の過程は粗野なものである。素材は貴重であり、労働力は安い。次に、技術が収入よりも早く上昇すると、すべてのガラクタは慎重に回収され、分別され、修繕され、再び市場に配られる。修繕の技術はさらに進み巧妙になる。実際に、その後のどの時点よりも高い水準となる。

その後、原料の獲得や加工など人間の技術をより生産的に使用することが可能になるにつれて、また製品が豊富になり、安い労働力が消え去るにつれて、使用済みのコンクリートや壊れたガラスのように、とくに価値の低い品目の廃棄物が集積し始める。ガラクタ専用置き場が現われ、有用な廃棄物を分別し備蓄する。屑の回収人は、ゴミ漁りや修繕をするよりもガラクタ置き場の管理者になる。結局は、有用な廃棄物が堆積していても、モノを廃棄した方が再利用するよりも経済的となる。問題が、廃棄物の回収から廃棄物の投棄へと推移する。熟練した「分別のある」廃棄物の回収者たちは、ステータスも分別もない投げ捨て屋になってしまう。

「再製作」産業は、今成長をつづけている。再製作は、修理された構成要素を再び組み立てて機械の寿命を新品と同等にする。「死んだ」機械の部品の多くは、まだまだ完璧に機能する。もはや一頭立ての馬車のようにまったく時代遅れの機械など設計できないからである。中古自動車の組み立て直しが、通常は故障した車の個々の部品の修繕であるとすれば、再製作は、もっと根本的な分解であり、修理であり、取り替えであり、通常の生産ラインに乗るすべての分離可能な部品の組み立て直しでもある。再製作品は、新品の三分の二の価格で新品と同等の品質を保証できる。素材のみを回収するリサイクルとは対照的に、再製作は、再利用される部品に投資された労働力とエネルギーの八〇から九〇パーセントを保存できる。多くのモノの中でも電話機、コンピューター、オフィスの備品、蒸気機関車、発電所、そして工業用ロボットなどが再製作されつつあり、最終的にはすべての工場生産物の八〇パーセントは、再製作しうると推計されている。厄介なのは購入者の先入観で、消費財の供給過程に変化をもたらす妨げとなりそうである。

マーティン・パウリーは、このような考えを住宅の生産に応用している。[*11] 凝縮された工場廃棄物は現実的なリサイクルの目標となるかもしれない。しかし、消費者の廃棄物を収集して再処理する費用はあまりに高い。廃業物の大半をなすパッケージは役に立つ寿命がとくに短く、牛乳ビンなどはそのまま再利用することも不可能である。建築材料のように、パッケージも二次的な利用や半永久的な利用も考慮してデザインされてしかるべきだろう。住宅の生産には、大規模な消費財産業の効率的な生産と販売システムが適用されている。例えば、消費財を生産する企業は、次の条件を満たしているときにだけ、その製品を開発途上国に輸出することが許可されるようにしてはどうだろうか。企業がパッケージを二次的な利用も可能なデザインとすることに同意する場合、企業がパッケージ廃棄物の再利用を可能にする情報を提供する場合、企業が生産する製品の魅力的な宣伝広告が二次的な利用に結びついている場合である。パウリーは、ハイネケンビール会社が、建設用の煉瓦の材料に再利用できるビール瓶を製造した努力について、そして自らがチリのアジェンデ政権に廃棄物を住宅生産に使用するよう進言したことについて、事例を上げて詳述する。しかし、このパウリーの画期的な提案は、技術的な解決にのみに焦点を当て、人びとが自分の住む家に対して抱く「感情」は切り捨てたきらいがある。彼は、適切な宣伝がなされれば、人びとが「ゴミでできた家」を容易に受け入れると想定していたのである。

通常の市場の外側で、非公式なモノの交換が数多く起きている。ガレージセールやヤードセールは、近所の人びとが組織し、木の幹に掛けられたカードボードのサインで知らされる。古い商品が安い値段で人手にわたる。ときには、次のセールに廻されるだけのこともある。別の例では、毎年九月になると、何千もの学生の住むアパートが入れ替わり、おびただしい量の家具が、マサチューセッツ州ケンブリッジの街路に並ぶ。新しい学生たちは、これらの家具コレクションを眺めて回り、新学期のアパートの家具をそろえる。舗道はそのままリサイクル市場となる。マーサスヴィニヤード島のような避暑地では、夏の間可愛がったペットまで捨て帰ってしまう人がいる。新たに野生化した犬や猫たちは、ある期間はゴミや自然の餌で生き長らえるが、やがて飢えと病気に負けてしまう。ごくわずかは再び捕獲されて「処理」されたり、別の一家の手で

22——廃棄物を素材としてつくられた家は多くの国にある。これは、カリフォルニア州、サンホセに住むウォールター・シーズモアさんが鉄の枠組の上に空き缶と空き瓶でつくった住宅である。

（イースト・サンホセ・サン新聞）

「リサイクル」される。私たちの廃棄物の中には生きているものもある。

危険な廃棄物

毎年アメリカ合衆国で産出される三億七五〇〇万トンの産業廃棄物のうちで、約一五パーセントに当たる五七〇〇万トンは、腐食性、反応性、爆発性、引火性、有毒性のある「危険」な廃棄物に指定されている。危険な廃棄物の容量は、毎年三から三・五パーセントの割合で増えつづけている。この国にある危険な廃棄物の九〇パーセントは、現在の基準においても、適切に投棄されているとはいえない。その多くはただ埋められるか、土の上に投棄されるか、下水や河川に垂れ流しにされ、土壌や水を長い間汚染しつづけてきた。

そのような廃棄物が収容されている場所は、全国で三万から五万か所あると推定されている。その多くは測量もされていない。そうした場所の健全さを害する危険物をすべて取り除くには、四四〇億ドルは必要であるという。

環境保護局は、ついに一九七六年に制定された資源の保存と修復にかかわる法律の下に、危険な廃棄物の投棄に関する条例を発効させた。この二千頁に及ぶ書類（そして後半の修正条項）は、将来の投棄の手続きを規制している。倉庫、処理や投棄の方法の定義や標準が設定され、廃棄物の発生から投棄までを連続的に追跡調査することが義務づけられ（「揺り籠から墓場まで」）、そして「最後の」場所を二〇年後にいたるまで調査することも義務づけられている。年間に一キログラム以下の廃棄物しか産出しない企業はこの規制を免除される。この新しい規制は、これまでに行なわれてきた多くの埋立工事や多くの小規模な投棄会社を閉めだすことになる。適正な投棄に要するコストは、不注意な排出の結果生じる社会的なコストに比較すれば少ないとはいえ、著しく上昇するだろう。危険な廃棄物を投棄できる埋立地の許容量は絶望的に不足している。新しい場所を投棄場所に指定するさいには論議は不可避である。さらに、この規則は、過去の遺産を扱わない。偶然に、あるいは何らかの病因を追跡することによって、ひそかな投棄場所が続々と発見されている。

危険な廃棄物を処理する方法がいくつかある。一般的ではあるが、埋立は最後の手段とすべきである。廃棄物の産出量を減少させたり、工場での製造過程でリサイクルの手法を見いだすことが望ましい。規制によって投棄のコストが上がり、警察力と政治力が不法な投棄を妨げ、原材料の価格が上昇すると、リサイクルの技術が使用されることになるだろう。何年か前に、環境保護局は、産業廃棄物の三パーセントは再利用が可能であろうと推計したが、今では三〇パーセントになっている。再利用積極論者は、五〇パーセントまで可能と言う。「廃棄物の交換」は産出されている産業廃棄物の中で使用可能な廃棄物のリストを作成し、潜在的な利用者と提供者を結んでいる。産業界は自らが排出する廃棄物の新しい使用方法、あるいは廃棄物を副産物や「共=産物」に変換する方法を模索している。例えば、国家が石炭エネルギーに回帰すると、上等のセメントの材料となる飛散灰の産出量も増加する。飛散灰はアルミニウムの原料ともなり、生活廃棄物の埋立地を覆うこともできる。

危険な廃棄物の産出を容易に削減できない場合や廃棄物の再利用が不可能な場合には、投棄が必要となる。最善の方法は、有毒な物質を化学的ないしは生物学的に分解することである。化学的な手法では、最終的にわずかではあるが有毒物が凝集されて残留するので、それを埋めなければならない。しかし大部分の廃棄物は、分離され安全に精製される。特定の汚泥や有機的な物質に有効な生物学的分解は、好気性のバクテリアによってなされている。それは「土地の耕作」にも似て、廃棄物がまかれ、土に混ぜられ、定期的に空気に晒して毒性がなくなるまでつづけられる。あるいは、廃棄物を堆肥にして、発生する熱により分解の過程を速めている。

投棄の次善策は、管理された焼却である。洗練された技術を用いて慎重に操作を行なえば清潔で安全だが、もっとも高価な手法である。災害を恐れ、かつて自治体の焼却炉から排出された煙の臭いを忘れぬ地域の市民は焼却に抵抗する。廃棄物を焼却して船の動力とすることも安い技術でできる。船は、有毒な積み荷を燃やしつくす前に充分に沖合に到達する。港に当座の安全な備蓄を行なえる貯蔵所は必要だが、地域の抵抗はしのげる。また大海の空気ならそう気にすることもあるまいという下心もある。ヴェトナムで使用された枯葉剤入りのオレンジ爆弾は、一万トンも残っていたのに、このような船の内の一隻によって、太平洋中央部の何処かで焼却され、残留物はどこにも見いだせない。

危険な液体廃棄物を回避するより安い手法は、地下一千メートルから三千メートルの石灰岩や砂岩の塊に注入することである。だが、この手法の安全性は疑わしい。廃棄物は、意外な水路を抜けて地下水へ入りこむかもしれないし、ある研究によると地震を誘発する危険性もある。安いとはいえ、この技術はかつて廃棄物を単に遠くへ追いやろうした数々の試みの、不愉快な記憶を呼び起こす。

リサイクルも、有毒物質の分解も、生物的な分解も、管理された焼却も、すべてが現実的ではなく、地中深く注入することの安全性も疑わしいならば、土に埋めるのが最後の手段ということになる。いずれの手法にせよ、排出される凝縮された残留物、つまり「廃棄」による「廃棄物」、W^2（廃棄の二乗）の最後の休息の場として土は必要となるのだろう。しかし、それも束の間の解決であり、慎重に行なわれなければならない。この残留物は、円筒形の容器や合成フィルムの中に凝固され、密封されて、地下水盆よりも上位にある安定した水はけの良い地盤に設けられたピットに貯蔵される。このピットは、下部も側部も最後には上部も、数フィートの厚さの稠密な粘土で密封される。異なる種類の廃棄物は、それぞれ違うセルに密封され、その保管場所、種類、内容量が記録される。それはみごとな恐怖の倉庫である。水の浸入や浸出を防ぎ、汚染された液体をポンプで汲み上げて再処理できるように、密封されたピットには独自の排水システムが設けられる。密封した粘土は地面に合わせて仕上げているので、土盛りのような姿は見えない。しかし、数多くの井戸が敷地の周辺に掘られているので、隣接する地下水の中に汚染源が現われれば直ちに検出されることになる。この投棄場が閉鎖されてから二〇年経過するまで、井戸は監視され、ピットの内部の排水システムも維持管理されることになるだろう。これは、永久に攻撃的な囚人のためにもっとも警戒を厳重にした監獄のようなものである。危険は低減されても残りはする。ファラオたちは、自らの遺骸を永遠に保存するために、これよりもさらに緻密な手段を講じていた。

危険な廃棄物の投棄場所に対する市民の抵抗は強くなってきた。一九七三年に行なわれたアメリカでの世論調査の結果では、多くの市民が、自宅の近所にある廃棄物の投棄場所を容認すると回答していたが、一九八〇年には、五〇パーセント以上の人びとが、自宅から半径一〇〇マイル以内には容認できないとし、反対を押し切って投棄場所が設置されるなら、でて行くつもりだと回答している。これほど大勢が実際に移住するかどうかは疑わしいが、抵抗じたいはまったく疑う余地はない。州政府は、新しい敷地を購入するさいには、地域の強力な抵抗を踏みにじるか、あるいは、住民の抵抗があまり活発ではない、遠くの州へ廃棄物質をトラックで運ばねばならない。例えば、マサチューセッツ州で評判の投棄企業は、廃棄物の残留物をトラックでサウス・カロライナ州の安全な埋立地に運ぶ。投棄の場所は、キティー・リターの生産に使用されていた、古い露天掘りの鉱山の中である。廃棄物が廃棄物を呼ぶ。不潔な排水溝が、ガムの包装紙を引きつけるように。

合理的に考えれば、埋立による危険は小さく、耐えられるはずのものである。しかし、廃棄物の恐怖は理性だけでは和らげられない。そのような軋轢の中で、多くの家族が離別することもありうる。ラヴ運河の敷地に居住する家族の四〇パーセントは、最初に有毒物質の影響が発見されてから数年以内に、別居したり離婚した。主婦たちは、子供たちと一緒にその場所を離れたがったが、夫たちは、自宅と仕事から離れ難かった。怒りや混乱、裏切りもあった。男性たちは、家族を守る自分の能力に自信を失った。四〇年前に埋められた廃棄物による物理的な影響は、流産の増加や、生まれつきの奇形や、泌尿器の疾患を含めて深刻であり、心理的な精神生理的な影響は、さらに深刻であった。皮肉にも、何年も経て敷地が浄化された後に、新たに塗装し直された住宅を購入するために、人びとは熱心にその場所を訪れた。しかし、新しい危険な廃棄物の投棄場所に対する抵抗は増大する一方で、何とか市民を安心させ、公聴会を開いて住民の憤りを鎮めようと躍起になる専門家のさまは、都市再開発の全盛期の雰囲気を思い起こさせる。

合法的なゴミ投棄が複雑になり費用がかかるにつれて、違法な利益の機会もでてくる。犯罪組織が、事業の基礎となる売春や麻薬や賭博の分野から、この分野に参入する（これらの商売は、すべて廃棄にかかわるが、善良な市民の需要を満たすためのサービスであることに注意しよう）。マフィアの「兵士」であるという嫌疑をかけられた人物は、ニュージャージー州にある数社の廃棄物投棄会社の役員を兼任し、マサチューセッツ州では二件の違法投棄で告発されている。ニュージャージー州の副法務部長は、危険廃棄物投棄の捜査官たちは武器の携帯を許されるべきであると議会の前で証言し、「廃棄物産業は、おそらく、今日わが国の産業の中でも、もっとも暴力的なもののひとつであり……殺人、脅迫、放火……が断えない。」と明言した。

倉庫の火事でニューヨーク市を脅えさせた、ある投棄会社のオーナーのひとりは、自分の会社は犯罪組織に乗っ取られていたと主張した。その会社は、倉庫に有害な廃棄物を違法に備蓄して七〇〇万ドルの利益を得ていた。そして、倉庫の閉鎖が強制されたときから、スタテン島への違法投棄が始まった。ニュージャージー州の環境保護局は、その会社との長期にわたる合法的な闘いに着手し、ついに倉庫を押収し、マスタード・ガス、ベンゼン、青酸カリなど、もっとも危険な廃棄物の入った一万個以上のドラム缶を漸次移動させた。しかし、倉庫が爆発し炎上したときには、化学廃棄物の入れられた二万四千個の容器はいまだ残されていた。ニュージャージー州のスタテン島とエリザベス島からの強制撤退を妨げるものは、もはや風ぐらいしかなかった。

光輝く危険の王宮の中でも玉座を占めるのは、放射性物質（核廃棄物）である。マフィアとて、いまだ侵入できないこの領地は、政府と軍隊と公益事業体に保有されている。放射性廃棄物に含まれる元素の中でも、ストロンティウム九〇のように、比較的半減期が短いものは、数百年後には、危険ではなくなるかもしれない。しかし、その他は、二五万年間も危険なまま残留する。アメリカ合衆国の多くの放射性廃棄物は、現在は、多分に合理的で安全な一時的な貯蔵庫の中にあるが、ワシントン州ハンフォードの鋼鉄製の貯蔵タンクから液体廃棄物が漏れていた。この液体は、塩分の固まりの中に凝固化されたが、結局は投棄がさらに難しくなった。第二次世界大戦中のマンハッタン・プロジェクトのように、初期に排出された廃棄物の投棄の安全性は疑わしい。その廃棄物は、ニューヨーク州のルウィストンに近い、放棄された軍隊の基地に運ばれた。その基地は、TNT爆弾を製造するために建設されたが、製造を開始して一〇か月後に閉鎖されたままであった。このマンハッタン計画の廃棄物の位置や状態に関する記録は乏しい。また投棄された土地に関する記録も同様である。その土地は、戦前は、桃や桜が育つ農園であったが、再び、廃棄物の処理施設と安全な埋立地として使用されようとしている。

恒久的な保管

民間ないしは軍の放射性廃棄物は、一時的に貯蔵されているだけで、恒久的に保管するには前途多難な問題がある。フランスには廃棄物をガラス質の殻の中に密封する技術がある。それでもどこに置くかの問題は依然として残り、南極の氷の中か海洋の深い底に保管するか、太陽に向かってロケットで発射するか、廃棄物の置き場所についてさまざまな空論が交わされてきた。例えば、極地の氷の上に置いたとしても、三万年後には氷は解けてしまうだろう。しかも、南極は、国際的な領域であり、その将来の使用目的は協定によっていまだ定められていない。南極、海洋の底、あるいは(太陽の原子炉の及ばない)宇宙空間を、永久に汚染してしかるべきだろうか?

現在、もっとも希望がもてる方法は、水を通さず地質学上の変化が起きてもおそらく「安全な」地下深く岩塩の貯蔵所に埋めることである。そのような永久的な倉庫の実験は、カンサス州リオンの近くで予定されていたが、地域の住民が抵抗した時点で停止され、水質検査が行なわれた。最初に計画された核廃棄物の投棄場所は、ニューメキシコ州カールスバッドに近い、地下二〇〇〇フィートの岩塩の貯蔵所であり、現在建設中である。環境保護局は、そのような貯蔵区域は、一万年間は安全であることを義務づけているが、プルトニウムの半減期は二万五千年である。岩塩の貯蔵所は安全か？　多くの科学者の答えは、否定的である。貯蔵所は水の浸入を受けるからである。ある調査によると、市民は、原子力発電所の事故を恐れているだけではなく、そこから長期的に排出される廃棄物をもっとも危険と考えていることが示された。一九七〇年代には、原子力発電所からの廃棄物の年ごとの増加量は、軍隊が残した在庫品に匹敵するほどになった。二〇〇〇年までに蓄積される放射性廃棄物の総量は、核物質を扱う産業から三三万立方フィート、軍隊から一一〇〇万立方フィートに及ぶと推定されている。[*12] 恒久的な投棄が可能となるのは、依然として、もっとも早くても数年先になり、そのコストを公益事業体が負担すれば、電気料金は四から五パーセント値上げされることになるだろう。

　地質学的な安全性とは別に、長い年月には、人間や自然界の動物によって、偶然あるいは故意に貯蔵所が擾乱される可能性も考慮しなければならない。ピラミッド、サーペンタインマウンド、ナスカの地上絵、中国の万里の長城、アクロポリス、そしてストーンヘンジの研究を終えて、ある考古学者は、将来の世代に核廃棄物の貯蔵場所を示す方法としてストーンヘンジを推薦した。巨大で稠密なメガリス（巨石）は、地面に五フィートほど沈められて二〇フィートの高さに立つだろう。表面には「危険、放射性廃棄物、ここを深く

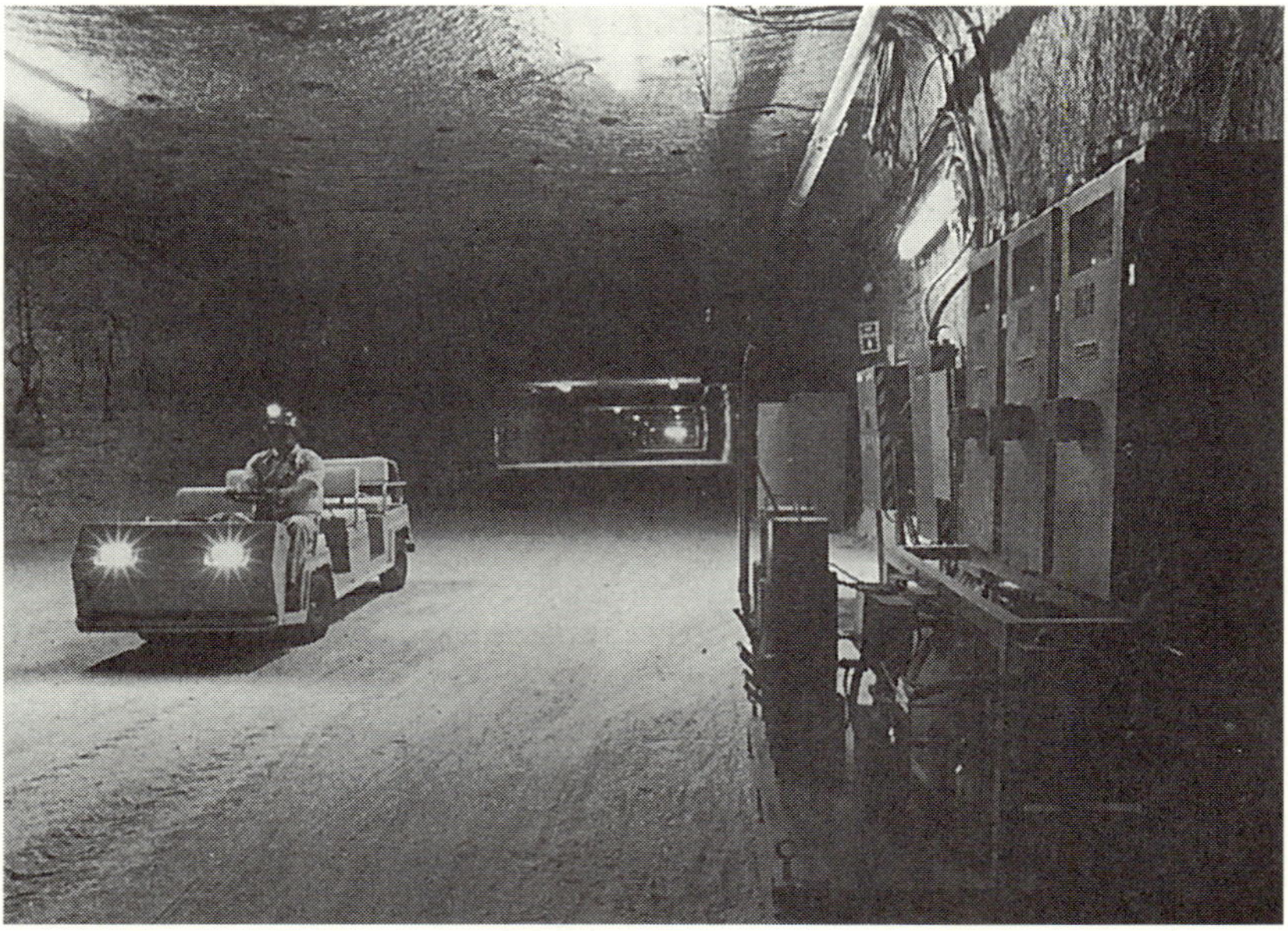

23———初めて計画された核廃棄物の投棄場は、ニューメキシコ州カールスバッドに近く、地上から、2150フィートの地下にある人工の巨大な岩塩の採掘用の洞窟の中に建設されている。プルトニウムの半減期は、2万5千年にもなるので、この施設だけではなく、その他の有毒な廃棄物の貯蔵施設についても、長期的な安全性は、誰にもわからない。　（アメリカ合衆国エネルギー省）

掘削しないこと」というメッセージが、英語、フランス語、アラビア語、スペイン語、ロシア語、中国語で刻みこまれ、土を掘ろうとする人間に斜線が引かれたピクトグラフも刻まれるだろう。この目につくサインは破壊に強く、メンテナンスも不要だろう。[*13] エネルギー研究開発局もまた、将来の文明に警告するためにも、核廃棄物の上にピラミッドを建設すべきであると提言した（真の廃棄物の記念碑！）。しかしそれほど遠い将来には、私たちの言語も文化も消え失せ、私たちという種も存在せず、新しい氷河時代が、多くの記念碑を押し流してしまうだろう。廃棄物が露出してしまう危険を最小限にするために、放射性廃棄物は、できるだけ幅広く拡散させて、凝集しないようにすべきだと提案する人たちもいる。毒物を、地球のすべての表面に薄くまき散らすべきだというわけだ。想像を超えた将来の社会がこの物質を望まないと言いきれるだろうか？　彼らには、その物質を恵み深い目的に使用できるとしたら。私たちは、そのような将来を予告することにかけては完璧に無能であり、あざけられてもしかたがない。人類の範疇を超えて考えることは無理にしても、生命を大切にすることだけは私たちにもできる。

24———古代の記念碑を研究した後に古代学者モーリーン・カプランは、放射線廃棄物の敷地を示す最善の方策は、石のモノリスを敷地の周縁に据えることだと示唆した。安定のためやや先細りにした石を5フィート地下に埋め、地上に20フィート建ち上げる。将来の文明が私たちのメッセージを、解読することを期待して、警告のシンボル、ピクトグラム、そして数か国語で書かれた言葉が、彫りこまれる。

（©マイケル・サウスワース）

原子力発電所の故障や輸送中の放射線廃棄物の紛失のような危機的なニュースは皆を釘づけにする。原子力と核兵器の製造に対する強力な抵抗運動が展開されている。完璧で意図的破壊の脅威のほかには償却可能な価値もない兵器の製造は、原子力と同様な、しかもさらに大規模な危険を創出している。皮肉にも、反対運動の人びとに利用されたロングアイランドのショレアムの原子力発電所の建築工事の欠点に関する情報は、そもそも、地域のゴミ捨て場にあった、箱に入った技術的な報告書類から発見されたものである。

スリーマイル島での出来事は、直接的な死者をだすことはなかったが、発電所の親会社が、倒産寸前になるほどの財政的な負担を生じ、またアメリカ国内のその後の原子力発電所の建設と財源を抑制させるほどの政治的な盛り上がりを見せた（同様な見直しは、すべての自由主義先進諸国で起きた。唯一の例外としてフランスは「異議の管理」にたけていたと報告されている）。スリーマイル島の施設を浄化するには、約三〇億ドルの費用がかかり、二千人の労働者が必要であろうと推計されている。さらにその作業には、二〇万着の布製作業着、一〇〇万着の紙製作業着とプラスティック製作業着、同様に一〇万着のレインコート、一〇〇万足のプラスティック製ブーツ、一〇万足のゴム製ブーツ、一〇〇万組のゴム製手袋、一〇万個の手術用キャップ、一〇〇〇個のヘルメット、一万本のスポンジモップ、そして一〇〇万平方フィートのビニルシート等が必要となるだろう。そして、おそらくすべてのものが（労働者たちは別だと信じたいが）、汚染された廃棄物として投棄されなければならないだろう。皮肉にも、発電所の敷地は、観光客が訪れる場所となり、一九七九年以来六五万人が訪れている。Tシャツや記念品の他にウォーキングツアーやミニバスツアーもある。記録映画が事故の様子を紹介する。来訪者たちは、浄化の過程をビデオの映像で見ることもできる。ペンシルヴァニア州の総合公益事業体の広報担当者は「スリーマイル島は事故によってある種のオーラを得ました」と語った。[*14]

廃棄の考古学

廃棄物は情報で溢れている。廃棄物に依拠する考古学の技法は、現代社会の研究にまでその範囲を広げてきた。ハーヴァード大学の考古学者アルフレッド・キダーは、一九〇〇年代の初めにマサチューセッツ州アンドヴァーのゴミ投棄場に侵入した。ラースジェとヒューズによる「ゴミプロジェクト」は、毎年春にツーソン［アリゾナ州南部の保養地］の標準的なゴミの事例を検査する。[*15]ダイエットの実際の特徴、食べ物の廃棄の度合い、さまざまな社会階層の間での変様を含む、消費の水準の測定が可能である。現実の消費のありさまは、インタヴューに基づく報告とは、きわめて異なるかもしれない。毎日の収穫物を数え分類する学生たちは、自分たちが扱う物への反感を完全に拭い去るには至らなかったが、しだいに自分の消費の様態を意識するようになる。たしかに、彼らは他の調査員たちに自分のゴミを調査して欲しくはないと感じていたようである。私たちが、捨てるものに対して心を開いてゆけばゆくほど、より深く自分自身について学べるだろう。

廃棄物の投棄についての宗教的な戒律の中から、くり越されてきた情報を引きだすこともできる。来世を豊かにするために死者とともに残された品物は、考古学者の報告書を豊かなものにする。使い古されたユダヤ主義の神聖な書稿や儀式のオブジェは、ゲニザという、シナゴーグの屋根裏部屋か地下室に備えられた特別な物置の中に、丁重に永久に捨てられる。カイロのエズラ・シナゴーグの古いゲニザから、九万もの書稿が発見され、パレスティナと中東のユダヤ民族の中世の歴史研究は、目覚ましい進展を遂げた。

犯罪捜査は廃棄物の中にある証拠に基づいている。マフィアの首領であるジョセフ・ボナーノの判決は、彼のゴミを三年半かけて調査した結果に基づいている。裁判所での審議は、廃棄物の調査によるプライヴァシーの侵害をめぐり争われた。そして何人かの公人たちはゴミを調査から護るために警備を依頼した。調査官の努力を無効にするためにシュレッダーがオフィスの廃棄物を破棄する。それはツーソンのディスポーザーが、ラスジェとヒューズの分析を無意味化してしまったのと同様である。未来の考古学者のために家庭の廃棄物の貯蔵方法に思いをめぐらしたり、あるいは現在の状態を知られたくないなら、処分には十分配慮すべきだろう。

廃棄の流れ

物質とエネルギーの大奔流が、あらゆる人間の居住地を通過する。廃棄物を回収し投棄するさいに、また廃棄物を変様し再利用し密封するさいに、居住地は数々の問題に直面する。それは、現実レベルにせよ認識レベルにせよ、必然的に費用と危険を内包し、損失と衰退を象徴している。それらの問題は、目に障り典型的に不快なものであることも多いが、きわめて有用なものかもしれない。それを些細なこととして片づけることもできるが、深淵な難局の徴候と捉えることも可能である。幅広い後背地から集積したものは、都市の中で消費され、外側の「流し」に移されるか、都市の中に集積される。ガス、原油、石炭、そして木材は都市の内側に入ってくる。廃熱、灰、炭酸化合物、窒素、そして硫黄は、先送りで投棄される。流入する水と食べものは、流出する下水やゴミや混合物や廃物や工場からだされるスクラップによって平衡が保たれている。紙、金属、合成樹脂製のパッケージは、屑となり散らかる。金属と陶器はスクラップになる。自動車や機械や設備機器はガラクタになる。衣服はボロになる。砂と砂利は建設用の割り栗になる。ゴムは燃えたり堆積する。新しい化学物質の中には永遠に存続するものもある。都市は、物質を緩やかに凝集し変換する巨大な機構である。物質を分散させようという努力にもかかわらず、大量のモノ、特殊な物質が集積してゆく。

原料の価格が上昇し、投機のコストも上昇し、環境の低下に関心が高まり、古い物の中に価値を見いだして行く中で、今私たちは別の段階へ移れるだろうか？　大規模な生産の有利な面を失わずに高度に組織化されたリサイクルの方法に移行できるだろうか？　生産工程は、新しいものを組み立てるのと同様に、組み立て直すこともできるようにデザインされるべきだろう。設備機器は、容易に使い捨てられるのではなく、容易に修理ができるようにデザインされるべきだろう。物質の回収には、エネルギーや空間や新しい物質、そして人間の労働力を賄うコストが必要となる。しかしながら、私たちには何物も彼方《away》へ捨ててしまうことはできない。もはや彼方《away》など存在しないからである。物質の形態は変化してゆくが、私たちが今日までの経験から明言できることは、物質は消滅できないということである。

CHAPTER-THREE THE-WASTE-OF-PLACE

3
場所の廃棄

自然界の循環

　排水、スモッグ、生ゴミ、スクラップ、残り物、そして屑が、都市から日常的に流れでる廃棄物である。自然界にははるかに雄大な廃棄が存在する。超新星が爆発し、外殻が破片となり宇宙へと飛びだし、チリやガスを集めて濃縮し、新しい星となり、原子の溶鉱炉を再び発火させる（図35）。太陽は自らの物質を廃棄し、山々は浸食されて摩滅する（図33）。地下から吐きだすマグマ、ガス、そして火山灰が、山をつくり、生物のコミュニティを破壊し、土地を火山性の肥沃な土壌に変え、新しい生命を支援する。空気中の炭素は、植物に固定され、世代を経て石炭床や原油層に堆積される。海生動物の外殻に含まれるカルシウムは、海底深く沈み、石灰岩の地層の深みに封印される。滑らかな生態系の循環は、変化のひとつの様相にすぎない。その背後には、はるかに雄大で暴力的、はるかに物質やエネルギーを廃棄し、穏やかな旋回というよりも、むしろ後戻りのできない飛翔のような変化がひそんでいる。

　地球は、太陽系の他の惑星に比べて、とりわけ生気に満ちている。地球の表面は、摩擦し合ういくつものプレートに分割されている。海洋底地殻は、マントルの中へと滑りこみ、また海嶺から噴出する。この活動力は、地震、火山、津波、ハリケーンを引き起こし、私たちを悩ますが（図34）、古来より形成されつづけてきた凝集された豊かな資源を私たちに与えてくれる。生命が生存するためには、炭素、水素、窒素、酸素のほか、少なくとも、二〇の元素が、一定量は必須である。熱帯の古く安定した大陸の楯状地では、土壌はいくつかの重要な元素が足りず、農業的には不毛である。活動的な火山の地域では、新しい岩石には多彩な微量金属元素が含まれ、はるかに豊饒である。

　この活動的な物質循環において、今や人間は大きな比重を占めるようになり、近い将来には最大の担い手になるだろう。北アメリカの生ゴミの産出率が、その他の大陸全体と同じになったら、その大量なモノの移動は、環太平洋の山脈をつくった火山の湧出率を凌駕する。近代工業社会の特徴である新しい鉱物の使用率が、西暦二〇〇〇年までに世界の人口の一五パーセントに到達すると、その使用量は一年当たり二〇〇億トンに及ぶ。これは（一年に約三〇〇億トンと算定されている）造山活動、浸食、海洋地殻の形成、あるいは（一年に約六〇〇億トンと算定されている）地球上のすべての生物の循環再生のような、地球的な規模の変様過程に匹敵する巨大な量である。さらに、毎年、五〇〇億トンもの炭素が、燃焼されて大気中に放出される。この放出量は、現在すでに大気中に存在する炭素全体の一パーセントに達する。私たちは、今、自然の過程を凌駕する勢いで、鉄、銅、亜鉛、鉛などの金属を流出している。

人為的な場所の廃棄

この膨大な廃棄は、人間の居住地でも同様にくり返される。建物は放棄され、移動され、あるいは取り壊され、敷地は整序され、新しい建物が建つ。物質は、風化し、老朽化し、分解されて、再利用される。ヴァンダリズム（破壊行為）や放火は、健全な構築物を、無用なモノに変えてしまう。都市の中心の領域は、最初は緩やかに、そして、急激に荒廃するだろう。土地は、誰も住まず見捨てられたままとなる。忌み嫌われ、望まれない用途の施設は、都市の周縁に押しやられてゆく。都市の全体が、衰退し、しだいに放棄されることもある。

京都は、昔は四〇万人が住む都であり、現在は七〇万人が住む都会であるが、その間に、小さな村落に収縮したことがある。木でつくられた都は、火事と苛烈な内戦にいくども見舞われた。建物は、強制労働によってつくられ、放棄され、廃墟化され、燃やされ、移動され、あるいは、粉々に破壊された。宮殿は、わずかに数年だけ、あるいは一年のうちのわずかに数日だけ使われた。皇居が破壊されたときには、天皇と公家たちは、離宮や寺院を頻繁に移動した。居住地は、壮大な規模で廃棄された。京都では、多くの古代の社会と同じように、建物そして居住地が、意図的に廃棄された。それは、皇室の威信と潔さの象徴であり、天皇が必要以上に衣食の贅をつくすのにまさに通じる。天皇が即位するたびに、一挙に、新しい都市と皇居がつくられ、天皇が崩御すると、一挙に放棄された。

建物の解体業者は、死んだ生物を元素に還元し物質の再生を加速する、自然界の腐生植物に似たところがあるが、この類似性は、皮相的である。腐生植物は、生物を単純な元素に分解し、その時に放出される物質とエネルギーを使う。解体業者も、同様に古いパターンを取り壊すが、そのさいに放出されるエネルギーはほとんど利用しない。回収・救出された物質は、解体作業の単なる付随物でしかなく、その多くは解体のさいに、分別されるどころか混沌に帰されてしまう。解体業者は、二次的なリサイクルもするが、再生産者ではないのは確かである。

解体業者と回収業者

解体業者は、場所を整序するために雇われるが、使命を終えたものを捕食する仕事は請け負わない。

自然界の腐生植物にさらに良く似ているものが、破壊的な強奪者である。古代の都市では、石、梁、そして屋根の材料を、年月を経た記念碑や建物から発掘するのは日常的なことであった。紀元前三九七年、ローマ皇帝から東国の領主にあてられた勅書には、破壊された異教徒の寺院から獲得した資材で、公共の橋、道路、水道、井戸を維持するように指示されていた。ローマ時代の水道の廃墟は、石で囲まれ、不法居住者の住居に改造された。ロンドンの大火で生じた廃物の山は、約半世紀の間、市の中心部の八・五エーカーの広さの土地を塞いでいたが、後にロシアに輸送され、埋立に使われ、新しい都市セント・ペテルスブルグができた。都市の廃墟に居住する利点は、半ば構築された空間が提供され、物質が凝集された状態で豊かに存在することである。

近代における建物の取り壊しは、敷地を意図的につくりだす組織化された事業である。装飾を施された素材は、金属、扉、窓、上下水道設備、良質の角材、金物類、鋼管、きれいな煉瓦、針金などと同様に、まず最初に救出される。その後、建物は破壊され、砕石となり運び去られる。かつては、搬出量を減少させるために、その場で燃やしたが、それは、建物の廃棄物を大気汚染に変換しただけだった。今は、敷地での焼却は禁止されているので、膨大な量の砕石は、相当な費用をかけて、巨大なトラックで運ばなければならない。採石を投棄する場所は、ますます遠くへ退く運命となり、小さな解体業者は違法投棄を行なうことで儲けた。

取り壊した後、敷地はフェンスで囲み、奇襲的な投棄を防がねばならない。廃棄物が堆積すると、古代の都市のように「遺丘《テル》」をつくる。それは、中近東に存在したもっとも古い都市の位置を示すものである（図39）。中世のウィンチェスターでは、一五〇年間に堆積した廃物のために、街路が五フィートも高くなった。同様な事例は、近代のベルリンにもみられる。第二次大戦による廃墟から出た採石が、有名な「マウント・ジャンク」をつくりだした[*1]（図87）。同じように、ロングアイランドのブリージー・ポイントに放棄されていたアパートは、取り壊され、新しく制定された国立公園の展望用の小山に転換された[*2]。

「国土の狭いオランダでは、東部の高地で産出される骨材の原料から、新しい建物の建設、建物の取り壊しを経て、西部低地の埋立地の堆積物へといたる、物資の流れを、建設業者が制御できないならば、西暦二〇〇〇年までに、すべての建設を停止しなければならない。」とオランダのある土質科学者は主張する。毎年、東部では砕石骨材の発掘で、四〇平方キロメートルに及ぶ土地が抉り取られ、都市部の西部では一・二五平方キロメートルの新しい埋立地が盛り上がる。国土の中の高低差は、緩やかに低減されている。この流れを制御するには、建物の破片をリサイクルしなければならない。取り壊すと再利用できる構造体が、標準的な仕様となるべきである。建築家は、地面に開けられた窪み、物質の流れ、自国の地形学的な転換について、考え始めなければならない。

　瓦礫は、土地の埋立によく再利用されている。砕かれたコンクリートは、新しいコンクリートの粗骨材として再利用できるが、多少、強度は減少する。しかし、古いコンクリートが、石膏やその他の物質で汚染されている場合には、使い途はほとんどない。以前はたやすく焼却できた可燃物も、今では瓦礫の塊に混ざっているために、安定してコンパクトな灰にはしにくくなった。分別にかかる費用が上昇し、新建材も出回った今日では、特別な装飾品を除けば、瓦礫からの「救出」は、ほとんど割が合わない。一年に少なくとも二〇万トンの瓦礫を扱うリサイクルの施設が、供給地、市場、そして埋立の場所のどこからも、二〇キロメートル以内にあるときには、その施設では、取り壊しで生まれる廃棄物の六〇パーセントをリサイクル可能な資源に変換できる。このような施設は、百万人を超える都市に設置されるときに、経済的なものとなる。

　取り壊しには、レッキング・ボール、プッシング・アーム、爆発物、爆破機、サーミックランスなどの特別な技術や機械を使う。もっとも微妙な仕事は、熟練した「トップマン（鳶職）」の手で今も行なわれる。彼らは、取り壊し中のものの上に立ちつづけたり、すぐ脇にいたりするので、落下、倒壊、臭気、埃、釘、不安定な足元等の危険にさらされている。負傷率はとても高く、取り壊し業者が従業員に支払う給与総額の三分の一は傷害保険料として渡しているようなものだ。取り壊しは、不定期で不規則な仕事であり、危険なうえに熟練も要求される。この仕事には、労働組合がない。英国では、世襲で受け継がれてきた傾向がある。鳶職は、仕事から仕事へと移動する。職人同士や業者は、それぞれに個人的な知り合いである。仲間意識、社会的な烙印、危険、特別な技術であることの誇り、移住者的な特徴、個人的なつながりには、中世に諸国を渡り歩いた大工や鍛冶屋といった職人たちに似たところがある。

　取り壊しは、通常は、敷地の取得から新しい建設までの束の間に補足的に行なわれる出来事である。だが鉄筋コンクリート造や高層の建物のようにもともと解体が難しいものや、取り壊されたことのない新しい素材や形態の使用が増え、解体作業はますます困難になっている。デザイナーは、組み立てられた建物を解体する最終的な方法も考慮すべきであり、建設の場合と同様に解体の設計仕様書も提出すべきであると、取り壊し業者は主張する。このような申し入れは、見向きもされず、解体の職人は、愉快ではない驚きに直面することになる。その不快感は、建物の以前の用途から引き起される場合もあるようである。ロンドンのとある古い家は、容易に取り壊せる状態にあったが、以前に時計の文字盤に夜光塗料を塗る工場として使われていたことがわかった。五千万キュリーの放射能が検出され、取り壊しの費用は、何千ポンドにも跳ね上がった。建物が壊されるまでの間、敷地からどんなに小さな物が盗まれても、人びとに危険が及ぶという、予期しない事態が生じた。

25———解体作業は、特別な技術や装置を必要とする、きわめて専門化された、危険をともなう活動である。 (©ケヴィン・リンチ)

　建築資材のリサイクルを促進するために活動してきた地域社会がある。例えばボルティモアでは、市が所有する建物が破壊された場合に、救出された装飾的な資材を収容する公共の集積所が運営されている。自宅の補修を行なう人ならどこの都市の市民でも、それらを破格の値段で購入できる。ニューヨーク市でも「キャッシュ・アンド・キャリー」(即金持ち帰り)作戦により毎年一五〇の建物から断片を救出し、一五〇の建物のうちの約一割を倒壊から救出している。内部の高価な品物の活用は私企業に任せて、この公共の集積所では、どちらかというと平凡な外装材の部品に焦点を絞っている。

資材の救出

　専門の取り壊し会社では、上等な内部の調度品を数多く貯え確保している。オレゴン州ポートランドのある会社では、ニューヨークの古い家々から数多くの家具を購入し、大陸を横断して西部へ運び、再利用している。一九世紀のニューヨークでもてはやされた建築家スタンフォード・ホワイトは、設計した数々の豪邸のために、イースト・リヴァーの廃品回収業者の物置場でマントルピースを拾い集めた。無名芸術救済協会(別名、駄菓子泥棒団)は、ニューヨークの取り壊し業者やゴミ置き場から二〇年にわたり建物の装飾品を収集して、ブルックリン美術館の彫刻庭園で収集品の常設展示を行なっている。以前は快く寄贈してくれた取り壊し業者も、これらの市場が広がるにつれて、今では抜け目なく商売をしている。

　もっと世俗的な品物を回収し備蓄している会社もある。ニュー・イングランドだけでも二〇〇を超える解体工事や財産救出の会社がある。この種の会社の裏庭や倉庫には、決まって古い上下水道設備、煉瓦、扉、窓そして多種多様の金物で一杯の広い物置き場がある(図60)。そのほとんどは、一九五〇年代の(遺産を相続し控除された後の)残余財産である。当時は、建て替えがブームであり、手作業で取り壊したり部材を選別しても割が合う時代だった。現代の取り壊しはスピード化され機械化されているために、資材の救出回収の利益は減じる一方だ。多くの解体業者は事業規模を縮小し、小さな家の解体や大がかりな取り壊しの前に回収しやすい部材を取り除く作業を行なっている。その間にも、彼らが備蓄した古い部材の価値は上昇をつづけている。

しかし手仕事や危険を厭わなければ、真っ先に救出される特別品以外にも角材や煉瓦といった有用な材料が、古い建物から豊富に見つけだせる。若い建設業者の中には「取り壊し中毒」に罹り、建物を壊し、中古の資材を救出しては再利用にふける者もいる。一度古い木材を使うと、新しい木材は、未熟で味わいに欠けるように思えると彼らは言う。彼らは、まず初めに古い材料を集め、次に手元にある資材を活かした建物をデザインする。この新しい建物は、ある種の古い艶、歴史を意識させる風格のある特徴を備えている。彼らは街をめぐり歩き、裏道、ゴミ箱、建設現場や模様替えの現場、ゴミ捨て場、海岸、そして災害の起きた地域から再利用できる資材の目星をつける。

時間の刻印

英国の建築研究所は、建築材料の風化と劣化に関する数冊の技術的な説明書を発行した。[*3] この冊子に収められた数多くの図版を追い、年月を経た表面に風化がいかに味わい深い表情を加えたのかを眺めるのは興味深い（図41）。例えば、「逆影」は、汚れが、表面を滑り落ちながら上向きの表面に残って行く現象である。これは、下から照明を当て、ディテールを劇的にきわだたせるような、意外な効果をだす。見えない構造も、雨の雫が表面に島模様をつくり、汚れによって暴かれる。突出物、設備機器、そして隣接する建物が永続的な影を落とすのは、「シャターマーク」の現象と同様である。疵《きず》や褪色が現われ、色合いや肌理《きめ》の違いが強調されてゆく。風や雨や日差しに対する、壁面の向きによって、風化の状態は変わる。建築研究所は、これらの現象は耐久性に欠陥があるために生じると考えている。しかし、この表面の劣化こそが、豊かで風格のある特徴を建物に授けている。充分に意匠を凝らした建物の年月を経た表面は、滑らかで清潔な新しい表面に比べて、時間の痕跡を無理なく受け入れているように思える。後者の場合、表面を稲妻のように走る不規則な線は、醜い疵でしかない。銅のような金属は、酸化して魅力的になる。一方、アルミニウムのような金属は、時間が経つと光沢が鈍くなる。煉瓦造は、風解しないかぎり年月を経るごとに円熟味を増す。角材は、黒ずんだり銀色に変様し、木目にも艶がでる。しかし、コンクリートは無意味な形態の中にひびが入り色褪せるばかりである。素材は経年変化を考慮して選定し、時間の刻印により表情豊かになるように表面を工夫すべきではないだろうか？[*4]

ヴァンダリズム（破壊行為）——破壊行為《ヴァンダリズム》は、風化よりもさらに強力である。廃棄物を意図的につくりだすので、建物の取り壊しに似たところがある。ヴァンダリズムは、もともとは、ローマに侵入して来たゲルマン系のヴァンダル人の無知が引き起こした、美術品や貴重品の恣意的な破壊を意味したが、今では何らかの物を意図的に破壊する意味として用いられる。随所にみられるが、無意味なものではなく、さまざまな状況の中で発生する。

ときとして、破壊行為は、貴重な物品を剥奪し転売する違法な生計の副産物であり、また、生気に溢れた行為や単なる戯れが、思いがけず引き起こす副産物である。多くの場合、破壊行為は、その当人を傷つけた人物や社会的な施設へと向けられた、意図的な破壊である。あるいは大きな闘争の一部分であり、まさに「サボタージュ」［労働争議、戦争などで生産設備を故意に損傷し生産を妨げること］である。もっとも多いのは、明確な目的もない意図的な行為である。それは、敵意が普遍化された表現、純然たる破壊の喜びの表現であり、破壊者ではない人びとまでも魅惑し苛立たせる誘因ともなる。したがって、破壊行為は「心ない」行為と呼ばれるが、実は「心ある」意図的な行為であるために、きわめて阻止し難い。

とくに、将来の見込みもなく人生の意味を見いだせない若者、社会の中で同様な状況に置かれているあらゆる世代の人びとにとって、破壊行為は、まさに切り札であり規則を破る絶好の形式である。彼らに無関心な社会の中で、感情を表現し、外界に対して応答を強要する格好の手段ともなる。捕まるかもしれず、少々危険な趣も加わるが、大した損害ではない。見慣れた環境や見知らぬ環境が、破壊者たちの手前勝手な規則に従って再構成され玩ばれる。それは、伝統的社会、管理社会や、希望に満ち溢れ緊張感のある社会には、ほとんど存在しない事態である。ヴァンダリズムは、今日では資本主義や社会主義の比較的裕福な社会に広がっている。破壊行為の何割かは見逃されたり（「学生は思いきり暴れたいもの」であり）、あるいは、社会的な施設の中に隠蔽され、その中で期待され、それに応じて提供される。それ以外の場所では、ありふれた汚点にすぎない。

人格の見えない「彼ら」が所有する、制度化された公共的な財産の方が、より一層被害を蒙るだろう。荒廃して管理や所有権があやふやになり、修繕もすぐできないとき、ゴミがゴミを引き寄せるように、破壊行為を招く。破壊者たちは、ガラスのようによく砕けるもの、剥奪しやすいもの、その価値のあるもの、彼らの行動を阻止するよう設置されたフェンスやバーのようなものに心惹かれる。破壊行為は、普通、一〇歳から一二歳の子供の戯れか、もう少し年長で、不平不満のつのる青年期の仕業である。しかし、破壊者の典型が存在するわけではない。少年期の破壊行為は、再犯率のもっとも低い事例のひとつである。ある調査によると、少年期の破壊行為は、その後の人格を阻害したり、精神的な混乱の前兆とはならない、子供時代の唯

26———サインが破壊行為を刺激する。実験のために、ナンバープレートを外しボンネットを開き、ブロンクスの舗道に置きざりにした自動車は、身なりの良い白人につぎつぎに破壊された。3日後には、自動車は、他の廃棄物を捨てる容れ物になりはてた。　（©フィリップ・ジムバルド）

ひとつの不良症候である[*5]（子供のときに街灯を壊したことのある私はこの話を聞き胸をなでおろした）。

フィリップ・ジムバルドの行なった実験は、この行為を鮮明に描写している[*6]。彼は、ニューヨーク大学ブロンクスキャンパスを横切る道路の舗道の脇に、一台の自動車を置き、ナンバープレートを外し、ボンネットを上げたままにしておいた。彼が隠しカメラで出来事を観察していると、一〇分も過ぎないうちに最初の略奪者が車に攻撃を開始し、二四時間後にはバッテリー、ラディエーター、空気清浄機、アンテナ、ワイパー、クロームストリップ、ホイールキャップ、タイヤ、ジャンパーケーブル、ガソリン入れ、カーワックスがすっかり剝ぎ取られた。略奪者は、身なりの良い白人の成人であるが、都市の街路に生息する死物寄生動物である。次の九時間、若者が、窓ガラスを砕き、無作為に車を壊し始めた。三日後には、車は叩き潰され、かさ張るガラクタと化し、もはや攻撃を仕掛ける価値もなくなり、廃棄物の容れ物にしか使えなくなった。この時点で、現場を通り過ぎた人のほぼ三分の一が何らかの形で車に攻撃を加えた。

対比のために、同じ車をカリフォルニア州パロアルトの裕福な人びとの住む地域に放棄してみたが、一週間以上が過ぎても何事も起こらなかった。ただ通行人の一人が雨の中でボンネットを閉めていった。この時点で、実験者が介入し、ジムバルドは、車を大槌で壊すように学生に指示した。学生たちは羊のようにおとなしく始めたが、やがて歓喜して夢中になりついには周りで見ていた人びともこれに加わった。いったん叩き潰されると、先の実験のときと同じ経緯をたどり、車は破壊者たちの餌食となった。数々のサインが、破壊行為への抑圧を解放する。社会の管理が強い所ほど、サインは強烈でなければならない。最初に車が剝ぎ取られると、次は、いとも容易に叩き潰され、そのうちに、叩き潰すのも困難となり、最後には無視され、他の廃棄物の捨て場にすぎなくなる。見方を変えれば、破壊行為はさけられないもの、予期された堕落、あるいは定期的な修復を催促するものとして、受け入れられるのかもしれない。修復は迅速になされるべきであり、さもなければ、管理不行届きを公言することになる。人の住まない建物のガラスは、あっという間に壊される。破壊的な行為を防止するためには、環境を強硬にするか、警察の管理下に置くか、二つに一つだが、いずれにしても費用は修復よりも高くつく。さらに工夫を旨とする人間である破壊者は、強硬な環境を破る方法を必ず見つけだす。むしろ強硬さに刺激され、鋼鉄を曲げたりコンクリートを粉砕できるところをひけらかすだろう。そこで対極的な戦略として、場所を優しくしてみるといいだろう。悪意の感情がそがれるよう場所を柔らかく壊れやすくしてみるのである。この方法は危険もともなうが、保全のゆき届いた場所、とくに地域の人びとが一致協力して保全に努めている場合には、有効に働く。

懲役、罰金、そして傷められた環境を浄化し修復する労役などが依然として破壊行為への対応策である。労役の場合は、修復費用の何割かを破壊者たちに負担させることができる。しかし、環境の中にある貴重品を剥奪した大人の場合を除けば、報復は、破壊行為の防止に対してあまり有効ではない。営利を目的としない破壊行為は、ほとんど、課せられる懲罰などあまり恐れぬ年代の若者の集団が気まぐれにやることなので、「公共教育」の努力は、ほとんど効果がない。教育に期待できるのは、人びとに今何が起きているのかを広く知らせることだけで、破壊者たちの心までは動かせない。

残された唯一の戦略は、破壊行為の原因に手を打つことである。だが、原因はさまざまなので、戦略は、状況に応じて変様すべきである。破壊行為が商品の略奪である場合には、その商品の市場を調整しなければならない。単なる戯れなら、子供たちの遊び場を充実させるべきである。復讐による場合には、調停が可能かどうか、その軋轢の原因を探求しなければならない。しかし破壊行為がいわゆる一般的な欲求不満の産物なら、疎外をつくりだしている学校や家庭や経済機構そのものを調整するほかない。もちろん解決は難しい。「破壊へと駆り立てる衝動は、また創造的な衝動である」と言うバクーニンに同意する人もいるだろう。[7] これは、両親が属す社会への、若者による反乱を、健全な反応とみなすことになる。破壊行為の根幹を捜し求め、その威力とその技術を創造的な目的へと転換する方法を思いめぐらせるために、あえて、若者の破壊行為を幻想化したり、暴力や落書きを賞揚したりする必要はない。もしも破壊者たちに、その場所をつくって守るという、刺激的で責任ある役割を与えれば、破壊の場所それ自体が解決の契機となるかもしれない。

都市の中心部の住宅が放棄される割合は上昇している。合衆国の都市にあるすべての住居単位のほとんど五パーセントは空き家である。ニューヨーク市だけでも、七〇万戸のアパートを収容する五万九千の建物が、税の滞納のために、いずれは取り壊しの運命にある。放置された建物は、歴史の中でとくに新しいものではない。しかし昔は、それでもある程度の価値を保有していたし、市場での有望な適性が維持されていた。今では、破壊行為、取り壊し、そして放火が、この潜在的に有用な資産を破壊し、しかもその過程でコミュニティ全体をも破壊している。セントルイス市では、一九五〇年代には住宅の二パーセント以下であった空き家が、一九六〇年代には八パーセントを超え、その一〇年間に供給された住宅全体の一七パーセントが取り壊された。極端な事例であるが、実質的な収入は上昇していたとはいえ、アメリカの低所得者住宅を長期的に着実に改善する施策は、一九六〇年代の間に逆行したようだ。低所得者層が押しこめられている既存の「住宅資産」の質が劣悪化し、住宅が放棄されるという大きな流れが起きていたのである。その結果、都市の中心部で標準以下の住宅に住む低所得の人が支払う家賃は、郊外の標準的な住宅に住む一般的な収入の人が支払う家賃とほぼ同額である。

住宅の放棄

空室、延滞納付金、保険、電気、ガス、水道、電話などの料金などとともに、無理な利用や誤った管理に応じて維持費も上昇するので、都市の内側の比較的健全な地域でも時を選ばず放棄される可能性がある。資金がもたらす利潤は、銀行の利子よりも低くなり、現金収入はマイナスにまで低下する。破壊行為や事故が、この過程の発端となる。不測の事態を恐れ、混乱する所有者は、資産の再生のための投資が充分に回収できる状況でも、投資を拒絶する。素人の不在大家の場合には、とくに、この非合理的な経過をたどる傾向がある。経験豊富な大規模な事業体の管理下にあり、建物に所有者が居住している場合には、このような事態はごくまれにしか起きない。

散発的な放棄が積み重なると、その影響がさまざまに波及する。思惑は変化し、プロの「壊し屋」が動きだし、大家は放火に手をそめる。所有財産の価値が零落すると、大家は、資産の引きわたしの前に、保険金目当てに家屋に火を放つ。多くの生命が失われ個人の所有物も灰になる。保険料が上昇すると、わずかな手直しで役に立つ建物を救出することも不可能になる。廃棄は加速化する。都市の中心部の地域全体は、まるで山火事に逢ったようにきれいにされる。暴挙にも等しい都市の再開発である。

一〇代の若者は、空き家に押し入り、クラブハウスとして使う。彼らは火を燃し、水による被害も発生する。地域のガラクタを扱う商店は、剝奪されたハードウエア、金属板、造作をフェンスで囲み、廃棄物を活用する。貧しい家族は、どこでも嫌がられ、望まれない地域に放りだされる。分別のある借家人は、支払いが可能ならば引越してでて行く。健全な住宅は基本的な社会資本であるが、適度な修復もできるのに、軒並み、略奪された抜け殻へと零落する。絨緞爆撃さながらである。最後に残された有効な対応策は、この過程を加速し、土地をきれいにしてしまうことである。すべてを空き地にして、もう一度その上に建物を建てることになるのだろう。抵当物件の受け戻し権が失効して取り壊しが不可能な建物を一〇〇〇〇棟も抱えるニューヨーク市は、一九七九年に、これらの建築物の破壊を支援するよう、合衆国陸軍に兵士と軍事技術者の出動を要請した。これは、社会資本の滞貨を一掃しようとする企てであったが、陸軍も、兵士をこの任務に向けることには懐疑的であり、解体業組合もこれに抵抗した。

放棄された建築物の再利用を奨励する公共的なプログラムもある。それは、よく知られている「ホームステディング（入植）」の手続きである。放棄された家屋を市がわずかな金額で売却し、新しい所有者が助成金のローンを用いて家屋を改修して住居としても納税単位としても復活させる。所有者となる者は、定められた期間内に家屋を修復して入居し、この国にとって由緒ある「入植」［一八六二年制定の Homestead Act による、自作農地を与えられての入植］をまっとうしなければならない。

小規模ながら、ホームステディングは、都心近くの望ましい地域にある、健全な一戸建て住宅をリサイクルするのにも、適切であり、成功する手段である。裕福な人びとが郊外から都心に戻り始めるに従い、ホームステディングは、ときには、近隣の質を全般的に向上させるのにも寄与した。本来ホームステディングは、低所得者自身が「汗を流して得た資本」による、低所得者層の住宅危機の緩和を意図していたが、自分の家に物理的エネルギーや経済力、余暇や技術を注げる年若い中流層の家族が、当初の予想を超えて頻繁に利用した。

空き家は、市が直に修復した後に、転売したり低所得者層の賃貸住宅に転用することもできる。ボルティモアでは、毎年約三五〇戸がこの方法でリサイクルされ、もはや、建築物が構造的に安全ではない場合を除けば、いかなる空き家も取り壊すことはできない。放棄された街区の建物はすべて板張りにされ、フェンスで囲まれ、必要とされるときが来るまで保持される。このようにリサイクルされる住戸が、社会的に明確な利点を持ちながらも、新築よりも安くなるかどうかは、明確ではない。助成金を含むさまざまな公共の財源が相互にもつれあい、解きほぐすのは困難で価格も容易には定まらない。オレゴン州ポートランドでは、健全な家屋でも古くなれば取り壊されたこともあった。しかし、今では通常に売買され、都心の内側の空閑とした敷地の中の新しい場所に移転され、有用性と寿命を継続することになる。家屋の価値が通常の収入に比べて高かった時代には、家屋を移動するのは、きわめて当たり前であった。マーサスヴィニヤード島では、新しい家族が構成されるたびに、古い家々は、農場から農場へと雄牛の一群に引かれて移動した。ボストンのキャンプメイグスは、南北戦争の時代に組織された最初の黒人連隊の訓練場であった。そこにあったバラック群は、その後、実質的には安い値段で売却され、戸建て住宅として、ハイドパークの中に点在する敷地へと移された。そのうちの何軒かは一九二〇年代まで人びとに使われた。

一度放棄されたアパートを、主要な公共的な融資を受けずに復活させるのはさらに難しい。私的な財源をつのるのは難しく、売りに出されたとしても、公共の競売で安く落札した投機家が新たな投資もせずに手短に利益を上げるため、再び、放棄される。状態はますます悪化する。建物は、移動したり修繕したり、素材だけでもある程度はリサイクルできるが、同じ建物をつくり直すのは難しい。今でも建物は、工場で流れ作業で組み立てて生産される物ではなく、構成要素を容易には分離できないからである。組み立て生産された

27———家の移動は、以前は、当たり前のことであったが、都市内に住居を供給するために都市の中で再び見かけるようになった。 (©ラジェヴ・バティア)

建物という観念《アイデア》は、大量に生産されるトレーラーいわゆるモービルホームには、適用できるかもしれない。とはいえモービルホームもたちまち時代遅れとなり、放棄される数が急増している。モービルホームは、リサイクルの過程を考慮して計画されただろうか？

　公的に所有されながら遊んでいる不動産を売却することは、資本主義のアメリカ合衆国では、つねに論議の的である。市や連邦政府は速やかにこれを民間に払い下げて、資産として活かし、徴税の対象とし、行政上の重荷をなくすべきなのだろうか？　あるいは、慎重に公共的な利用の見込みがまったくないことを確認し、コミュニティに何らかの利益をもたらすよう民間の開発を監督すべきなのだろうか？　むしろ公的に所有したまま、助成事業をしたり、賃貸料を得た方が良いのだろうか？　公共の土地が使用されなくなり、とくに税の滞納が増えるにつれて、このように放置された不動産が著しく増える。ある都市の中心部では、市当局は土地の社会主義化へと向かわざるをえない。それは、業務中心地区の外側に限られてはいるものの、私たちのイデオロギーにとって恐るべき結果ではあるが、もっとも実現可能な選択肢となるかもしれない。

都市の衰退

　合衆国では近年、都市のある領域全体が著しく衰退してゆく事例が見られる。この過程の背景には、アメリカの社会の中では、もともと資本や若い労働力に流動性があることが指摘されている。一方、ヨーロッパでは、人口の移動に対して公共的な干渉がくり返され、国家的な障壁もあるので古い都市が衰退する事例は少ない。[*8] 移動性は、手短に言えば、自由、そして資源の利用の効率性を意味する。一九八〇年、大統領議会審議諮問委員会は、国策としてこの移動性を抑制するよりも、むしろ促進すべきであると答申した。[*9] つまり、貧しい人びとは衰退した場所から仕事のある場所へ、ラストベルトからサンベルトへ移動するように奨励されるべきであり、古い都市が衰弱するのも容認されるべきである、という内容であった。衰退した場所への補助金は、移動し裕福になりうる貧困層をその場に留めることになるので、かえって逆効果だというのである。移動をつづけ、モノを放棄しつづけるのは、アメリカ的であり、私たちの自由な精神の発露ではある。

一九七五年、エドガー・ラストは、合衆国の中で衰退しつつある大都市圏を調査した。[*10] その結果、過去一〇年間の人口の増加が一パーセントにも満たない都市が増えたことがわかった。一九四〇年代には五つの都市で、一九五〇年代には一〇の都市で、一九六〇年代には二六都市で人口が減少した。一九七〇年から一九七二年の間に限っても、二七の都市で人口が減少し、それ以降、この傾向はさらに著しくなる。北部から南西部への人口の移動は世間の話題となるが、このように人口が減少した領域が、国内のいたる所に見受けられる。

衰退に瀕している典型的な都市は、昔はその土地の特色となる単一の経済活動が支配し繁栄していた所であり、経済活動が衰弱したり、もっと有利な場所が出現したときに、新しい事業への移行に失敗したのである。ときには、大火、洪水、地震などの災害に遭遇し、あるいは、運河、港湾、鉄道などの交通手段への接続の好機を逸し、都市の衰退が加速された。当初の急激な発展の基礎となったのは、商業、西部への移住のサービス業、資源の採掘、重工業、軍需産業、消費者用製品の生産とサービス業である。また心地良い気候と美しい風景の賜物でもあることは、今日でも変わりはない。

経済的に多様な基盤を持ち、本社として機能するオフィスが集中するさらに大きな行政の中心地は、このような流動に対して安定している。企業の本社が立地する場所では、資本と技術を独占し、苦境に陥ってもその資産を固守できるので、新しい活動に投機を行なう余裕がある。このような場所は、交通体系の要所に位置しているので、容易には孤立しない。したがって、行政的な機能は持続する傾向にある。さらに言えば、市民の誇りという伝統は、好況期には実業界に公共的な環境への投資を促し、逆境のときにも熟練した人びとをその街につなぎ止める、アメニティという環境遺産を残してきた。

ラストは、人口の移動は、周辺の状況に押しだされているのではなく、都市の魅力に引き寄せられている事実を見いだした。高額の所得の仕事がある場所は、熟練した技術を持ち移動性の高い若者を引き寄せる。

そして、高齢者と貧困層は、その背後に控えることになる。所有権が別の所にあるなら維持管理費や税金もかからず、資本はわずか数年のうちに償却できるので、工場は損失なく閉鎖できる。ただしもちろん、企業家にとっての損失がないという意味である。公共サービスは、古い場所に住む数少ない住民の要求を満たしつづけなければならず、それは、また新しい場所でもくり返されてゆく。若者が、高齢者を見捨て四散するにつれて、社会的な結束は崩壊し、残された労働力は仕事に拘束される。住民や公的な資本は、私的な資本の自由な流動に適応しきれない。この不均衡が先鋭化されるのは、新しい街に若者が流入する第一次の急激な経済的発展ののち、この若者たちが子供を養育して第二次の人口の増大が訪れるときである。第二次の人口増大が、持続する経済成長や新規事業の興隆で吸収できない場合には、子供たちは成人すると街を離れてしまう。その地域は急激に衰退し、高齢化し、収入は低下し、投下した資本は雲散霧消する。

この後に第二次の衰退が長くつづく。これは、失業、収入の低下、活動に対する地域外からの圧力、危険回避の管理、新しいアイデアや市場開拓への障害、訓練を積んだ技術者や管理者の不足、そして、特殊化されたり時代遅れとなった活動の支援や低賃金の企業の一時誘致への公的な支出により、顕著となる。大企業は、技術が低レヴェルでも構わない工場の出先機関を、そのような場所に設ける。しかし、まさにこの種の工場こそが将来の経済変動の波をもっとも受けやすい。若者は、地方の税金で教育され、都会へとでかける。第一次の衰退に挑戦しようとした初期の試みは断念に変わる。人やモノや社会的な施設が、充分に「浸食」され、新しい転換なりギリギリの均衡状態にいたるまでは、長期にわたる停滞と変化に対する抵抗はつづく。

衰退しつつある領域は、固有の価値を持つ。そこは、住居費が安く建てこんではいないので相対的に静かでストレスのない世界であり、たとえ成熟した子供たちが去っていっても、教会、家族、人種による結束は強い。しかし（わずかな素晴らしい例外は除き）環境の質が低くなる傾向があり、住民の期待や自尊心は低落している。

衰退を地域の病とみなし、対応も遅く、他の場所の成長を促進させてしまう公共政策は、効果的ではなく損害を与える可能性もある。衰退の根源に迫るような本格的な努力は見当たらない。衰退の初期に柔軟性と多様性をつくりだしたり、場所を安定させる公共的なアメニティに投資したり、移動に必要な社会的な費用を補償したり、事業の管理を地域の手に委ねたり、安定性、停滞、衰退にひそむ恩恵を利用したりする施策はまれである。

政府が住民と資本の不均衡に真剣に対応するならば、政府はさらに徹底した措置として、若者だけではなくコミュニティ全体の住み替え、移転可能なインフラストラクチャーや社会的な施設の創設、放棄された居住地の人道的な閉鎖も提案すべきである。このような政策は、検討に値しよう。それは、いささか高くついたり、政策的には気に入らなくとも、充分に合理的であるかもしれない。少なくとも、不均衡な成長の背後にひそむコストを明白にできるだろう。

遺棄

遺棄された土地は、遺棄された建物よりも、さらに多く、開発で傷められ手当てを施さなければ有益な利用ができない土地として定義されることが多い。この定義では、空閑地となった工場跡地のように、市場の変化によって放棄された土地、単に心地良くない危険な土地、もともと使用が不可能な土地、自然現象で使用が不可能になった土地は除外されていることに留意しよう。その土地がお金を産むなら遺棄されているのではない。かつてはお金を産みだした土地ではあっても、人間の所業の果てにお金を産みださなくなるときに、遺棄されたことになるのである。

露天掘りや半露天掘りの鉱山は、遺棄された土地をおびただしくつくりだす。掘削は表土や表層の植生を破壊し、窪みや穴を残し、地盤の陥没と洪水を引き起こし、塩水、掘削した土砂の堆積物、酸性廃棄物、ヘドロで土壌を汚染する。近代的な機械による掘削は、さらに深い地盤の陥没や広範囲の地盤の割れ目をつくりだし、「遺棄」をますます加速する。機械はより深くより速かに働き、より高くよりしまりのない廃棄物の山をますます堆積させる。鉄鋼所、製錬所、発電所、ガス工場、工業用化学製品の工場などの製造過程は、その巨大な施設を設置したり利用するだけでも、土地を汚染するのに加えて、灰、スラグ、金属、化学廃棄物、放射性廃棄物、その他の有毒な物質を堆積させ、土地を汚染する。同時に、土を動かす重機械を用いて、堆積した廃棄物の形態を変化させたり、露天掘りの鉱山を埋め戻したり、また、新しい手法として、排水系統で植生を回復させ土壌をつくり直したり、特定の木々が遷移するように植林を行なうなど、土地のリサイクル技術も前進してきた。リサイクルされた敷地が、安定した状態に成熟するまでには二〇年は必要である。その間、敷地は依然として遺棄されているようにも「見える」ために、不法投棄や表層の破壊も相変わらず懸念される。

廃棄物の中には、経済的な使い途が見つけられるものもある。例えば、灰は埋立や建物のブロックに、スラグは道路舗装材や肥料として使用できる。したがって、廃棄物を修復する技術が改善され原料の価格が上昇するにつれて、古くなった廃棄物の山に手を加えることで利益を得るようになるだろう。また、擾乱され

28———ソルトレイクシティ近くのビンガム銅山は北アメリカでも最大の露天掘りの鉱山である。広さ1050エーカーの鉱山の中には175マイルにも及ぶ鉄道が敷設されている。銅が掘りつくされた後、この窪みを一体どう始末したら良いのだろうか。（ベットマン写真資料館）

た土地の形状も有益にしうる。例えば、古い採掘場や石切り場は、余暇に訪れる池や湖に再生できるだろう(図83)。執拗で解毒するのも難しい廃棄物もたくさんある。放射性物質は悪名高い。広い池の中に無期限に封じておかなければならないが、化学的なヘドロも、つねに流出の危険にさらされている。炭酸ナトリウムと炭酸カリウムを製造するル・ブラン過程で生じた柔らかな残滓は、六〇年間も毒性が残留する。陶土を取りだすためにつくられた極端に深い採掘坑を埋め戻すのは難しい。古い廃棄物の山は、アベルファンで起きた災害のように、崩壊するかもしれない。アパラチア山脈の等高線に沿って掘られた鉱山や廃棄物の貯蔵場も安定してはいない。地滑りを起こし水流を阻止したり、またウエスト・ヴァージニア州のバッファロー・クリークで起きたように、突然に出水したりする(ちなみに、バッファローはとっくの昔に廃棄された《いなくなった》)。

放棄された輸送施設

放棄された輸送施設もまた結果的には遺棄された土地をつくる。しかし、この土地の新しい利用法は、比較的容易に見つかるようである。廃線になった路線のかなりの長さに及ぶ跡地は、余暇を楽しむ遊歩道にみごとに転身できることも分かった。古い都市の駅や操車場は広く、しかも都市に隣接しているので再開発には重要な場所である。とくに英国では、古い運河はボート場として理想的なものになった。[11] 都心から離れた巨大な港湾は、遺棄されたままのものもあるが、都心部に古くからあるウォーターフロントは、近代的な輸送船も大概は利用しなくなり、今では再開発のもっとも重要な敷地である。英国では戦時中の飛行場は、永久に傷跡として残ると予想されていたが、その跡地の大部分は、今では別の用途に甦っている。滑走路は、砂利を取るために掘削され破砕され、野原に還元されたり、農道や駐機場として利用されている。道路そのものが遺棄されることはまれで、アクセスとして利用されつづける。しかし近年の高架高速道路のような構造物は、いずれ取り壊さなければならないだろう。場所を結ぶどのようなネットワークも、一度できあがると鉄道、埋設管、自動車、自転車、馬、電線、歩行者、運河など、さまざまな流れに有効でありつづける。かつてロサンジェルスで市内を広範囲に結ぶ路面電車を放棄したとき、同時に「通行権」までも解体してしまった。市当局は、この計算まちがいをどれだけ悔やんでも悔やみ足りないのである。

偉大なる廃棄者（浪費家）

空間の偉大なる廃棄者（浪費家）である、王家、軍隊、そして採掘産業が支配していた領域は、ひとたび支配者が追放されるや、その謙虚なる後継者のために公園や庭園に再生することも可能となる。傲慢なる死者たちが土地を豊かにする。アメリカの都市では、古い鉄道の車庫やゴミ捨て場に沿って、古い軍隊の保留地が今もあり、リサイクルに適した土地のもっとも重要な供給源である。ロンドンの都市公園が今のように存在するのは、国王が宮殿の隣に狩猟地を確保していたからである。都市の中の土地としては無駄きわまる使われ方ではあった。

戦争が引き起こす、資産の突如の搾取は、廃棄の中の王者である。あらゆる領域が徹底的に略奪され何も残らない。一方では、短期間に使用するだけのために途方もなく大きなモノがつくられる。ブローデルは、地中海の歴史に関する著作の中で、要塞のたえざる構築、破壊、再構築のくり返しについて詳述している。[*12] 戦争は急速に進化し、新しくつくられた要塞も完成したころには時代遅れになった。都市の城壁の構築は、市民に膨大な労力を課した。その後、城壁は始末に負えない障害物となり、さらに後には、建築材料の宝庫となり、最終的には、多大な労力によって平坦にされ、貴重な広場や環状の道路となった。私たちの時代の戦争で使われた物体は、今も太平洋の島々に散乱している。二つの世界大戦や南北戦争の時代のバラックも、当時は、中古の木材や建物の主要な資源であった。第二次大戦以降相当な数の仮説建造物が余って、今では取り壊しやリサイクルを待っている。最初に策定されたMXミサイル計画では、八つの州にまたがる大きな盆地状の平原の総面積のおよそ一パーセントに相当する広さの、約四千〜八千平方マイルの土地を廃棄してしまうところであった。過去の経験から判断すると、ミサイルはたちまち時代遅れとなるか、あるいはミサイルが有用である場合には私たち自身が絶滅するだろう。しかし、その場合、ミサイルは何にとって有用なのだろうか、また私たちの遺体は何の役に立つのだろうか？

産業革命は英国に始まり、産業廃棄物は、その他の国々よりもはるかに地中深くに集積されつづけた。しかし、産業の規模が充分に拡大し、放棄が頻繁となり、遺棄された土地が相当な量でつくりだされたのは、たかだか一九世紀に入ってからのことである。廃棄の割合が上昇するにつれて、さらに強力な機械による、さらに大きな損害が発生し、地盤の沈下が起き始めた。一九二〇年以降、古い鉱山や工場は、著しい規模で閉鎖され、露天掘りの鉱山が主流となった。第二次大戦後、閉鎖は加速され遺棄された土地は国家的な問題となった（図40）。いまだに、毎年二千ヘクタールにも及ぶ土地が新たに遺棄されている。これは、リサイクルされる土地の量よりも三〇〇ヘクタールも多い。国土のわずかに〇・三パーセントが遺棄されているにすぎないが、事態の及ぼす影響は場所によってはさらに深刻である。例えば、コーンウォールでは、遺棄された土地は地域の面積の一・八パーセントを占め、地方のある地域では一三パーセントにも達する。

一〇万人以上の人口を擁するアメリカの大部分の都

29——高速道路のインターチェンジと緩衝帯は膨大な土地を浪費している。

（©ウィリアム・ガーネット）

市では、面積の二〇～二五パーセントの土地が空閑地である。この空閑地のさらに二〇～二五パーセントの場所では、土地の規模や形状、あるいは、傾斜、不安定さ、洪水の危険性のために建物を建てられない。残りの何割かは、所有権がもつれ合ってはいるが、大部分は投機のために、社会的な施設や企業の用地として所有されている。もしもこの「廃棄された」土地を有効に活用できれば、都市の周縁での開発の圧力は緩和されるだろう。都市内部の半ば「砂漠化した」地域は私たちの都市生活に対する絶望を視覚的に表象している。反面それは新しい公共施設の建設用地ともなりうるし、子供たちのさまざまな活動の場ともなりうる。きっちりと計画され迅速に建設された新しい郊外住宅地は、廃棄された空間が少なすぎる事例ではないだろうか。このような場所は、個人を萎縮させ、一世代の活動パターンを固定化する。建設のために資源が消費され、古い資産を枯渇させていることを考えると、大規模開発も、空虚な中心の別な表われにすぎないのかもしれない。ジャック・レッシンガーは「分散化」に関する著名な記事の中で、将来のためにも多くの空隙を確保した分散的な成長の重要性を指摘した。[*13]

30———近代的でコンパクトに計画された郊外には、無駄な空間があまりにわずかしかない。ここには、詮索好きな世間の眼から逃れ冒険や探検へと誘う、戸外の空間が欠如している。

（©ウィリアム・ガーネット）

遺棄された土地に関する規制

早い時期に産業革命による痛手を受けた英国や西ドイツでは、土地を遺棄することを注意深く規制している。露天掘りの鉱山は埋め戻して植生を回復させ、深い鉱山の場合には廃棄物を地中深くへ戻させる。一方、アメリカでは、ほとんどそのような規制がない。露天掘りの鉱山は、計算によると毎年五〇万エーカーもの土地を放棄する。この土地を農地や森林へリサイクルする場合、その費用が生産の初期コストとして見込まれていない限り、この計画が経済的であるか否かは、不幸にも疑わしいものとなる。通常は、地盤沈下の損害を現金で支払うか、または、別に土地を購入していったん掘りだされたものを単にそこに投棄する方が、帳簿上にも記載されるので、土地を元の状態に回復させるのに必要な手続きを取るよりも、採掘事業にとっては安くつく。「現在指向」の厳密な経済的な評価によると、掘り返されていない別の土地を改良して農業や林業の生産物を増加させる方が安価となるだろう。一方、遺棄された土地を、高密な住宅地、都市の中の余暇空間、産業の立地へとリサイクルすれば、採算が合いそうである。

二〇年後、英国で遺棄された土地のすべてをリサイクルするという新しい試みが達成された暁には、住宅と環境の維持管理にかかわるすべての予算の半分に相当する公共支出が必要となる。これは途方もない予算額である。これでは開発途上国で鉱山を採掘して環境を劣化させ、母国では環境のアメニティを保持しようとする輩もでてこようというものだ。

だが、途方もないと思うのは、耕作可能な土地を失うことの長期的な影響の大きさも、素晴らしい風景から生まれる充実感も考えていないからだ。土地のリサイクルは経済性の計算によるばかりではなく、コミュニテイの誇りによって動機づけられることが多い。廃棄物の山を動かさずにそのまま歴史的なランドマークとして甦らせた方が良い場合もある。事実、大規模な土地のリサイクルは、私たちの産業の過去を消してしまう危険があるのではないかと懸念する歴史家もいる。一九世紀の産業が遺棄した多くのものは、時の経過とともに不思議な魅力を持ち始める。

遷移による廃棄物

風景は、ひとつの役割から別の役割へと推移し、放棄され、また占有され、新しい形態を呈し、復帰し、ときには回復できないほどの変化をこうむる。遷移による廃棄物は、堆積し、自然な土地の特徴の一部分になる。その経緯を簡潔に示す事例が、ヨーロッパ人によるアメリカのニュー・イングランド地方の占有である。農家は、森林を新たに開墾して得た農地での自給自足から、現金を産みだす麦の生産に鞍替えした。一八二四年には、麦の害虫が発生し、一八二五年にはエリー運河が中西部の穀物を都市に運ぶようになった。人口流出が始まり、麦畑は羊の放牧場へと転用された。一八四〇年に羊毛の関税が解除され、羊から乳牛の放牧への転換が起きた。南北戦争で多くの人命を失い、州外への移住も促進された。人びとは、高地の農場や街から、水力や鉄道が敷設された河の流域の草原へと移動した。その後、乳牛は、自分で牧草を食べることもなく、裏庭で飼育され、高地の放牧場は再び、桜桃、楓、黒苺、ハンノキが繁茂し、地元の人が「しわの寄った茂み」と呼ぶ草原に戻った。[*14]

農家の人びとは、この草原を再びもとの森林に戻すことは罪深いと考えたが推移の過程はさらにつづき、森の中に石垣や貯蔵用の穴蔵、小路の跡が残された。ヴァーモントで農園を営んでいた人は「納屋の床が抜けたときに牛を売り、つがいの馬の一頭が死んだときに残りの一頭を人に貸して、羊の柵が弱くなったときに羊を売り、今では、耕作地を人に貸して街で仕事をしている」と話してくれた。「ニュー・イングランド人の心の何処かに手放した農地は生きている」と詩人のデイヴィッド・マッコードは書いた（図48）。

今日、風景は余暇のために再び変化を受けている。家々は高台へと移動し再び街から離れて行く。道路は再び利用され、石垣が再びその姿を現わす。穀物を育てるためにではなく、良い景色を眺めるために、土地は整序される。スキー場は急勾配の斜面を削り、河に沿う高速道路の脇に、新しい商業活動が出現する。やがて新たな遷移によって、高速道路や新しい別荘や、斜面を滝のように降りてくるライ麦畑の細長い帯も、つくり変えられるだろう。歴史的廃棄物を蓄積しながら、風景は変化する。

マオリ族

ニュージーランドの原住民であるマオリ族は、広範な地域にわたり勤勉に土を掘り返し、砂を加え、雑草を除去し、焼き畑をして、肥沃な土をつくった。草が所々繁っていた土地も焼かれて、見渡すかぎり平坦な土地にしてしまったため、猛烈な浸食作用が起こり、沈泥が河口を塞いだ。一度この経済的な資源が確立されると、戦争が起こり、巨大な要塞としての居住地がつくられ、多くの農地が放棄された。地域全体は、人口が減少し、廃棄物に戻った。多くの居住地は略奪された。飛べない鳥モアは、屠殺され、絶滅し、一エーカーに八〇〇体もの密度でその骨が残された。マオリ族は、道具となる骨を求めてこれらの土地を掘り返し、ヨーロッパ人は骨を運びだし臼で引き肥料にした。通常、ヨーロッパ人が移住するときに引き起こされる膨大な変化に加えて、廃墟、骨の発掘、土、草原、泥土、浸食、新しく現われた種と消滅した種。これらすべては、今日のニュージーランドの生産的な風景をなす。

ネゲヴ

地域はまるごと放棄され、長い空白のときを経た後に、再び占有された。パレスティナの乾燥地ネゲヴは、人類の歴史の中で、少なくとも五度これをくり返した。石銅併用時代、青銅器時代、アブラハム時代、古ユダヤ時代、古代アラブ王国時代、そして現在の居住地は、長い空白の年月によって分断されている。ここは難しい土地で、活用するには慎重な水の管理が必要となる。この土地の放棄と再利用は、天候の変動によるものではなく、社会秩序の変異に起因していた。侵略と戦争がこの土地を空虚にし、外的な力がこの土地に再び生気をもたらした。再居住には、資本と集中的な努力と安全性が不可欠だった。古代アラブ王国時代の治水施設はひときわ丹念につくられていた。水槽、段丘、ダム、トンネル、表面に露滴もできるほどの岩の堤防。この多くは廃棄された土地の上に遺る古い文明の廃棄物ではあるが、現在も以前と変わらずに機能し、土地はもう一度、リサイクルされている。

すべての変革が緩やかで可逆的であるわけではない。テネシー州南東部にただひとつあった硫化銅の鉱石を火干しにする作業場が、一九一〇年の法律の発効で操業を停止させられるまで、二酸化硫黄を流出していたために、二五〇〇〇エーカーを超える森林の表層が破壊された。この土地のうち七〇〇〇エーカーはいまだに荒地の状態で、激しい雨のたびに浸食されているが、残りは恒久的な草原に変換された。ソルトン海はこのような大規模な人工自然のもうひとつの例である(図36)。コロラドのデルタ地帯の洪水を防ぐためにメヒカリに構築された不法運河の設計には計算違いがあり、水が溢れだし、海面下にあるインペリアル・ヴァレーの一部に流れこんだ。その結果、いくつもの街や鉄道が水没し、三〇マイルの長さの塩水湖が生まれた。今では、レジャー産業が「排水不能な洪水」の恩恵に浴している。

また一方では、私たちは、ニュージーランドの先住民とまさに同様に、河川や湖を沈積させ、生物の種を絶滅させてきた。大陸の浸食、種の絶滅、湖の富栄養化、河の流れの変化。このはるかに泰然とした自然の進化プロセスを加速化したとき、人間のなせるわざは、もっとも徹底的で不可逆的になるようだ。私たちは、その小さな事例を、ニューヨークのセントラルパークに見ることができる。オルムステッドの計画に沿ってつくられた池は、公園が開放的なこともありたびたび工事で擾乱されて土砂が流入し沈積した。これは、どこの池でも自然に起きることではあるが、私たちがこの展開を助長しその速度を早めている。ここにひとつの論争が持ち上がる。この池は、オルムステッドの計画どおり「清らかな湖」という人工的なデザインに修復されるべきなのか?　あるいは、人工「湿原」としてこのまま保存されるべきなのか?　以前とは異なる臭いを発し、水はもはや清浄ではない。だが、新しい植物や新しい鳥の種を居住させている。それは、汚染であり、衰退ではあるが、新しい生命を許容している。

しかし、これとても些細なことである。最近では、私たちは、海洋の汚染、大気の汚染、あるいは、長期間にわたる放射性廃棄物という問題に直面して、ほとんど神の領域を犯さんばかりだ。

都市の定常性

放棄された都市は畏敬の念を喚起し、廃墟は私たちの想像力を刺激してやまない。しかし、遺棄された土地やゴーストタウンやゴーストヴィレッジとは明らかに異なり、その数は意外に少ない。バビロン、ニネヴェ、チャンチャン、トロイ、これらの失われた都市の名前には不思議な魅力があり郷愁を誘う。チャンドラーとフォックスがまとめた、紀元前一三六〇年から西暦六二〇年の間につくられた古代都市の一覧を分析してみると、そこに名を連ねる六九都市のうちの三一は、今も存続していることに気づく。[*15] 平均して二五〇〇年を超える時間の広がりの中で、四五パーセントの生存率は、儚《はかな》さの徴候とは言い難い（彼らのリストが不完全なら、この生存率はもう少し低くなるのかもしれない）。より完全なこの一〇〇〇年間にできた都市のリストのうち、一九〇〇年以前に四〇〇〇〇人の規模に達した成熟した都市、あるいは、（昔から大きな都市が出現していた）アジア以外の大陸にあり、一六〇〇年以前に人口が二〇〇〇〇人の規模に達した都市を数え上げると、九〇五都市になる。このうち、もはや存在していない都市は、わずかに三〇しかなく、そのうちの二一は、アフリカ大陸とアメリカ大陸にあり、そこでの存続失敗率は、一〇パーセント近い。存続した残りの八七五の都市のうち、人口五〇〇〇人の規模以下に収縮しているのは、わずかに二〇パーセントである。都市的な居住地は、排出する廃棄物が集中するにもかかわらず（あるいは、それが原因で？）粘り強い力を保持しているように思われる。

経済基盤を破壊する自然界の変化（例えば、広範囲の土壌の浸食、沈積化、港湾を破壊する海面の変異、あるいは、長期間にわたる乾燥）や、悪意や権力による意図的な破壊でもないかぎり、単独の災害が、恒久的な放棄を引き起こすことはあまりない。居住地には、何よりもまず、安全な輸送と略奪者に対する警備を提供する必要がある。都市を死滅させる主な要因は、戦争、無秩序そして通商交易の転換であった。究極の放棄が訪れるのは、生存者の意志や資本を疲弊させる長い災害がつづいた後に限られる。クレタの大都市クノッソスでは紀元前一七〇〇年ごろの地震によって大きな被害が生じ、廃墟と化した都市の上に同じ大きさの都市が再建された。紀元前一五〇〇年ごろに起きたテーラ火山の猛烈な噴火の後にクノッソスは再び再建されたが、いささか小さな規模に縮まった。紀元前一四五〇年ごろ、ミケーネ人に占領され、紀元前一四〇〇年ごろ、天変地異と大火により、再び倒壊した。その次に再建されたのは沈滞した居住地にすぎなかったが、記録はつづけられた。紀元前一二〇〇年ごろ、ドリア人によって再び破壊され、ついには、放棄された。墓地の広さが都市そのものの二倍もあるもうひとつのクレタの都市、サラミスは、三度の大地震、沈積化、ユダヤ人の反乱、アラブ人による強奪に耐えたが、ついに市民は都市を放棄し、ファマグスタで都市を再建するために古い石を輸送した。

紀元前三〇七年につくられたシリアのアンティオクは、ヘレニズムおよびローマの帝国の中でも最大の都市のひとつであったが、以下のような一〇〇年の間の出来事がつづいて、たちまち、小さな地方の街へと崩壊した。西暦五二五年の大火につづいて、暴動が六か月にわたりくり返された。五二六年の地震では、二五万人が亡くなり、ほとんどの建物が倒壊し、廃墟と死体は泥棒に略奪され、通商交易は停止し、市民は他の都市へ移住した。ショックも醒めやらぬ、五二八年に再び大地震が起き、残存していた建物も壁もすべて倒壊し、五千人が亡くなった。五四〇年には、街路での激しい戦闘の後、ペルシア人に攻略され略奪され、都市も郊外も焼かれ、居住者はペルシアへ強制収容された。五四二年、腺ペストが発生し、つづいて暴動がくり返された。五五一年と五五七年に地震が起き、壁が再び倒壊した。五五七年、牛疫が発生した。五六〇年と五六一年に腺ペストが再び発生した。五五七年と五八八年に地震が起き、五五八年には六万人が亡くなった。五九九年の旱魃では、オリーブの木は全滅し、生存に不可欠な穀物も失った。六〇〇年にはゾウムシにより穀物が荒廃した。六一一年には再びペルシア人に攻略され、六二八年に居住者はペルシア人により強制収容された。六三八年、シリアにおけるローマ覇権が崩壊した後、アラブ人に攻略された。この時点で、ついに偉大なるアンティオク帝国はつましい居住地と化した。

31 a———都市を死滅させるのは難しい。なぜならば、都市には建築物が集積しているだけではなく、居住者の記憶、願望、技術も集積しているからである。ワルシャワの古い市街の広場は、他の多くの場所と同様に、第二次世界大戦のときに徹底的に破壊された。

31 b———しかし、20年後の1965年までに大部分が再建され、街路のパターンやファサードはかなりもとどおりに復元された。 (ポーランド・インタープレス)

ではバグダッドはどうだったのだろうか。バグダッドは一二五八年にモンゴル帝国に強奪され、一三四八年にペストの大流行で苦しみ、一三九三年にチムールに占領され、一四〇一年には大虐殺が行なわれ再び占領された。記録によれば一四三七年には廃墟と化したとされているが、一五〇八年にはサファヴィー王朝に占領され、一五四三年にはオスマントルコに占領され、一六三八年にもオスマントルコに再び占領された。加えて、洪水、伝染病、暴動、略奪もくり返された。しかし、この都市は存続し、今も巨大な首都である。

多分、戦争による体系的な破壊の方が、自然災害がもたらす破壊よりも、都市の放棄を引き起こす最終的な原因となってきた。とはいえ、都市を死滅させるのは至難の術である。都市は、地理的な戦略に基づき立地され、物理的な資本を持続的に集積し、さらには、居住者の記憶、動機、技術、を備えているからである。カルタゴの破壊は、まれな例である（ただし、その敷地は今やニュータウンの候補地となっている）。台頭してきたポーランドの首都ワルシャワを壊滅しようとしたナチの試みの失敗は、教訓的であった。ドイツ軍は、ワルシャワを永久に破壊する命令を受けていた。使用可能ないかなる断片も残されてはならなかったのである。最初に、ナチの残虐行為から生き延びた人びとは強制収容され、街区はことごとく燃され、縮小され、破壊部隊によって潰された。高度な訓練を受けた巨大な軍事力は、数週間にも及ぶ途方もない所業を組織的に遂行した。すべての建物は倒壊したが、地下部分も地上部分も含めて驚くべき量の構造体が生き延びた。爆破により生じた砕石がまさに残存部分を保護し、炎や破壊部隊の動きを封じた。しかし、さらに頑強な抵抗を示したものは、記憶に残る都市を復元しようとするポーランド人の熱烈な願望であった。そしてワルシャワはその姿を再び現わした。[*16]

アトランタは、一八六四年に北軍のシャーマン将軍の軍隊に占領され、強制的な追放の後の一一月に、二週間にわたり焼きつくされた。包囲攻撃が開始されたときには人口は一七〇〇〇人であったが、一八六四年の末には、誰もいなくなった。一八六六年には人口は再び二〇〇〇〇人となったが、そのうちの五〇〇〇人は未亡人であった。一八六九年までに人口は二二〇〇〇人に達し、アトランタは南部の主要な工業と鉄道の中心地となっていった。

流動的な資本が存在し、社会がその資本を利用するべく組織されているならば、都市の再建を急速に行なうこともできる。災害が局所的で復旧を外部からの支援に頼る場合には、とくにそうである。廃棄物はたちまち盛り土や新しい建物に利用される。そこには、まるで巣のない蜂の群れのように、巣をつくり直したいという強い衝動、余剰のエネルギーがある。首尾は、良好な意見交換、一貫した価値観、将来への希望などによって左右される。経済の好況は、たび重なる再構築で弾みがつき、最終的には物理的な生産設備も向上して経済もより高次の水準となる。その一方で、個人的な関係や郷愁、不思議な儀式や犠牲などさまざまな緊張が露呈する。

災難と社会変化

一九一七年、カナダ南東部ノヴァ・スコティア州のハリファックス港に停泊中の武器輸送船が爆発し、九九六三人が死亡、九〇〇〇人が重傷を負い、二・五平方マイルの地域を破壊し、(一九一七年当時)三五〇〇万ドルの損害を与えた。ハリファックスは、それまで静かな田舎の港街であったが、災害復興の努力が連鎖反応を引き起こした。新しい港湾が建設され、専門店街が改良され、病院も拡張され、新しい健康センターと中央公園が創られ、新しい路面電車が敷設され、電話は、それまで通じなかったカナダの一部の地域やアメリカ全土とも接続された。その他にも、労働者の流入、教会の統一、新しい住宅の建設、そして重要な都市計画、用途地域、医療施設、公衆衛生施設の発案等の多くの変化が生じた。女性の路面電車の車掌も初めて登場した。新しい神経衰弱症が現われ、流言は後を断たなかった。社会的な激変にともない、人びとは、その原因を知る由もなく、苛立ちの中にいた。

特定の社会集団が得をしたり損をしたりし、すでに進行している社会的な推移を促進させることはあるが、社会の構造が、このような破壊的《ウェイスノーフル》な出来事によって革新されるのはまれである。ヨーロッパでは、黒死病のために人口の三分の一から二分の一を失う地域もでた後に、組織的な虐殺があったり、快楽への耽溺が突発したり、舞踏が熱狂的に流行した。封建的な社会からの解放がすでに進行していた場所では、解放に対する刺激も加えられた。物価と労賃は上昇し、賃貸料は下降した。教会と荘園の秩序は一時期混乱に陥った。反乱が起きては鎮圧された。結局は、社会的な推移の数々は、進行していた変様に付加されたものにすぎなかった。

荒廃の不公正

しかしながら、廃棄《ウエイスティング》の後に、不公正が拡大するのは、まれなことではない。なぜならば、災害は、再建に要するエネルギーや資本の余力がもっとも窮迫した貧しい人びとに重くのしかかるためである。一方、台頭してきた新興の階層は、この渾沌に好機を見いだすかもしれない。一九七二年の地震の直後にニクァラグァのマナグァを訪れた調査官たちによると、極度に混雑した住環境で再建もままならず、厳しい緊張に苦しむ、もっとも貧しい人びとに復旧のしわよせが及んでいた。彼らは、都市の中心部にあった小さな仕事場を失い、臨時かパートの仕事に就いていた。住まいは都市の周縁へと強制的に移動させられたために、通勤時間は片道でも二時間ほどにもなった(一六六六年のロンドンの大火の後、旧市街が富裕階層のために再建され、貧しい人びとはやはり郊外へと追いやられた)。古い市街は壊滅状態なので、移転を強要されたマナグァの人びとは、交通機関や日々の営みもゼロから学ばなければならず、いざというときに頼りとなる親類や友人とのつながりも失い、安く食料が買える市場からも引き離された。通勤時間に費やしたり社会的な接触を取り戻すためにかなりの時間が費やされた。その間にも、都市は膨張し、空地と残石の山が一面に点在し、ますます隔離されていった。旧市街の中心は非常警戒線で囲まれ、新しい中流層の商業地区は、そのはるか外側に出現した。

四分の三世紀ほど後戻りした一九〇六年に、サンフランシスコで起きた大地震と大火も、同様な影響をもたらした。地震から五年も経ないうちに、都市には再び人びとが住み着き、市内は再建されたものとみなされていた。しかし、旧市街の中心から郊外への移住がすでに起きていた。都市は拡張し、社会階層による隔離もさらに進行していった。一九一五年までに、周縁に建てられた新しい住宅だけで、破壊された旧市街の二倍にもなった。上流層の居住地は速やかに再び地歩を固めたが、貧しい人びとは、何年も引越しをつづけた。上流層は通勤が短くなり、貧しい人びとは長くなった。ロフトの建物が破壊されたために、低所得層の仕事は失われ、購買力は価格の上昇にともない下落した。都市は急激に発展し、また離婚率も急騰した。

廃棄物となるその他の場所

放棄、遺棄、破壊は、ただ廃棄された土地を産みだすだけではない。居住地の共同体には受け入れ難くとも、広い地域には本質的に重要な用途が存在する。低所得者層住宅の計画などの、例えばハーフウェイハウス（社会復帰の施設）、精神病院、低所得者層住宅の計画などの、どちらにしても社会の周縁にいる人びとの居住施設。また、高速道路、空港、トラックやバスのターミナル、流通センター、採石場、発電所、重工業などのように不快な影響を直接的に及ぼす施設。そして、周縁の産業、不法に占拠された住居、モノ置き場となった裏庭、非課税扱いの社会的施設などのように、安い場所が必要で、公共サービスの料金を、支払えなかったり、支払おうとしないものもある。ゴミ捨て場、ゴミ焼却場、排水処理場、排出口のように、それ自体がひどく嫌われている廃棄の施設の場合もある。コミュニティは、つねに、これらの施設が、地域の何処か別の場所にあることを願う。私たちは、これらの施設を回避するが、これらの施設に依存している。

一インチまで計画されつくされた、当世のアメリカのニュータウンの中で、ゴミ捨て場や墓地まで備えられているものはひとつもない。たしかに、一九世紀に計画された都市の初期の配置計画の中に、共同墓地が見られるものもわずかにあり、さらに以前の植民地時代は、教会と墓地はどこの街でも普通に見かけるものであった。今日私たちは、死を遠ざけている。共同墓地を廃棄システムの一部として考えるのは、きわめて不快なことである。埋葬の儀式のとき以外は、滅多に墓地に足を踏み入れなくなり、一年に何度かの特別な日に、一族の墓を訪れる昔の伝統は、廃れつつある。かつては、墓地は都市の公園であり、静かな退避、社会の休養の場所であった。今でもそのように親しまれている墓地が、わずかではあるが、残っている。カイロを取りまく巨大な共同墓地は、休日になると、市民が憩う場所であった。その場所も、今では、不法に占拠された居住地である。アメリカにおける公園建設運動は、マサチューセッツ州ケンブリッジ市のマント・アバーン共同墓地やシンシナティ市のスプリング・グローブ共同墓地のような、造園された埋葬地がその発端である。今日、共同墓地は、若者たちが夜陰に紛れて出没し集う場所である。この若者たちも、またさまざまな意味で社会の周縁にいる。さらに、これらの墓地は、野生の動物や植生の逃避の場所でもある。

都市の野原

野原は、手の加えられていないほとんどすべての土地で、勢力を伸ばすだろう。西ベルリンの中心にある古い鉄道の駅は、かつてはヨーロッパでも最大の乗降客で賑わう駅であったが、その敷地も、今では、茂みや野生の草地で覆われた、廃虚の壁、線路、陸橋からなる豊かな風景となっている。第二次大戦のときに爆破されたこの敷地では、この辺りに生息する植物相の三分の一に及ぶ種類が成育している。その中には、希少で危機に瀕している種やこの土地に固有な種類だけではなく、とくに異国風で都市的な観賞用の植物が野生化したものも含まれている。このうちの半分は、ほどほどに管理された都市の自然として、保存されてゆくことだろう。フィッターは、素晴らしい著書『ロンドンの自然史』の中で、ロンドンの爆撃を受けた土地の、同様な植生の展開について記述し、廃物の処理が、都市における植物と動物の生活へ及ぼす影響について検証している。[*17] 毎年秋になると、マニトバのチャーチル市に、白熊が侵入し生ゴミを食べる。この小さな街の経済的な基盤は、白熊を見るために街を訪れる、科学者や観光客に半ば支えられている。

都市の中の野原、共同墓地、そして都市から出るゴミの捨て場所は、居住地が拡散するにつれて、都市の外側へと移動する。ゴミ処理場の候補地探しはますます切迫し、広がりゆく郊外住宅地の住人からはさらに厳しい抵抗を受ける。候補地の指定は、地域の大問題である。過密な都市部への商品やエネルギーの流入量が膨張すると、廃棄物をリサイクルさせたり、違反を犯さぬように処分するのは、ますます困難となる。都市への資源の集中こそが、戦争による途方もない廃棄をまさしく最初に誘発した。地域が拡張をつづけるにつれて、廃棄された土地が、空閑地、板張りの住宅、ポンコツ自動車、疲弊したスラムという形式を採り、都市の中心にその姿を再び現わす。かつては、田舎の貧困層や、田舎の廃棄物の山であったものは、今では、都市の周縁の集団として、都市の利用地として、都市の内側に取りこまれている。遠隔地であれ中心地であれ、この廃棄された土地は、放棄された生き方が生き残り、新しいものが始まる場所でもある。

　都市の内側の、散乱した場所は、賃貸料の安い倉庫や価値の低い活動に使われ、断片化された所有者のいない空間は、処分のために使われている。グラディ・クレイは、これらを都市の「流し台《シンク》」と命名した。マサチューセッツ州サマーヴィルの奥まった所にある、リンウッド・アヴェニューは、そのような周縁の地域の典型である。背後をマッグラス高架高速道路によっ

32———都市の「掃きだめ」は、魅力的ではないが、独自の価値と喜びがある。ここは、社会的な管理から比較的自由な場所であり、時代遅れのものが生き残り、新しいものも入りこめる居住環境を提供する。
（©マイケル・サウスワース）

て隔離されており、唯一遠回りな進入路を通って、その場所に近づくことができる。倉庫、サービス産業、修理工場など、低層で、つぎはぎされ、修繕された跡が点在する、コンクリートブロックの建物が、取り囲む。建物は、捨てられたモノで溢れた、でこぼこした土とアスファルトの場所の中に建っている。ひび割れた油性の舗装で表面を覆われた、幅の広い道路には、規則正しい境界線はなく、鎖状の壊れたフェンスが、道路に沿って断続的に設けられている。トラックや乗用車が、二段重ね、三段重ねになって「駐車」していたり、鼻先を裏庭に突っこんでいる。労働者たちは、粗悪で汚れた作業着を着た男性たちである。醜く、汚染されていても、許容力のあるこの場所（軽率に計画された高速道路によって取り残された吹きだまり）で、彼らは寛いでいるように見える。ここは、零細な企業や居残り企業にとっては、格好の避難の場所である。この都市の中で取り残された空間は、見苦しいが相対的に自由な場所であり、人はしばらくの間ここで、地位、権力、明確な目的、厳格な管理という圧迫から開放される。このみすぼらしく慎重さに欠けた裏側、背後に隠された場所、公共トイレ、都市のどぶ鼠の巣のような場所にも、それなりの悦びがある。

ボストンのもう少し古い事例を見てみよう。ボストン市本体から見れば、サウス・ボストンは、初めから「盲腸」のような行き止まりの付属物であり、その場所にアイルランド人が「排泄」されていた。ボストン半島の北側の斜面は、ゴミ捨て場、養老院、精神異常者の収容所、獄舎の順に使われてきた。南側の領域に、市が執拗に廃棄物を運びつづけ、つねに「南の居住者たち」を怒らせていた。アイルランド系市民が政治的な主導権を獲得するにつれて、彼らはこの土地を、「独立の広場」に転換し、望まれない用途を、南側の斜面のさらに南側へと追いやった。「南の居住者たち」は、自分たちの市長を選出するようになった。「盲腸」はついに炸裂した。地域の住民が選挙によって、反乱を起こしたのである。

そのまま海へでると、ボストン湾とかつては安全な牧草地に恵まれていた島々があり、そこがゴミ捨て場となった。この島の強制収容所で、ノナンタム・インデアンたちが命を落とした。そして引きつづく戦争のために監獄が建てられた。廃物は、何十年もの間ひとつの島で焼却されつづけた。排水は、ボストン湾に今なお流れこみ、海底の厚いヘドロと化している。今日、ボストンが、再び海に向き合うように、ようやく政策を転換してゆくにつれて、湾の島々は、余暇に利用されるようになった。しかし、群島の中心であるロング・アイランドには、廃墟のままの放置された要塞や、アルコール中毒患者、慢性的な病気に陥った貧しい人を収容する、荒れはてた病院がある。

　周縁の島はつねに廃棄の格好の攻撃目標である。ニューヨークのイースト・リヴァーにあるランドールス島とワーズ島は、ニューヨークの歴史を通して、都市の廃物の貯蔵所であった。一八世紀、一九世紀には、この二つの島は、ゴミ捨て場、無縁墓地、養老院の場所であった。一九三四年までに、この二つの島には、排水処理施設、精神薄弱者と結核患者のための市立病院、非行少年感化協会の「避難の家」、州立マンハッタン精神病院、軍人病院、建造されなかった橋の橋脚などの施設が加わった（図54）。

　テスタッチオと呼ばれるローマの高台は、古代ローマの港の後背地に捨てられた、壊れた輸送用の容器が堆積してできたものである。この背が低く空閑とした丘は、何世紀もの間、「ローマ人の運動場」として知られていたが、実は古代ローマの都市壁の外側にあった。それは、また一九世紀には、発掘でつくりだされた考古学ゾーンからはずれ、都市の成長とは反対の方向にあった。一八八〇年代には、ここに労働者住宅のための地区と、煉瓦敷の中庭、倉庫、ガス工場、中央市場、さまざまな産業の拠点、貯蔵場から成る「騒々しい工業《アルティクラモロス》」のための地区がつくられた。それはローマでは最初の地区別用途規制であり、一種の人種隔離政策であった。二〇年後、この居住地は、絶望的に高密度化し、街路は舗装もされず、学校も、病院も、浴場もなかった。空地は、屑や損傷品の投棄の場所となり、幼児の死亡率は五〇パーセントを超えた。一九一三年に公共的な低所得者住宅を建設するために市が最初に選択したのは、この地域であった。話題は再びボストンに戻るが、サウス・ボストンよりも南側の都市の縁にあり、汚水排出口や戸外のゴミの山で溢れたコロンビア・ポイントの湿地が、大規模な公共集合住宅の計画地に選ばれたのも、まったく同じ事情である。この不運な地域は、今、苦汁に満ちた回復の途上にある。[*18]

廃棄物は、伝統的に居住地の周縁に捨てられる。周縁は、力のない人びとが住み、土地の権利や管理も曖昧な地域である。このような周縁化の現象は、さまざまな規模で見いだせる。家の中では、価値の小さなものは、地下室や屋根裏部屋やガレージに追いやられる。手入れのゆき届いた郊外では、混合物の山、芝刈りのゴミ、そしてゴミの缶が、住宅の敷地境界線上に並ぶ。ニュー・イングランドの街で、公共のゴミ捨て場や人が嫌がる産業を捜すときには、まず、隣の街との境界線沿いを追うことだ。コネチカット州で一八世紀につくられた、街の建設に関する手引書には、居住地の中心から離れたところに、廃棄物のために環状の空間を確保するように記されている。*19 ラス・ヴェガスの砂漠の際には、古い錫やガラスの明瞭な帯がある。古い都市は、屑の環で囲まれていた。つまり城壁の外側に防御のために掘られた濠は、理想的なゴミ捨て場所であった（不幸にも、堀にゴミを捨てると水は有毒となり、敵が容易に侵入できる通路をつくることにもなった）。一九世紀の旅人は、アレキサンドリアやカイロの外縁にあった、ガラクタでできた土塁を鮮やかに記述している。アメリカの南西部では、プエブロ・インディアンの屑が古代のメサ（岩台）の険しい側面を流れ落ちる。古代の痕跡を背景に、産業社会の産みだした商品を眺めるのは、壮観である。国家から、違法者とされたり、必要とされない人物は、国境の山、湿地、島に住む。

ミシシッピー河のデルタ地帯の河口の湿地、バイユーは、周縁のもうひとつの事例である。この沼地は、社会的にも地理学的にも外縁にある。バイユーは、巨大な河流の体系の低端部にある居住地であるが、洪水や泥に見舞われるかと思えば、ほとんど干上がるといった極端な水量の増減に奔弄されている。三角州が現われては消え、海水も真水も流れこむので、その影響を受ける。メキシコ湾からの狂暴な嵐の破壊的な影響も受ける。ここは、二度も居住地から追いだされたアカディア人［昔のフランス植民地住民］、奴隷、没落したフランスの貴族、そして貧しい中国人たちの避難場所であった。経済は、外部の市場の末端にあって揺れ動く。ザリガニ、牡蛎、海老、毛皮、油、農地の要求に応じて、経済は跳躍しては、またつまずく。開拓、排水、耕地の放棄により、また、ヌートリア、マスクラット、ウォーター・ヒアシンスを軽率に導入したことにより、環境は、二転三転した。ケイジャン〔アカディア人の子孫〕やサビンの人びとは、不安で不確実な状態にいるが、自由な略奪生活を送っている。外部の世界が彼らを略奪したように、彼らは沼地を略奪する。彼らは、あらゆる種類の工業生産の製品を急速に使いつくし、眼に見える所に投棄する。発電機、ボート、冷蔵庫、ストーブ。この放棄された設備機器が、彼らの小屋の周りを囲む。彼らは、主に、毛皮を取るために罠を仕掛けたり、貝類を集めたりして生計を立てているので、膨大な量の有機的な廃棄物がつくりだされる。この作業は、通常は、季節的で断続的なものでしかなく、近くの街でする仕事から見れば補足的な仕事である。バイユーは、廃棄物の風景であり、大渓谷の「おしり」であり、社会の周縁にいる人びとのための周縁の場所である。バイユーには、固有の美しさと独得の自由な精神があり、そこに住む人びとは、バイユーに強い愛着を感じている。

もつれた混合物

廃棄は、生命系のいたる所に浸透している過程であり、（あえて無視しても）人間の社会にも浸透している。廃棄は、私たちを運ぶ根本的な流動の特徴であり、事象本来の非永続性である。廃棄には、短期的なモノの廃棄と長期的な場所の廃棄があり、それぞれに特徴がある。変動の度合いや、流動が循環的か直進的かは状況に左右される。廃棄は、私たちの健康、快適さ、あるいは感情を脅かす。廃棄は企業の効率を侵害する。それでもなお廃棄には独自の価値がある。何かを保存しようとした途端に、廃棄はたえざる脅威となる。永続性ではなく連続性を追求するならば、廃棄は、一転して、活用されるだろう。廃棄が、自然の進化を加速しないかぎり、廃棄物の集積が、居住地の放棄を引き起こすことはまれであった。ときには、環境が本当に後戻りできないところまで、追いつめられたこともあった。廃棄は、通常は、根源的な社会変化を引き起こすことはなかった。しかし、すでに進行している変化を加速させ、負担の配分を推移させている。廃棄は、私たちにとって、善と悪のあざなえる縄のようだ。いやむしろ後者のようだ。生活を包む上品な表層の背後にひそむ廃棄の存在が、私たちの心にのしかかる。廃棄は、理性にかかわる問題である。廃棄の中に愉しみはあるのだろうか？　実利は見込めるのだろうか？　はたして、私たちは、廃棄に安らかでいられるのだろうか？

CHAPTER-FOUR LOOKING-AT-WASTE by-Michael-Southworth

4
廃棄を眺める

33———私たちの身の周りのいたる所で、廃棄の過程を眼にすることができる。自然の中では、廃棄はとても緩やかに起きていることが多く、私たちは気がつくこともない。海は、岸壁を徐々に浸食し、森は、おそらくは、何十年もの時間の中で、その寿命を終える。(©マイケル・サウスワース)

34───自然界の廃棄には、山火事、地震、火山の噴火、洪水による大きな変動などもある。
（UPI/ベットマンニュース写真）

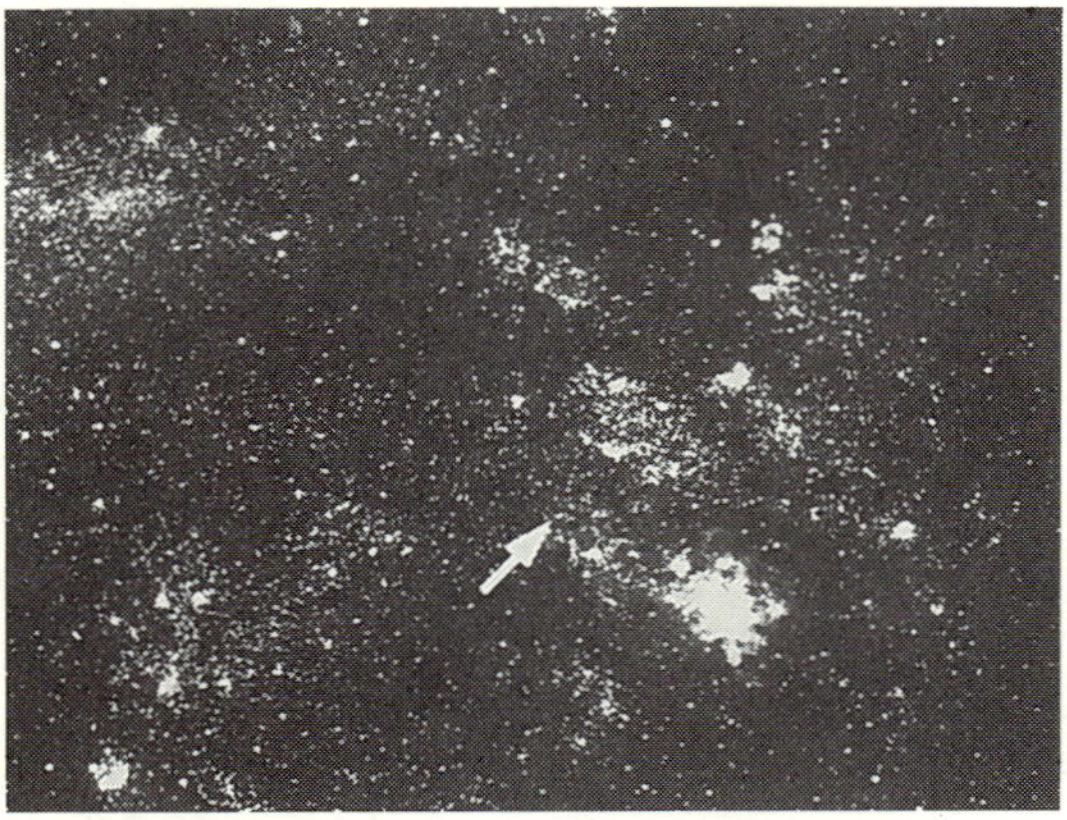

35───何千光年も彼方の超新星の爆発のように、あまりにも時間と空間に隔たりがあるために、何の影響も受けないばかりか、知覚するのも難しいものもある。
（イアン・シェルトン©トロント大学）

36———海面より88メートルも低い、カリフォルニア州インペリアル・ヴァレイの、ソルトン海は、人為的な自然災害の産物である。1906年、不適切な計画のまま造築された運河が洪水に遭い何千ヘクタールもの土地が冠水した。その結果、いくつもの街や鉄道の線路に沿う、48キロメートルにも及ぶ長さの塩水湖ができた。このような破壊にもかかわらず、好結果もいくつかもたらされた。この湖は、今では新しいリゾート資源となり、野生動物の新しい生息地となっている。

(E・E・ハーゾク、土地改良局)

37———カリフォルニア州アルカタの排水処理池では、自然のプロセスを用いて水を浄化している。ゴミ捨て場や古い鉄道の構脚や製材所の跡地を湿原に変え、都市の排水を処理するだけではなく、自然生物の保護区、鮭の養殖場、ハイカーやバードウォッチャーのための保養の場所となった。

(©キャロル・アーノルド)

38———自然界の廃棄は、人びとに美的な感動を呼び起こす。木の葉の生命が終わり鮮やかな色に変様するにつれてニューイングランドへの旅行者は急増する。 (©マイケル・サウスワース)

39———都市的な廃棄も、ときには、自然の中で進行する廃棄と同様に長期にわたることもある。イラクにある現在のアルビル(古代のアルベラ)の足下の隆起は、実は6〜8千年にも及ぶたえざる居住がもたらした廃棄物の集積である。 (アエロフィルムズ)

40 a———石炭の採掘と陶器の製造は、採掘坑やボタ山や廃棄物による隆起をもたらし、ストーク・オン・トレントの風景を劇的に形成した。 (©ロビン・ムーア)

40 b———英国では、20世紀の中期まで、これほど遺棄された田舎は、他には見当たらなかった。1960年代の後半に、この場所の多くが、開放的な空間と森に再生された。放置されていた採掘坑も、新たに植林が施され整えられて、鉄道の線路の代わりに、遊歩道とサイクリング道路が設けられた。開墾された土地は、ことに今必要とされる開放的な空間とこの都市の新しいプラス・イメージを提供する。 (©ロビン・ムーア)

41———都市的な廃棄の徴候は、ゴミの置かれた街路や、スモッグの充満した大気の中に明らかに見られる。さらに微妙で捕えがたい徴候は、時間を経た古い艶の中に見いだされる。風、空気、汚染、熱、寒さの痕跡が表面に記録される。これらの廃棄も、時が経つと、写真家や保存家が捜し求めるほどの価値を持つ。 (©ランドルフ・ランゲンバッハ)

42———散乱や破壊による意図的な廃棄は、あまり褒められたものではないが、注意深く観察すれば社会的な利用や展示を意図していないものからも、都市的な廃棄について多くを学べる。裏通りとか裏側には、望まれていないものやリサイクルされたもののコラージュが陳列されている。巧まずして居住者の生活を語り、なすがままに時を経てゆく風景がある。 (©ケヴィン・リンチ)

43———港、河、そして湖は、さらに啓示的な場所である。そこには、私たちが視界の外へ追いやろうとした都市的な廃棄物が、何世代にもわたり捨てられつづけてきた。波に洗われ、砂浜に打ち上げられた、使用済みの注射針、血液の入ったガラス瓶、肉体の一部分といった医療廃棄物が、廃棄物を隠そうとする傾向の将来を示している。(このような事態が砂浜を利用できない廃棄物にする)

(©カーク・コンダイルス)

44———都市は、廃棄された空間で溢れている。屋上、人のいない建物、放棄された土地、鉄道の待避線、あるいは高速道路の下、その周囲の空間。このような空間は、無用で使用されていないように見えるかもしれない。しかし、詳しく観察してみると、倉庫やゴミ置き場あるいはシェルターなどにふさわしい、周縁的な有用性を備えているのがつねである。(©ラジェヴ・バティア)

45———廃棄された空間も、子供たちや10代の若人には、遊びや探検のできる大好きな領域である。
(©マイケル・サウスワース)

46———ふとした衰退に端を発して、しだいに廃棄された空間が創出される。遺棄は廃棄を誘惑する。ペンキが剥げ、雑草が生い茂り、壊れた窓は修理されず、ゴミが積もってゆく。

(©キムバリー・モーゼス)

47———経済の推移が遺棄を誘導することもある。石油市場の変化によって、多くのガソリンスタンドが遺棄された。その中には、新しい使い途を待ち望むものもいまだある。

(©ランドルフ・ランゲンバッハ)

48———ニューイングランドでは、農地を創るために、多大な労力を費やし、岩や森が切り開かれてきた。しかし、経済の中心が農業から離れてゆくにつれて、自然石の壁の痕跡を残して朽ちゆく農家の周りに森が戻ってきた。 (©ランドルフ・ランゲンバッハ)

49———遺棄されて廃墟となった場所は、時間を超えた情緒的で象徴的な意味合いを獲得し、探検や幻想へと誘う。ニューイングランドにある、誰もいない大きなリゾートホテルは、往時の活気をいきいきと今に伝える。自動車の出現で、生活様式が移り変わり、このようなホテルの多くは廃れた。
(©ランドルフ・ランゲンバッハ)

50———メイン州ウィスカセットの港に放置されているスクーナー［2本から4本のマストの縦帆式の帆船］の「ヘスパー」と「ルサーリトル」は、船乗りの時代の終焉を象徴している。今では、交通手段としては無用なものとなり、絵になる廃棄物となり、写真家、芸術家、旅行者を引きつける。

（メイン海洋博物館）

51———専門化した取引きは、廃棄物に関しても行なわれた。19世紀の英国には、ボロ売り、骨掘り屋、掃除夫、四つ辻掃除夫、廃物運び屋、煙突掃除屋、夜間清掃夫など、廃棄物の取引きのきめ細やかなネットワークが存在した。（H・メイヒュー著『ロンドンの労働者とロンドンの貧困層』）

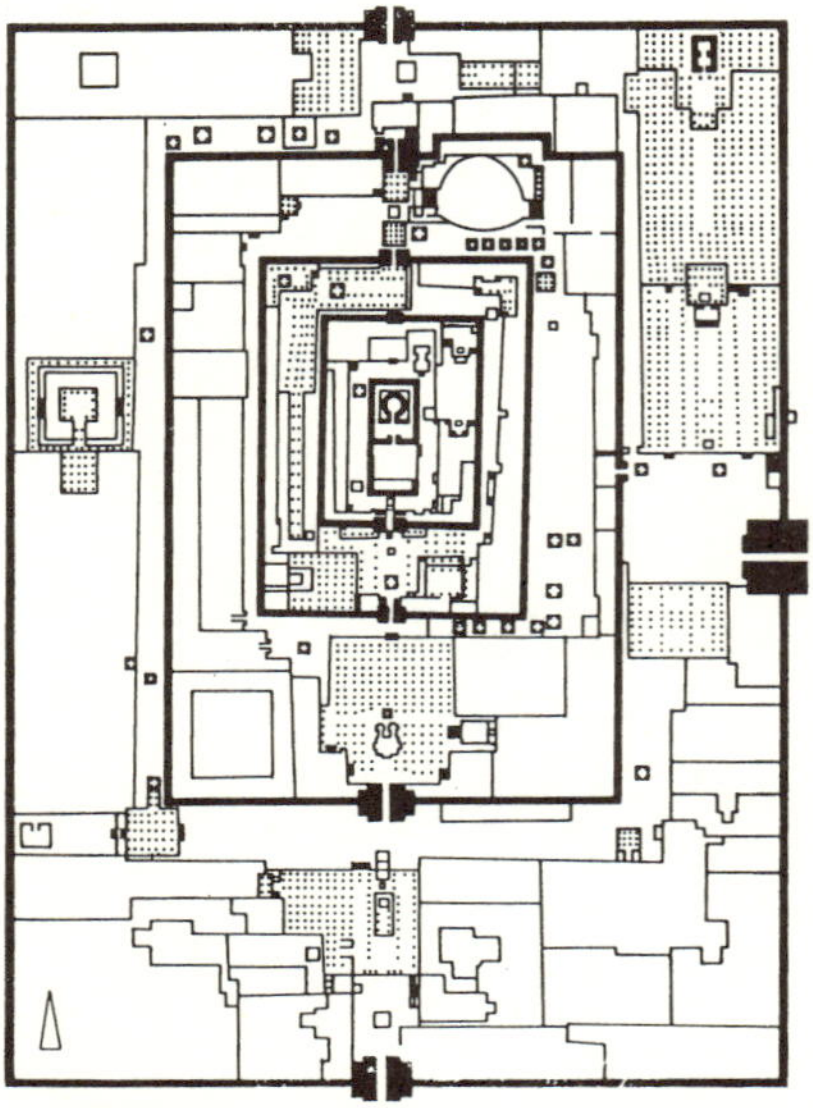

52———廃棄物の取扱いで生計を立てる人びとは、多くの文化の中で汚名を着せられている。インドの最下層のカースト不可触賤民は、家々の廃棄物を回収するさいに上位のカーストとの接触をさけるために夜間に働いた。このような廃棄物への態度は居住のパターンに反映されていた。もっとも「清潔な」カーストであるブラーフマンは中心に住み、もっとも「不浄な」不可触賤民の居住地は周縁に制限されていた。インド南部の寺院都市シュリランガムのように、それぞれのカーストの居住地が塀と門によるヒエラルキーで厳重に分けられている場合もあった。
(A・ヴォワーゼン著『生きた建築、インド』グロセット アンド ダンラップ社、1969 ニューヨーク)

53———廃棄物や廃棄の過程は、聖なる象徴ともなる。ポルポト派によって処刑された8000人の遺骨が、プノンペンから50キロメートル離れたカンダル県のチャンエク記念碑に展示されている。周りで子供たちが隠れんぼをしているこの記念碑に、毎日人が訪れ、涙を流し、線香に火を灯す。「私の父もここで殺されたけど、どれが父の骨かはわからない」と、そこで遊んでいた少女は言った。(＊1)
(プラシャント・パンジャール著『今日のインド』)

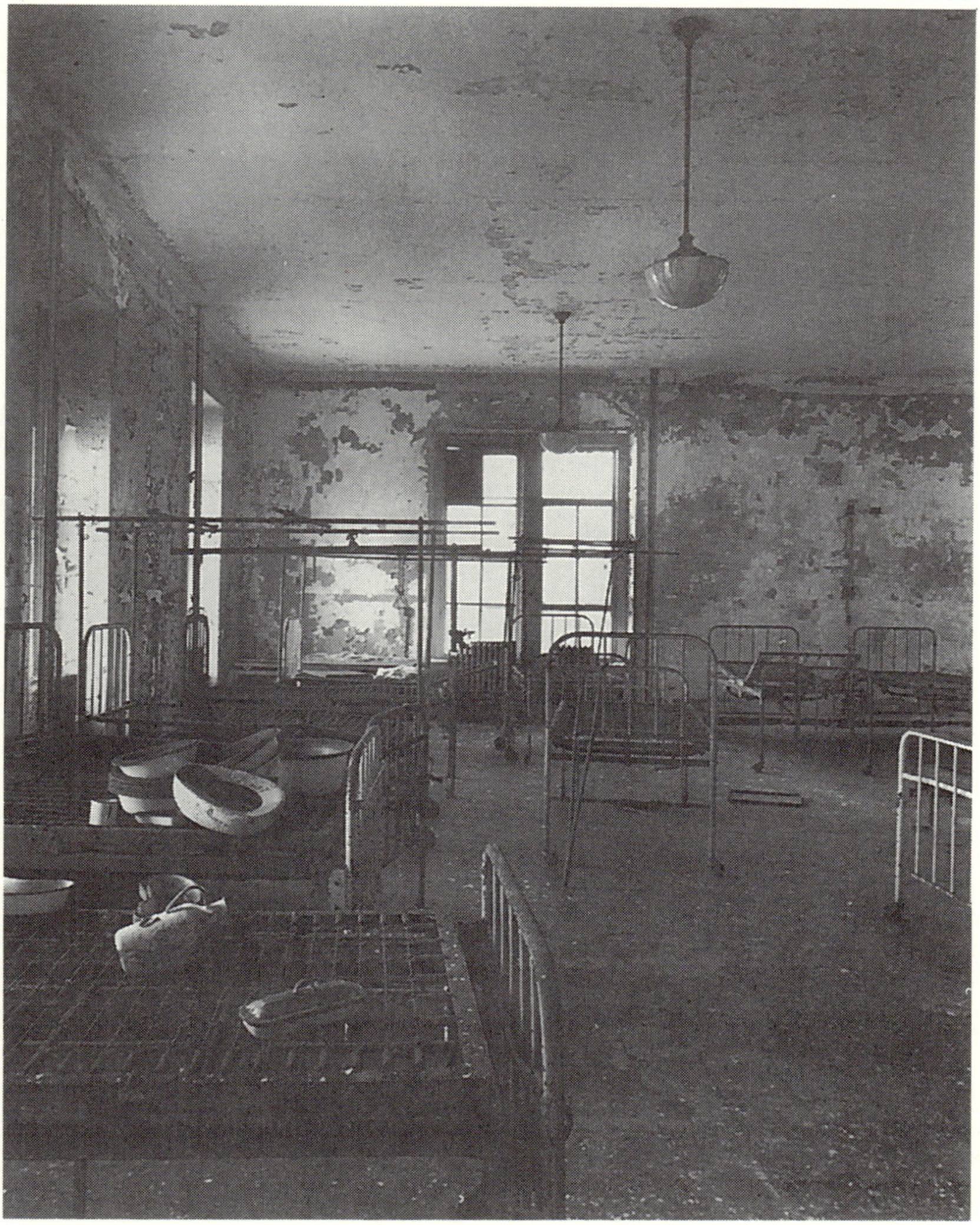

54———望まれない人びとも、また「廃棄物」として扱われた。癩病患者は専門の居留地や隔離病院へ追い払われた。精神異常者は、ウエルフェアアイランド「福祉の島」[マンハッタンの横を流れるイーストリヴァーの中にあるルーズベルト島]のような廃棄された場所に送られ、荒涼とした養護施設に収容された。今では、その病院自身が荒れはてた廃墟の中に横たわっている。

(©ランドルフ・ランゲンバッハ)

55———廃棄物が精神的な力を持ち、聖なる儀式の一部分に取り入れられることもある。アメリカインディアン、ズニ族のネウエクウエという仲間の間では、魔法で治療する力を求める舞踏の儀式の間に尿や糞便を口にして勇敢さを誇示した。もっとも美味しそうにもっともたくさんの塊を飲みこんだものがもっとも称賛された。（M・C・スティーヴンソン、ニューメキシコ博物館）

56———廃棄物をリサイクルして、生かすようにしよう。インドにはほとんど廃棄物がない。西洋人の眼には屑に見えるものも、実は有用なものの山なのだ。　(©キムバリー・モーゼス)

57———ガラクタは、分類して置かれているときがもっとも使いやすい。山のように重なる自転車は、新しい使い途を待っている。　(©ラジェヴ・バティア)

58———古い自転車の車輪で愛敬のある扉をつくることもできる。　(©キムバリー・モーゼス)

59———使い捨てられたタイヤの山は、今では、カリフォルニア州モデストの近くのオックスフォードエネルギー会社の手で処理され電気エネルギーに変えられている。
(オックスフォードエネルギー会社)

60———建築の廃物置場が、建物の改修に必要な古い部材の需要に応える。とくに、アンティークな造作、鋳鉄の細工、建具の金物、煉瓦、木製の繰り型、扉、窓などに人気がある。
(©キムバリー・モーゼス)

61 a、b———過去の要素を保存し、新しい場所の一部分に取りこむことは、可能である。それは、手がかりをなくして道に迷うことを防ぐ。扉とベイウインドーは、一掃されてしまったかつての建物を思い起こさせる。
(©キャサリン・リンチ)

62―――ローマが崩壊した後、放棄された古代の寺院や記念碑は、ヴァンダル人や侵入者の餌食となった。彼らは放棄された構築物を不法に占拠して住み着いた。またその大理石は、新しい記念碑をつくるためにキリスト教会から狙われた。マルセラス劇場はもともとはローマ時代の円形劇場であったが、12世紀には、ある一族の要塞となり、14世紀にはサヴェリ一族の宮殿になった。今日、部分的に残る外殻はアパートになっている。 (©マイケル・サウスワース)

63―――パリのエレガントなテュイルリー庭園が、実は中世のパリのゴミ捨て場を再生したものであるとは信じがたい。 (©マイケル・サウスワース)

64———ニューイングランドの水車と運河は、繊維業と靴製造業が衰退して長い間遺棄された後、博物館、集合住宅、そしてハイテク産業などに再利用されるようになった。
(©ランドルフ・ランゲンバッハ)

65———バッファローにある工場や穀物倉庫の放棄された抜け殻も、いつかローマの廃墟のように旅行者の想像力を捕えるようになるのだろうか？　(©ジェフリー・S・フォヌト)

66———すべての構築物が容易に新しい用途に変えられるわけではない。駐車場ビルは、重い構造体であり、階高が低く、奇妙な平面の形をしているので、容易には改修されない。軍縮で時代遅れとなったミサイルのサイロも同じである。 (©マイケル・サウスワース)

67———廃棄は、公共的なスペクタクルや楽しい経験ともなる。ときには、何千もの人びとを魅了する。アトランティックシティのブレンハイムホテルは、州のランドマークとして認知されていたが、何百もの見物人が喝采する眼の前で、的確に仕掛けられた400ポンドものダイナマイトによって、わずか11秒で瓦礫の山と化した。 (©ジョン・マルゴリース/Esto)

68———ガラクタは、魅惑的である。拾ってきたものも最高の玩具に変身し、想像力に富む遊びの機会をいつまでも与えてくれる。
(©ロビン・ムーア)

69———クズは、市民社会に、交換の機会と再び創造する機会を提供するかもしれない。タウンダンプ「街のガラクタ市」は、リサイクルされたものを見つける場所であるばかりか、市民センターとなることも多い。ガレージセールやノミの市は、多くの人びとの週末の楽しみである。
(©キムバリー・モーゼス)

70———廃棄物がつねに魅力的と思われているわけではないが、素材として多くの芸術家を触発してきた。ガラクタでできた彫刻も、今日では芸術の立派なひとつの形式である。

(©キムバリー・モーゼス)

71———ジェームズ・ハンプトンは、銀紙の玉座をつくった。それは、金色や銀色の錫箔で包まれた廃物でできた、千年王国議会の第三天国のための玉座である。第三天国の幻想に突き動かされたハンプトンは、合衆国総務庁の管理人としての昼間の仕事を終えた後も、自宅で毎晩5時間から6時間の作業を10年以上もつづけた。

(スミソニアン国立アメリカ美術館)

72——クラレンス・シュミットは、40何年にもわたり、自動車、風車、オモチャの飛行機と潜水艦、400枚の鏡、洗濯機、ボート、消火栓、ワゴン、コーヒーポット、大理石、イヤリング、置き時計、鋸、ヘアピン、暖炉、扇風機、樽、オモチャ、動物の頭の骨、入れ歯などの20万もの部品で自宅と裏庭を飾りつけてきた。夫人や近所の人たちは嫌がっているが、子供たちは喜んでいる。(＊2)

(©グレッグ・ブラスデル)

73——シカゴのイリノイ中央陸橋の下の廃棄された空間には、幻想的な壁画が描かれていた。

(©キャサリン・リンチ)

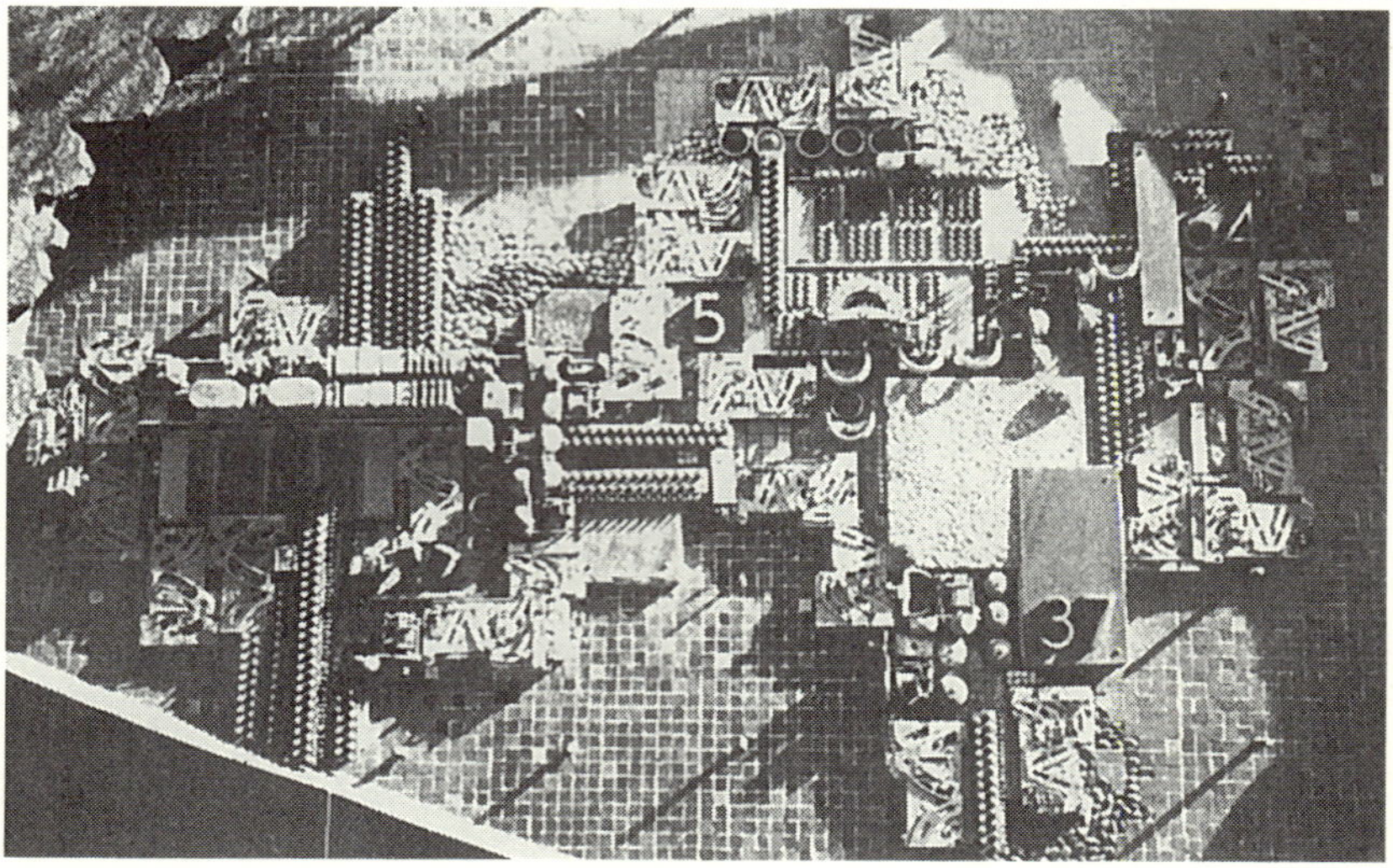

74———ロサンジェルスの電話会社の壁画は、一見すると地図のようである。しかし近づいてよく観察してみると、それが何百もの古い電話機の部品でできていることがわかる。

(©マイケル・サウスワース)

75———芸術家ヴィレム・ネルが古い靴で飾りつけた6棟の空きビルの壁面は、アムステルダムのシュターツリーデンプルト地区の歩行者の眼を楽しませている。(ロイター/ベットマンニュース写真)

76———ドナ・ヘンスリーは、路上の死者たちから、宝石細工、家具、壁掛けのアッセムブラージュをつくる。彼女はテキサスの高速道路で死んだ動物を注意深く集めて、何千匹ものこうもりや食肉性の兜虫のいる大きな洞窟へ運ぶ。数日後には死体は兜虫によって隅から隅まで奇麗にされ骨だけが残される。動物を愛する彼女にとって、これらの作品は動物たちへの供養なのだ。

(©ドナ・ヘンスリー)

77———「オートヘンジ」は彫刻家ビル・リシュマが46台の潰れた自動車で建てた、ストーンヘンジの実物大の複製である。この彫刻はトロントから40キロメートルほど東の草原の中にあるが、太陽に対する方位までストーンヘンジと同じである。 (ロイター/ベットマンニュース写真)

廃棄物は、ときには、私たちを拒絶したり、病や死を引き起こすかもしれないが、私たちに愉しみをもたらし、過去への意識を豊饒にし、生命そのものを活気づけてくれる。

CHAPTER-FIVE THEN-WHAT-IS-WASTE-?

5

それでは廃棄とは何か

定義

Waste「廃棄されたもの」は「空虚なもの」「荒廃されたもの」という意味のラテン語 vastus に由来するが、vastus は、また「内容のないもの」「無益なもの」という意味のラテン語 vanus に近く、vanus は、サンスクリット語では「不足しているもの」「不充分なもの」の意味である。Waste は、本来「巨大で、空虚で、荒れ果てた、使い途のない、人間に敵対するもの」という意味であった。

「……悪臭を放つ沼池の数々は、広大でもの哀しい、廃棄されたもの」
シェリー『アラスター』

Waste の定義は、細字で記述しても数段を要する。これほどの多義語は辞書でもたかだか百語だろう。Waste の意味は、荒廃、不用から、病気、浪費に至るまで幅広いが、それぞれの意味は否定的である。しかし「機械を拭くのに使う作物の屑」という例外的な意味もある。他の言語と同様に、英語には、Waste の同意語、同系語が豊富にある。corruption 腐敗、putrescence 腐敗した状態、decay 衰退、ruin 廃墟、pollution 汚染、defilement 汚辱、contamination 汚濁、taint 汚点、dirt 不浄、garbage 生ゴミ、excrement 排泄物、refuse 廃物、dregs 滓、dross 不純物、scum 浮き滓、trash 屑、junk ガラクタ、scrap 切れ端、tarnish 錆び、は言うまでもなく、sully 汚れ、smirch しみ、stain 斑点、blemish 欠点、dirty 不浄、blotch 腫れ物、そして squander 浪費。

言葉の意味は、時とともに重なり合い、移り変わる。それは厳密な指示よりも情緒的には重要な言葉のつねである。長い年月を経ると、言葉の意味は普遍化され、ますます否定的になる傾向がある。junk は、かつては「古いけれど再利用できる鉄、ガラス、紙など」の意味であった。しかし、今では「使い途のない、壊れた、機能を果たせないあらゆるもの」を指す一般的な用語である。trash という動詞は、かつては「木の枝を刈りこみ、屑を取り払うこと」の意味であった。それも、今では「反抗してモノを手当たりしだいに壊してゴミにしてしまうこと」の意味である。

廃棄物は、人間にとっては価値がなく、使われないまま、外見上は有用な結果をもたらすこともなく、ものが減少することである。それは、損失、放棄、減退、離脱であり、また死である。それは、生産と消費の後に残る、使用済みの、価値のない物質であり、使われたすべてのもの、trash 屑ゴミ、litter 残り物、junk ガラクタ、impurity 不純、そして dirt 不浄をも意味することになる。身の周りを見渡してみると、廃棄されたモノ（廃棄物）、廃棄された土地（荒廃地）、廃棄された時間（無駄な時間）、そして廃棄された人生（浪費された人生）がある。

この意味のもつれには、基本的な混乱が浸透している。wasting と wastes は廃棄の過程と廃棄が産みだす結果を意味するが、waste の観念は基本的に望まれない悪いものを定義するからである。したがって、廃棄の過程に言及するために“wasting”を使い、倫理的な観念に言及するために“wasteful”を使うことで、私は、努めてこの二つの語の違いを区別し自らの立場を保ってきた。それ以外は別の語を使用した。

辞書の定義は、人間中心に展開されている。「廃棄された氷」には、私たちに有用な使い途はない。もっと的確に表現すれば、この用語は、使われていないが、潜在的には有用な資源に対して適用されている。それは「廃棄された時間、廃棄された人生、廃棄された建物や場所、廃棄された機械」にも当てはまる。しかし、ここで、使われていない資源に対する詳細な分析がなされているのか定かではない。はたして、これらの使われていないものは、本当に使い途があるのだろうか。「砂漠という廃棄物」は、もったいない《ウェイストフル》ようだが、役立てようとして法外なコストをかけさえしなければいいのだ。また、仮に砂漠で花を咲かせることができたとしても、私たちには、もう薔薇も肥沃な土地も充分にあるのかもしれない。砂漠は、いつか訪れるかもしれない将来から見れば、潜在的な有用性もないとはいえないが、差し当たり今は必要なものではない。砂漠が、不経済《ウェイストフル》になるのは、潜在的な有用性が減少するとき（浸食、砂丘の形態、岩塩の埋蔵量の低下など）、あるいは、有用性を維持するために、エネルギー、人間の関心、物質的な資源（砂丘を安定させる高価なフェンス、あるいは、排水で溝ができるのを防ぐダム）を必要とするときである。だが、砂漠だけではなく、誰もいないビルや、使われていない機械も、廃棄に溢れており無駄に見えるだけなのかもしれない。さらには利用されていない砂漠も、意外なところで、間接的に人間の生活に役立っているのかもしれない。だがはたしてこの世界は、私たちの効用と愉快のためだけにつくられたものだろうか？　キリスト教的な宿命の下に、宇宙全体を自分たちに都合良く利用するように仕向けられているとでもいうのだろうか？

使用されるさいに、有用性が必要以上に失われる資源も、廃棄されていると考えられる。損失は、急激で非効率的な消費、あるいは平常の維持補修がいたらずに引き起こされたものかもしれない。雨漏りのする屋根は廃棄に溢れている（そして気持ちの良いものではない）。きれいに伐採された森林、酷使された機械、多作で消耗してしまった田畑も、同様である。しかし、仮に損失が、適切な維持のために生じた通常の消耗による場合には、それは廃棄ではなく予期されていた費用である。だが残念ながらこの「平常の」そして「適切な」という言葉も、実は相対的な用語である。さらに管理を超えた予期せぬ出来事、例えば、津波や台風で、損失が生じた場合には、防ぎようもなかったかぎりでは廃棄ではない。出来事の予測と管理が向上されるにしたがい、廃棄物を生産する機会を増加させる。廃棄は、人間の怠慢や過失を暗示する。

有用性の喪失は、技術や需要や供給の変化がもたらす「時代遅れ」という状態で現われるのかもしれない。それは、物質的な変化ではなく、認識の変化である。「廃棄に溢れている《ウェィストフル》」状態は、変化が利益をもたらすのか否か、費用が効果よりも少ないのか否かによって考査される。小さな家を捨て、大きな家に移り住むとき、もとの家やその部材を充分に再利用できなかったり、大きな家を建てるよりも少ない額でもとの家を増築できなければ、それは廃棄に溢れた《ウェィストフル》ものと呼ばれる必要はない。私たちは、この計算に直面してすぐに混乱してしまう。

マルクス主義者は「資本主義は、商品の不足を維持するために、廃棄と蕩尽のたえざる増加を必要とする」と言う。商品不足は煽られた消費欲と相まって、流通量を増大させ、収益率の低下傾向を埋め合わせる。流行や広告や技術革新は、物質の摂取と排泄を膨張させ、消費はしだいに増大する。この飽食した組織から、「不景気」によって、過剰な脂肪分が周期的に一掃される。それは神経性の拒食症が催す周期的な「下降」のようである。摂取と排泄の、痙攣の連続のようなくり返しは『コミュニタス』[*1]の中で鋭く風刺されていた「効率的な消費の行なわれる都市」という概念の実現と崩壊の交錯である。人びとは、人生には浪費と廃棄しかないかのように、余暇の時間と空間を「消費」する。私たちは、摂取と排泄を行なう、いわばミミズのような管である。収益率がつねに「下降」しなければならないのかどうかには、議論の余地がある。しかし、資本主義が一度巨大な市場に結びつくと、消費を増加させるように動機づけられるのは明らかである。それが善となるか悪となるかは、消費がもたらす満足と廃棄される率の増加が長期的に及ぼす影響にかかわる。

廃棄に溢れた状態は、ある人には重荷となり、ある人には有利な条件となることがある。財産を惜しみなく《ウェイストフル》放棄すると、いずれは一家の財政を低下させるかもしれないし、それが浮浪者の生きる糧ともなる。「貴族は放蕩に生きる義務がある。下層階級は、そのような貴族の蕩尽欲を満たすことで生きて行ける」と、昔はよく言われたものである。たとえ家を持たない家族がいても、人の住まない建物が所有者に収益をもたらすことはあるだろう。次世代のために貯えられていた森林さえも剝ぎ取ってしまう、なりふり構わぬ木材の使用が、良質の住宅をもっとも安く建てる方法であるかもしれない。ある事象に廃棄物というレッテルを貼るためには、つねにこう問いかけなければならない。「一体誰にとって廃棄物なのか?」と。

浪費

フランスの法律には「浪費」の概念が定められている。領主が収入よりも多くを支出し、しかもその支出が群衆に金をばらまいたり捨て猫にキャビアを与えたりの愚行である場合には、法律に基づき、領主は政府から所領の管理を差し止められる。たとえ損失をこうむる相続人が存在しなくとも、資本を軽率に分散させるのは、はなから道徳的ではない。それは「金の卵を抱えるガチョウを殺すようなもの」であり、財産の所有者が頼りにする、安定した社会的な秩序の足もとを危うくする。

廃棄に溢れた状態は伝染性が強いのかもしれない。たとえ非合理な支出が、単に富を変換しているだけだとしても、政府は、この不経済に干渉しなければならない。

しかし、どのようなときに支出が不条理となるのだろうか？　どのようなときに支出が満足へとつながらないのだろうか？　満足の正体を分析し、充足の度合いを探るべきだろう。群衆にお金をばらまいたり家に火をつけることが深い満足をもたらすこともあるのかもしれない。起業家は、将来の利益のために、頻繁に資本を投下しようとする。このとき、収入は支出を正当化する唯一のものなのだろうか（国家的な論争では、住宅への「非生産的な」投資よりも工場への「生産的な」投資の優位性が議論されている）。ここで、振りだしに戻ることになる。「誰が得をし、誰が損をするのか？」クワキウトル族は、所有する財産を公然と破壊し、ばらまくことを制度化していた。その意志表示は、短い雨季のハイライトであり、戦争や略奪に代わるものであった。それは、クワキウトル族の生活に劇的な意味を与えていた。

放棄

放棄は廃棄物を産みだす。モノに対する、興味が失われると、モノの価値まで永久に失われたような気がするものだ。毎日が、このくり返しである。放棄は往々にして、もっと断続的な不整脈のようにもなる。放棄は、例えば、家庭菜園を諦めることであり、古くなった自動車を野原の片隅に捨てることであり、故郷を離れることである。放棄は、喪失であるが無駄《ウエイストフル》とは限らない。放棄は、強要されることも、自発的なこともある。先に延ばすとも、突発的にすることもできる。通常は徐々に変化する過程であり、関心と権利を「緩やかに断念する」。しかし、明断さを求める法律には、所有しているのか、所有していないのかしかない。何かを取得し、使用し、片づけ、不用なものか、持っていかれても良いかを調べ、そして、破壊されたり、他人が私物化することを許容する。この現実の継起の中で、法律は所有権の停止の瞬間を見つけださねばならない。だがその瞬間は、心を決めかねたり、捨てた手紙を誰かが読むかもしれないとか、なかなか定めがたいものだ。

衰退

放棄は、衰退とは異なる。衰退は、価値や活力がしだいに縮小するものであり、放棄にいたるかもしれない。しかしそうとは限らないし、まして衰退が放棄よりも先に起こるとも限らない。放棄が、自発的ではない場合には、痛みをともなうこともある。ときには、放棄が、解放となることもあるだろう。北米大陸に住む人たちは、居住地、鉱山、森林、枯渇した畑、小さな街、そして近年では、都市の中心部までも、くり返し放棄してきた。今日では、昔は放棄されていた田舎の街や、田園地帯も、人びとに再び占有されている。ロクスベリー、サウスブロンクス、あるいは将来はデトロイトでも、再び居住されると期待できるだろうか？　これらの都市砂漠は、本当に廃棄に溢れたものなのだろうか？　あるいは、人びとの悲しみによって傷つけられようとも、それは正規の「適応」過程のひとつの局面にすぎないのだろうか？

時間

モノ、空間、エネルギーの廃棄は相対的なもので、これらの資源の新たな使い途の有無、その用途に対する私たちの評価によって左右される。利息を計算し、時間はお金に換算されると信じる社会の中では、時間の廃棄は、とりわけ糾弾される。空間、木材、石炭は、使わずに置くこともできるので、廃棄されない。しかし、時間の場合には、たえず使われる訳ではないのに、自動的に廃棄される。あるいは、少なくとも私たちはそのように感じる。あわただしく世代交代するショウジョウバエの方が、慎重なナマケモノよりも、無駄がない（あるいはショウジョウバエは、ナマケモノよりもいわゆる時間を廃棄してはいない）というわけで、ショウジョウバエは発生学の研究に利用されている。

廃棄された土地は「時間のない」場所、つまり永遠ではなく、時間が組織されておらず、時間が自然に流れるようには見えない場所である。したがって、廃棄は、理性的な時間からの逃避ともなる。時間は絶対的なモノではない。人間の努力が価値のある物を産出しない場合には、時間の廃棄となる。廃棄された人生は（過ごされた人生とはきわめて異なり）廃棄された時間の中でも、もっとも嘆かわしい。ひとりの人格の廃棄は、願うように人生が進展しなかった場合であり、根源的な損失である。ここからその他すべての廃棄物の意味も、派生してくる。

使用済みのもの

生産と消費の副産物の中で、一見使い途のないものも、廃棄物とされる。お馴染みの削り滓、パッケージ、選鉱クズ、排水、灰、あるいはゴミは、自然の循環における廃棄物に似てはいるが、はるかに膨大で、目新しい物質である。これらを「使用済みのもの」と呼び、その他の、いちだんと（しかも濃厚に）倫理的な色彩を帯びがちの単なる副産物ではない廃棄物とは区別する方が良いかもしれない。どれほど不快か、危険性、投棄にかかる相対的な費用、残留する有用性による相殺額などによって、「使用済みのもの」を判断し、評価することはできる。それでも使用済みのものは、ふさわしくない場所に集積し集中するに従い、前にもまして望まれないものになる。芳香の漂う清潔なおが屑も、堆積すれば酸性で可燃性の強いものになる。

しかし、使用済みのものの多くは、廃棄の後もよく使われている。紙、古書、スクラップされた金属、機械の部品、古着、中古の家具、古い木材、ドア、窓枠、煉瓦、石、壊れたガラス、コンポスト、ワックス、脂肪分。これらのものには、リサイクル・システムが確立されてきた。今度は私たちが、他の生物の廃棄物を使う番である。堆肥、グアノ［糞化石、ペルー西海岸の島にいる海鳥の糞が堆積し硬化してできた天然肥料］、アルコール、チーズ、真珠、琥珀、石油、石灰岩、石炭、ピート（泥炭）、有機土、植物酸素（いずれも主要だが、私たちが直接奪取するもののリストよりもはるかに短いのは興味深いことではある）。人工物の中でも、古い建物などは、普通は改修され再利用される。しかし、自動車や機械が再利用されるのはまれである。長期間にわたり存続する人工物もある。とくに、石造りの構築物、そして考古学者に寵愛される陶器のガラクタなどである。今やこれに放射性廃棄物を折り紙つきで加えられるようになった。廃棄物が取り返しのつかないものなのか、それともとどこおりなく消化されたり転換できるものなのか？　おちおちしてはいられなくなった。

パターン

古くからの通行権、敷地境界線、街の位置、そして聖域のパターンもまた存続する。時代遅れの建物の様式は神聖な形態になり、古

78———多くの使用済みのものにも使い途がある。厩肥は集められ燃料や肥料にされる。カイロの郊外で、年若い少女は、驢馬の荷車から肥料にするものをシャベルで取りだしている。彼女は、廃物を回収する「ゼベリーン」と呼ばれる子供たちのひとりである。

（ロイター／ベットマンニュース写真）

い居住地は神聖な場所になる。それは古い言語が神聖な式文などに残るさまと同じである。昔は生活の手段であった、庭いじり、釣り、狩猟、野営、ボート漕ぎ、料理、瓶詰め、機織り、製本、キャビネット造り、乗馬、鉄道旅行、スキー、フェンシングも、(時間を過ごしたり時間を廃棄する手段としての)娯楽になる。しかし、仕事のすべてが遊びの境地《ニルヴァーナ》に達するわけではない。それは、溝掘り、洗濯、掃除、あるいは荷物運びを考えてみればわかる。満足をもたらす仕事の決定要因はここにあるのだろうか? 石炭の採掘、組立ての流れ作業の監督、事務員の仕事、あるいは、エレベーターの操作は、愉しみになるだろうか? トラックの運転なら、なりそうだ。

廃棄された土地

廃棄物は、低所得者の居住地、荒れ果てた田園地帯、「開発途上」の国々、地階、屋根裏部屋、裏庭、道路の縁、使われていない敷地、湿地、そして都市の外周という社会の周縁へ移される。今日、巨大な都市は、都市を取り囲んでいたこれらの廃棄された領域と田舎の貧困層を吸収し、都市内の低

79――往々にして時代遅れの生活手段がファッショナブルなリクリエーションともなる。馬車乗りも、今ではロードアイランド州ニューポートでは大切な社交的な行事である。

(©マイケル・サウスワース)

開発地域と、都市の周縁階層にした。

反抗する者、社会の周縁にいる者、不法入国者にとって、廃棄された土地は避難の場所である。南部の沼地は奴隷たちの隠れ場であり、ケイジャン〔一六一頁参照〕たちの安息の地であった。山々は、キューバのゲリラをかくまい、中国の賢者を隠遁させた。ヨーロッパよりのロシアの北側の縁は、寒く湿った地域だが、タタール人の脅威から逃れてきた、宗教上の異端者たちによって占有されていた。廃棄された土地は、絶望の場所である。しかし、同時に、残存生物を保護し、新しいモノ、新しい宗教、新しい政治、生まれて間もなくか弱いものを保護する。廃棄された土地は、夢を実現する場所であり、反社会的な行為の場所であり、探検と成長の場所でもある。

都市の内側でも、廃棄された場所は似たような役割を演じる。子供たちは、人のいない空き地で遊んで、しばしば大人たちの管理から解放される（図7、45）。裏通りは、サービスのアクセスや廃棄物を置くために設けられていたが、子供や浮浪者や犯罪者にも使われていた。今では余計なものとされ、洒落た小路や自転車道路に生まれ変わっている。ボストンのコロンビア・ポイントは、昔は沼地の多い半島で、小牛の放牧地として使われていた。その後、汚水処理場、市の主要なゴミ投棄場、集合住宅、そして誰も隣に住みたいとは思わない高等学校が建てられた。今では、ジョン・F・ケネディ図書館が（他のどこからも拒否されたために）ある時代の政治を記念して、その半島の上に建っている。そしてこの半島は新しい成長の場所となった。

ボストンのその他の事例を見てみよう。新しいターンパイクと巨大な保険会社の高層建築は、バックベイとサウスエンドの間の裂け目を、自らの生息地《ニッチ》とした。このなおざりにされていた楔型の土地はもともとは沼地で、充分な配慮もされないまま鉄道によって分断され、二つの異なる開発会社がせめぎ合っていた。ボストンに隣接するケンブリッジのエイルワイフ地区は、地下鉄が延長され、新しい産業を受け入れ、湿地は鳥獣保護区に指定されている。この地域も、今でこそ有用性を備えているが、昔は鉄道に寸断された辺境の湿地帯で、古い街の果てとして忘れ去られていた。この地形的な周縁性は、氷河によるメリマック河の変位の名残でもある。よくよく観察すると、このような廃棄に溢れた、隙間、結接点、三角形の土地、そして周縁が、変革には都合の良い場所であることに気がつく。

すべての出来事は、私たち自身に焦点が定められている。だが人類という種を、宇宙の中心からはずしてみれば、ものごとの意味は拡がるだろう。廃棄はすべての生命系の本質的な過程であり、廃棄が阻止されたり、吸収できない量ないしはタイプの物質を産出するときにかぎって、望まれないものとなる。

秩序、安定性、そして明確な境界線を捜し求める私たちにとって、廃棄物は混沌に見える。投棄された物質は、普通は混合された物質である。たしかに、廃棄物は、純粋ではないと考えられるが、実質的な価値を持つ高濃度の堆積物であることもある。排泄物は、処理された濃縮有機物質であり、農家やバクテリアにとっては実に価値がある。建物の破壊者にとって、放棄された建物は、売り物になる銅の鉱脈である。不純さの理性的な定義は、情緒的な定義と一致しない。

喪失と廃棄

愛する人が高齢で亡くなることは喪失《ロス》であるが、廃棄ではない。見慣れた風景が、有用な目的に転用されて姿を消すことも、同様に、喪失であるが廃棄ではない。しかし、若くて前途有望な人が殺されたり、子供時代に過ごした家が、取り壊されて空き地にされてしまうときに、私たちが心の中で抱く、否定的な感情は、廃棄物に向けられた意識に輪をかけたものとなる。モノが死んで放棄されるときにも、復讐を誓う亡霊を残してゆくのかもしれない。私たちは、遺伝子によって連続性の保たれている動物である。遺伝子は、個が滅びても伝えられてゆくが、私たちは、自分という意識を獲得したために、自分の消滅を恐れるようになった。心の中では、廃棄も衰退も死も結びついている。不浄なものが、そうした感情を引き起こすのも不思議ではない。不浄なものは、管理の外側にあり、悪意に溢れ、私たちに終局を思いださせる。廃棄にまつわる言葉は、どれも悪魔の呪文のように、人びとの注意を引く。

たしかに、これらの事柄には隠された魅力がある。私たちは、破壊と無秩序に魅力を感じる。無秩序は、既存のパターンを損なうが、代わりに新しいパターンの素材も提供する。人は、パターンのつくり手である。廃棄物は、珍しい形態に富むばかりか、その由来、かつての使われ方を示す精妙なサインも発信している。この両義性は詩的である。廃棄物の山は、好色な指がまさぐりたくなる、さまざまな情報の源泉である。私たちは、衰弱の中に、病的な満足を見いだすこともできる。過去への郷愁に浸りながらも、生存に喜びを感じることもできる。

廃棄の愉しみ

私たちは喜々としてものを壊す。自分の力を行使し、効果を確かめ、社会やまともな行為に反抗する。大量に消費したり、堕落したり、富を誇示する行為の中には、少なくとも一時の愉しみがある。廃棄物を移動したり、自らを浄化したり、排泄する行為には、別の愉しみもある。捨てられたものを再利用するときには、満足感を味わう。それは費用もかからずに入手できたような気がする。廃棄された場所では、人は管理から解放される。警戒心を解き、捨てさり、つましい慰めの中で寛ぎ、見かけを気にすることなく、好きなようにふるまう。王は、王位に戻ることができるからこそ、庶民のようにふるまい、楽しむ。「住み飽きたら、引越せ」とばかり私たちは古い家を捨てることで、心に新しさを取り戻す。

廃棄物は、私たちを魅了し、拒絶する。私たちは、廃棄物を嫌悪し、愉しむ。何が廃棄物なのかは文化の違いによって変わるかもしれない。感情も人によって正反対になる。この激しく矛盾する感情が、私たちに行動を促す。それは、今日、好ましい効果をもたらすことも、恐ろしい結果をもたらすこともある。とにかく廃棄物が気にかかることだけは確かだ。

廃棄と
廃棄に溢れていること（浪費）

以上のような概念を隅々まで検証し、行動の指針を捜し求めるためには、まず「廃棄《ウエイスティング》」と「廃棄に溢れていること《ウェイストフルネス》（浪費）」の違いを明らかにしておかなければならない。「後者」には広がりのある情緒に覆われた二つの基本的な概念が見いだされる。ひとつは成長にともなうものであり、もうひとつは経済的なものである。初めの見方は普遍的だが、後の見方はコンテクストと目的に左右される。これらの重ね合わされた感情は、文化と結びついており、さまざまに変様する。しかし最終的には共通の人間の本性によって調整され、相互に関連し合う。効果のある行動にいたるには根源的な視点からの見直しが欠かせない。行動とイメージの再調整が必要となる。次節でその説明をしよう。

発展的な廃棄

エネルギーと物質は、世界のいたる所を流動する。海底の溝にはまりこんでしまう貝殻のような例外を除いて、物質は生命系の中でたえずリサイクルされる。エネルギーは、しだいに熱に変わり、空気中に拡散され、最後には、宇宙へ放射される。生命も同様な過程で養われる。エネルギーと物質の利用者は、廃棄したものを次の利用者へと譲り渡す。途方もない廃棄物の量。食われた者、累々たる死屍、種子と子のおびただしい損失。しかし、これらの廃棄物をたえず新たな有機体へと変換することで生命系は維持されている。

死は、生物学的な機能のひとつである。各個体は遺伝子を子孫に伝え、この世から去る。この生命の連鎖の中で、変化する環境により良く適応するように少しずつ遺伝子型も改良されながら保たれてきた。だが、この連鎖は、単にグルグル廻る円環ではない。生命は成長する。宇宙の熱死に向かうエントロピーの流れに逆らう発展的成長に、私たちは価値を置く（ここで言う価値とは、私の議論のまさに根幹であり、これ以上は述べない）。生命や発展に究極の価値を置くなら、しかもその生命に、廃棄が不可欠だとすれば、廃棄は、有機的複合体の成長を支援する度合いによって、評価されるべきものかもしれない。

生物学的、あるいは文化的な発展に不連続をもたらすのも廃棄に溢れた事件だ。生物の種が遺伝的後継者もなく絶滅すると、ひとつの断絶が起きる。長い苦節を経て獲得した生物学的な情報も失われ、取り返しがつかなくなる。たしかに、私たちの判断には偏見がないわけではない。私たちにとって人類の消滅は究極の廃棄であるが、その他の種の喪失には眼をつぶり、奨励さえする。天然痘の根絶を祝ったのもついこの間のことだ。一方では自分たちが依存し、自分たちには無害な、多くの種のことには心を配っている。相互に深く関係し合っている生命系は、構成員のどれかひとつが抑圧されても、どんな結果が私たちにもたらされるのか、定かではない。人類の優位が脅かされないかぎり、安定した生物の世界こそが、私たちの生存の機会を高めてくれる。

人類の文化と英智の消滅は、ひとつの種の喪失にも似た廃棄である。観念や技術や感情などの有機的パターンが、記録にも残されず、新たなものに発展する機会もなく、失われるのは、極力さけるべきだ。これは別に保存を肯定するための申し立てではない。保存された場所や保存された習慣には、欺瞞的なイメージ

80———ゆき過ぎた保存は、ありもしない過去を捏造する。コロニアル・ウィリアムスバークの素朴な魅力は、17世紀のアメリカの生活の誤った印象をふりまく。　(©マイケル・サウスワース)

がつきまとうし、せっかくの情報の価値を引き下げることにもなりかねない。過去の象徴的な痕跡やもはや数少ない遺跡は、いつでも新しくすることは可能だが、これらを保存し、時間《とき》に磨かれた価値や技術のパターンを、新しい方法で再利用する方が良い。これらは、記憶に残る儀式を重ねてきた過去の世界の経緯を刻印している。

廃棄は、新しい知識を刺激し、芸術を豊かにすることもある。ガラクタから標本が採取されたり、台所のゴミが生活態度を分析する研究対象となることもあるので、将来の考古学者のために、ゴミの山を分類しておくこともできる。昔の街路に関する公文書、投棄されたゴミの写真なども保存すべきだろう。もっとも重要なものは連続性と発展である。本質的な知識と価値を選別して保存しよう。良識をもってゴミを捨てよう。そして、将来の成長を促そう。

情報の廃棄

情報が洗練されると、自らを廃棄しなければならなくなる。余分なものを刈りこみ、圧縮し、再構成し、より組織化して真正なものにする。物質の分別回収と同様に、情報を訂正し修復するには、相応の費用がかかる。ホルヘ・ルイス・ボルヘスは、無限の図書館を想い描いた。すべての英智を無限に収めているために、アクセスできず、役に立たない。[*2] 情報の廃棄は象徴的な要約や再構成なども含む、精妙な作業である（新しい理論、新しい洞察の再構成であって、新しいファイリングシステムなどではない）。また、将来重要になるかもしれないランダムな痕跡の保存もなかなか難しい。

すべての生物学的なパターンはいずれ消え去り、また変様される。いかなる文化も永続することはない。私は、発展を讃える。文化、人、知の体系、種、いかなるものであろうと死という終局にいたることは惜しまれる《ウェイストフル》。たとえいくらかの家畜を狭い進化の箱の中で操作できたとしても、今のところは種の進化プロセスそのものを管理することはできない。文化の発展は、素晴らしい。しかし、本道を行くのか、行き止まりへ行くのか、開花へ向かうのか、破壊的な不安定へ向かうのかを見定めるのは難しい。単に消滅を回避するよりも、発展を促進する方がよほど難しい。

発展という目的は、知の体系の追求にも、個人の人生にも適用できる。私たちは、新しい洞察を楽しむ。将来を嘱望された人が潜在能力を発揮できないことを嘆く。廃棄された人生は、まさに廃棄である。倦怠と抑圧は、明らかに潜在能力が阻止された徴候である。しかし、上手に廃棄された時間は、哀惜の情の解毒剤となるかもしれない。

物質とエネルギーの定常的な循環が、緩やかな情報の成長の基礎にある。循環が擾乱されると、成長は脅かされる。海底に沈積した表土や岩山に積まれた炭素などの物質が、容易に回収ができないような循環の裂け目にはまりこむと、廃棄が起こる。とくに、食料、その他の有機物の損失は、決定的である。逆に沈積していた物質を再生し、循環システムに再び戻すことは、廃棄物に対する勝利である。

エネルギーの廃棄

生命が維持できなくなるほど急速にエネルギーが、熱として拡散されてしまうときにも、また廃棄が生じる。栄養分の循環のようなほとんど損失のない安定した極相においては、エネルギーの廃棄は極小となる。そして、エネルギーが散逸して回収不可能となる前に、ほとんど損失を生じることなく生命の連鎖をつなぎ、生物の大群と多様性を保つ。この極相状態と比較してみると、人工の環境は、あらゆる結節点から栄養分やエネルギーが漏れでている。しかし、エネルギー漏れを最小にすることばかりが良いとは限らない。多雨林や塩分の強い沼池の暮らしは理想的とはいいがたい。私たち人間は、ほどほどの効率に恵まれた風景を好む。熱があまりにも急速に散逸したり資源の枯渇が身にしみないかぎり、省エネルギー対策もなかなか徹底しない。

物質とエネルギーの損失を比較すると、有機物の不可逆的な漏出の方が、もっと深刻である。地球の表面では、有機合成に不可欠な物質の供給が限られている。エネルギーの流入は、永続はしないが、長期にわたり継続するので、私たちは、土の浸食、食料や水の廃棄、燐を排水とともに流すことを防ごうと努力する。一度捨てられた有機物を再生して、有機体の連鎖に重要な要素がつねに戻されるよう、手をつくすべきなのだ。私たちは、栄養を一定に保つ環境を編みだす力をすでに得た。自然の極相状態よりもさらに保守的な、別の環境すらつくりうる。ニューアルケミー研究所での、閉じた食物連鎖系に関する最近の実験は、そのひとつの例証である。[*3] ゴミを捨てなければならず、しかも再利用できないときには、そのゴミは一時的な貯蔵物と見なそう。廃棄物が分解できないなら、それは手に入れやすい純粋な堆積物として残されるべきであり、渾沌に紛れさせてはならない。埋立地にある建物の破片よりも、建物のままの方が、資源を採掘しやすい。資源の回収とは、混ざりものを分別することである。廃棄物に毒性がなければ、純粋状態で貯蔵した方が、将来の活用には好ましい。手に入れやすい空間は、たとえ廃棄されても将来の成長の余地を残す。将来の支脈への配慮とは、こうしたものだ。

ようするに生命の維持と発展に寄与することのないエネルギーと物質の変容、とりわけ有機物の喪失は浪費《ウエイストフル》となる。廃棄によって養われる生命に私たちが価値を見いだすかぎり、生命を保持しそこなうような廃棄は廃棄に溢れた浪費となる。慎重になろう。これは決定的なルールである。生命が地球特有のかけがえのない賜物であるならば、このルールは、この惑星の表面から少しでも離れた所で生じるすべての変容を許さないことになる。宇宙に淫するよりも、むしろ私たちを自らの本拠地に限定しよう。

健全性

発展の考え方には暗黙の前提がある。それは、エネルギーや物質を生命に対して永遠に毒となるような方法で廃棄してはならないという条件である。廃棄物が健康に及ぼす影響は複雑であり、直観に反することもある。古代の環境で訓練されてきた、私たちの意識は、新しい産出物が環境に加えられるに従い、現実の危険性と幻想上の危険性の識別ができなくなる。ひどい臭いなのにほとんど無害であったり、まったく識別できない空気汚染源に有害なものが少なくなかったりする。ガラクタやゴミのもつ危険性は小さい。石でできた家よりも、ぼろぼろの紙でできた家の方が、居住者にとっては健全なこともありうる。あらゆる危険が警告のサインを発し、すべての恵み深い廃棄物が歓迎すべきものに見えれば良いのにとさえ思う。健全性は、心惹かれるルールではある。しかしこのルールに従って生活をするのは難しい。その行く手には、さらなる危険が控えている。

目新しい廃棄物の産出が加速されると、循環プロセスに亀裂を生じさせる。利用者は、産出速度に追いつけない。有機体は、新しい資源が利用できるように適応する時間の余裕はない（そのような適応が促進されるべきだろうか?）。上手な廃棄とは、早すぎもせず遅すぎもせず、濃縮されすぎもせず希釈されすぎもせず、廃棄を負担する環境が容易に吸収できなくなったりしないものである。気がつかないうちに、排水管の中を通る汚水が、じりじりと私たちを袋小路に追い詰めている。廃棄物の流れを極小にしたり、人間が利用できるようにリサイクルしたりすること自体には、必ずしも価値がない。場合によってはむしろ、自然の中にある資源を開発し利用する方が安くつくかもしれない。袋小路に入りこまないために、危険な排出物の「すべて」を禁止する必要はない。生きるには危険はつきものである。だが有毒な廃棄物が集積しつづけている現状、とくに、不可逆的に集積しつづけている現状は懸念すべきだ。空気に晒されながら川下へ向かう排水よりも、川の底に沈殿してゆくヘドロの方が、私たちを煩わす。放射性廃棄物は恐ろしい。すべて変化は非可逆的で、すべての出来事がその軌跡を残すからである。それでも私たちは、適応性やある程度の可逆性、ペナルティーもなく再度の挑戦を試みる機会が与えられていることに感謝する。私たちは、水の中でじっとしてはいられない。まして港へは戻れない。せめて良い航海を希望しよう。番狂わせもなく、安定した進路で、興味深い目的地へ向かおう。そこからさらに次の港へと旅立てる。

可逆性と開放性

このように、廃棄は、生命と生命の発展を支援しているときには有用だが、廃棄が阻止され有害な形態で集積し、有機物の喪失を引き起こすときには、浪費となる。短期的な可逆性と長期的な開放性を保持しよう。環境が吸収できないほどには産出してはならない。種や文化の消滅はもっともはなはだしい廃棄となる。とはいえ衰退と死は、正常なものであり、生命を増進させる。だから、死体や腐敗したものを眼にしても、そこに次代への喜びを見いだす方が良いのかもしれない。物質、エネルギー、そして宇宙が、ますます物理学的な無秩序へと向かうのに反して、さらに高次に組織化された情報のパターンによって結ばれる流れに、私たちは価値をおくべきである。

この連続性の規則は、一貫性があり、安定していて、未来指向であり、しかも保守的である。(ほとんどいつもそうだが)私たちが将来の成りゆきに気づかないかぎり、この規則はもっとも有用である。この規則の拘束内で見当がつくかぎり、私たちは、生物的、文化的、個人的な発展を奨励したいと思う。だがいざとなると不確実なことだらけで判断に迷う。悠久の時間を経て原油と石炭の中に保存されたエネルギーを浪費することが、工業社会への飛躍的な変化に力を与えた。これは、人類の歴史の中でもっとも大きな文化的な発展のひとつではある。もし私たちが生き延びていたとすれば、その将来への影響も多大だろう。生態学的な非効率さも、発展的な利益と引きかえに正当化されてももっともであろう。もちろんこれも、生命系の存続に危険を及ぼさないというかぎりにおいてだが。

経済学上の廃棄

浪費に関する次の出来事は、特質や関連する悪弊においても、先述のものときわめて異なるが、廃棄に溢れた世界を非難するときには、もっとも言及される。廃棄に関する、この第二の概念は、まったくの非効率である。人間にとって有用な成果もなく、価値の可能性の最大限まで抽出されることもなく、時間、努力、資源や才能が費やされる場合である。私たちは、お金、板材、力の浪費、ときには心環（索につける「はめ輪」）をつくるときの不経済な方法について話すかもしれない。他の方法ですれば、もっと少ない代価で完遂できるだろうし、もっと多くの利益が人びとに還元されうるだろう、と言いたいところである。だが、とどこおりのない生態学的プロセスにも、文化や人の才能が爛熟するときにも、この種の廃棄に溢れた状態は起こりうる。

非効率を調べるには、有用性の計算が必要となる。現在ないしは予測できる状態を、限られた選択肢から組み合わせ、比較する。それぞれの代替案の各プロセスに生じるコストと利益を確定し、総合する。このとき、現時点では生じなくとも、将来に生じるコストと利益への配慮を忘れてはならない。ひとつひとつの計算を厳密に行なう場合には、難易度は高くなる。当然比較考量された価値は、人間にとっての価値であり、通常は、空間と時間の中で限定された、きわめて小さな集団にとっての価値である。異なる集団同士の価値観は、相互に摩擦を生じることも多い。したがって、私たちは、（すでに試みたように）普遍的で包括的な価値を強調するか、コスト／利益比較のいくつかの選択肢の中から、政治的な過程を経て、どれかひとつを実行可能にするしかない。この判断が有用であるためには、計算は、利害関係やコストと利益の相関などを考えた上で限定されていなければならない。判断は、時代により、所属する集団により、さまざまに変様する。「誰にとって損なのか？」は、決定的な問いである。手法は一般的でも解答は一意ではない。さらに、廃棄に要する直接コスト自体は、大抵の経済学的な計算によれば、生産コストの中ではわずかな要素となる。このように、不経済な度合い、逆にいえば、効率性は、廃棄とはわずかな関連があるにすぎない。

私たちは、計算の「最後の数字」に惑わされている。問題になるのは最終的に抽出される利益のみで、それ以前にあるものはすべて廃棄物同然であり、克服すべきもの、使いつくすべき要素、純然たるコストである。それはあたかも、私たちが善悪をはかる瞬間が、ただ一度しかなく、また生きているものの連続的な流れは、その究極の瞬間へと向かう長い旅程に過ぎないかのようである。

しかし、その瞬間においてさえ、コストと利益が慣習的な方法で定義されないかぎり、行為が効率的であ

ると は形容できない。厳密に定義されたコスト、明確な望ましいアウトプット、そしてどのように利益と損失を計算するかについての合意が与えられている特別な過程に対し、「形式的無駄《テクニカル・ウエイスト》」と呼びうるものが算出できる。この廃棄《ウエイスト》は、他の過程で算出されるものよりも、さらに大きな、価値のあるインプットにも不必要なアウトプットにもなりうる。この形式的無駄が消去されても、遊休の資本、不快さ、廃棄された人生など、膨大な量の使用済みのものが存在する可能性はある。形式的な無駄は、眼に見える無駄とも経済性とも、必然的な関連はない。マイヤール［スイスの構造家一八七二〜一九四〇］のデザインによるエレガントな橋梁が備える「経済性」は、コンクリートを節約するが、橋を造る労働力を節約してはいない。労働コストが高いことを理由に、人間へのケアが効率的に低減されている場合には、つねに、形式的無駄は少なく、視覚的に心地良いものも少ない。

直接的な生産行為を「後光の如く」取り囲むものが、余暇《ウエイスト》時間である。それは、リクリエーション、家事、無償の労働、旅行、休息、失業、怠惰、気晴らしに使われたものである。この後光の費用は眼には見えない。緊急時には時間超過や時間削減の波で労働力は変動するが、おさまればもとどおりとなる。砂漠、水面、沼地、森林、鉱床、臨時雇の労働者、予備の人員、放棄された場所。これらはそのまま保存しておける。これらは価値のないものと評価され、投資を受けることは決してなく、仮に投資がなされる場合でも、償却か損失として勘定されるからである。時間、モノ、人が生産的領域の内側と外側のどちらに属すのかについてはきちんとしたきまりがある。損失を帳簿の上で減価償却にする規準は、その一例である。有償無償の労働の間、失業や廃棄物の投棄や環境の損害の責任転嫁を容認しうるかどうかの間には、習慣的に定められた境界線がある。

効率と利益の計算は可能だが、以上のような曖昧さのため、私たちは「不経済な《ウエイストフル》」という形容詞を、実際よりも狭い意味にしか用いていないことが多い。つまり代替案もよく知られていて、活動要素も手近にあり、コストは利益よりもはるかに大きく、投棄される物質も時間もエネルギーも、目に見える実体である場合である。ある場所で、ある時期に、アパートを建てるには、煉瓦造よりもコンクリートパネル造の方が効率が良いかもしれない。しかし計算というものも環境により変化するので、煉瓦造の建物を不経済と呼ぶことには躊躇する。基礎に難があり、アパートであることが嫌われて使われず、コストのかかる構築物だからといって不用意に不経済とはいうまい。ようするに無駄《ウェイスト》とは粗大で、眼に見える、回避すべき損失であり、非効率の極端な形相である。事例は、別に珍しくはない。軍事作戦の数々、遠隔から集中的に操作されている権力の大失態の数々は申し分のない例だ。

巨大な量の「使用済みのもの」が、正確で厳密な計算からもたらされることもある。効率の良い鉱山は、膨大な廃棄物の山を生産する。そこから酸性で黒ずんだ水が流れでる。効率的な廃棄は、不健康で非連続的で不快なものかも知れない。人のいない建物、貧困になった都市を捨てて移転した企業が、新しい場所で、以前よりも効率的な生産を行なうこともありうる。どちらが不経済で、どちらが効率的なのかを知ることが時折り難しくなる。効率的な操作は、初源的な意味では、極端に不経済となるか、またその正反対かだろう。種を存続させるために、今のように精子と卵子を膨大に廃棄するよりも、浪費の少ない方法を発明することなどできるのだろうか？　古い伝統を保存する手織りにしても、布地をつくる上ではまことに非効率な方法ではある。

このような難題を詳しく記述するのは、経済的な規範を放棄するためではない。合理的で包括的で量的な決定を下そうとする、あらゆる試みに限界はある。廃棄に関する第一の規範は、それ自体が問題を内包している。とくに、発展を促進する原則を私たちが取り入れるときに、それは顕在化する。この規範は定性的であり、ガイドラインではあるが算定ではない。このガイドラインは厳密な計算を回避し、算定が導きだす鮮やかな「縁」を失わせる。多くの場合原則というものは、決定の拠り所を充分には与えてはくれない。活動の要素、コスト、利益、それらの合計を確信し、著しい損失を呈示できる場合には、非効率という不経済な状態を検知して、さけることは依然として重要である。しかし、そういう行動を取りながらも、使用、維持、補修という、さらに長期的なサイクルも考慮すべきである。維持、修繕、更生によって得られる効率は、あまりに軽視されている。

廃棄《ウエイスト》の経済的な視点には、永続的で普遍的な価値に裏づけられた発展的な視点のような安定性はない。効率は、バランスの問題で、コストと利益を定義するために、別の初源的な価値を頼りにする。一般論として効率はつねに相対的であり、別の価値に必然的に付随する。これらの先立つ判断は、効率の計算のときに暗黙裡に行なわれているにすぎず、歪曲や取り違えは頻繁に起こる。経済のルールは、生産を誘導する役割を保ち、特定の状況での無駄な状態を定義できる。しかし、それは原則の「後に」適用されるべきものである。経済のルールは、もっと長期的な時間のスパン、そして今よりもさらに拡張された集団に用いられるべきものであり、大局としての非効率に焦点を当てるべきである。意志決定を行なう者を、「適切な廃棄」という呪縛のうちに留めておくためには、規則、報酬、罰金、助成金、名誉、税の優遇などに、人為的な価格をつけておく必要があるだろう。そうすれば、廃棄と無駄（それは発展的で生態学的で経済学的なものかもしれない）、使用済みのもの、時代遅れ、放棄、そして衰退、廃棄された場所、時間、エネルギー、物質、情報、廃棄された人生、形式的無駄とその知覚などなどを意識するようになるだろう。

知覚される廃棄

廃棄に関する、発展的、経済的な視点による二つの理性的な判断は、私たちの知覚と感情によって複雑になっている。知覚される廃棄物は、この二つの意味のどちらに照らしても、まったく廃棄物ではないのかもしれない。知覚される廃棄物は、とどこおりない生態学的な過程にも、前途洋々たる発展的な過程や効率的な生産活動にも見いだされるだろう。このような人間の反応は、私たちが社会性動物であるという無視できない特徴に根ざしている。合理的な計算は、人間の認識の編み目と折り合いをつけなければならない。廃棄物を見直すには、心の変革が必要になってくる。その場合には、人間の思考が産みだす、危険で豊饒な沈殿物を隅々まで点検することになるのだろう。しかし、それはまた、私たちの廃棄の過程の変革を要求し、廃棄の過程を、私たちの思考の様式と共鳴させることになる。私たちの感情の基礎は、生物学的、文化的な歴史であり、感情はきわめて「自然な」ものである。感情は私たち自身に焦点を定めている。しかし私たちが、発展的な生命系が産みだした、内省的な意識を持つ最初の動物だと自覚するにつれて、私たちは、さらに幅広い生命の過程に共感できる「不自然な」知覚にいたるのかもしれない。

私たちの「自然な」知覚は、異なる文化の間で変様するが、相似的な特徴もあり、廃棄と死と衰退を結びつけている。廃棄物は、混沌として純粋ではなく、秩序と安定を脅かす。廃棄物は、心地良いものではなく、迷惑なものである。ラヴ運河、スリーマイル島、そして、チェルノブイリを覆う恐怖感は、理性的なものでもあるが、潜在的な反感によって強調されてもいる。非合理的な感情は、合理的な判断を引き起こすために必要な、政治的努力を推進することにもなる。廃棄物は、私たちを脅かしている。廃棄には、普遍的な魅力もある。廃棄は、自由、自発的な行為の機会、新しい秩序の契機を意味することもある。ローズ・マコーレイが語ったように、廃墟には愉しみがあり、[*4]隠された知識の溢れている近所のゴミ置き場には探検する興奮がある。[*5]私たちは、品行の悪さや破壊を享受し、土地をきれいにして喜ぶ。無意識の領野に、さらに後めたい暗い喜びや死を願う気持ちを見いだす。

この感情は、意識の深みを流れ、その河床もまた移ろう。私たちは、古びたものへの通俗的な愛着が、連綿と引き継がれてきたのを、目の当たりにしてきた。現代美術に触発されたガラクタや不統一なパターンへの興味は、さらに急速に、さらに表層的に成長した。使いつくされたものにも価値があり、ダイナミックな変化の中にも安定したパターンがあることを芸術は示してくれる。美学と宗教が持つ洗練された単純さは、損失の積み重ねのうちに学びとられた教訓である。浄化は、社会的な結びつきを強め、人びとに共有される喜びの儀式となる可能性がある。死ぬための術には、終局の管理の方法、つまり終局を意義深いものにする方法に関する、深淵な教訓がある。時間を廃棄する貴族的な「たしなみ」は、私たちの人生を大きく広げることもできる。
私たちは、発展的、経済的、そして知覚的な視点から廃棄を分類した。第一の分類は、私たちが真の廃棄とするものである。第二の分類は、おおよそ第一のものとは無関係であり、有用性の計算から導きだされる廃棄である。あまり安定性や普遍性はなく、コンテクストに左右されるような特定の場合や、第一の規則の限定の範囲内で使われる。第三の分類は、情緒の負荷を受けた、文化に固有な廃棄である。私たちの課題は、これらの概念に相関性を持たせて、廃棄を喜びに変え、成長の機会をつくることである。

廃棄の規範

上手な廃棄の規範が、普遍的で安定した基礎に裏づけられているなら、その確実性に私たちの態度も合わせるべきだろう。これには、合理的な理解のみならず、さらに困難な私たちの情緒の再構築も必要になる。廃棄の規範が普遍性や安定性を充分に備えておらず、廃棄にまつわる感情が文化的に織りこまれているときには、廃棄と感情を協調させるという、対極の態度を選択することもある。その場合は廃棄物の隠蔽、廃棄の再形成や廃棄の儀式化、あるいは非効率を受容する必要もあるだろう。廃棄に関する情緒の中には脳の奥深くに横たわり、取り除けないものもあるかもしれない。そうなると、廃棄の方が歪められるだろう。

廃棄が肯定的な経験となる方法をできるかぎり探してみよう。廃棄は次のような「愉しさ」をすでにもたらしている。破壊、汚濁と浄化、みすぼらしさと裏側、移動と使いつくし、古い物質の再利用とその中に潜在する新しいパターンの発見、歴史的な深み、寿命、成熟、衰退などがもたらす強烈な感覚の数々である。こうした感覚から、探求を開始することはできる。モノの廃棄には、モノの生産や消費にならぶ価値があり、興味深いものとなりうるだろう。生ゴミや屑の収集は、品位を落とす行為ではなく、学習の過程であり、技術を披露したり、知識を修得する機会ともなる。スクラップ、鉄、生ゴミ、ボロは、木材、石、トウモロコシの場合と同じように、情緒的響きをもたらしうるのだろうか?

この規則は、日常に廃棄される水の放出からひとつの都市の放棄にいたる、すべての廃棄に適用できる。廃棄を源泉とするすべての判断は、慣習的なものであり、また、驚きに満ちたものだろう。過去の世界では、廃棄物は、無害にし、隠蔽し、遠くへ運ぶべきものであった。近年では、廃棄を極小にすることが、優れた規則として推奨されてきた。消費を低減し、長続きするものをつくり、それを注意深く維持する。だがいかんせん廃棄の抑圧はかなわぬもの。生命を全体として理解するには、損失にも目を向けねばならない。私たちは、永続性、純粋さ、廃棄物の減少、安定した生態系に議論の拠点をおいてきたわけではない。紙の家に住んでみてはどうだろうか？　壊されるべきときに、破壊する愉しみを感じ、浄化を喜び、衰退に対する補償を見つけ、損失や放棄と自由に取引し、死を人生の一部とみなしてみてはどうだろうか？　場所の放棄は、感動的で、劇的な光景ともなりうる。廃棄の全体を眺めると、それは、悲劇的で、しかもなお驚異的な過程である。

CHAPTER-SIX WASTING-WELL

6

上手に廃棄する

上手に廃棄するためには、次のようなごく一般的な規則がある。「生物学的な情報や文化的な情報の急激な損失をさける。さまざまな生物が暮らすゆとりのある共同体を守る。廃棄物の滑らかな流れを保つ。発展を奨励する。総体的な非効率をさける。廃棄を楽しむ。廃棄を上手に行なう。単純な最小化はしない」。人それぞれに規則の適応例の数々が想い浮かぶだろう。私の心に想い浮かぶものの中には、愚かしいものもあるかもしれない。仮にそうだとしても、数々の事例が、行動範囲を明らかにし、廃棄の過程と廃棄物に対する認識を連続する流れの総体としての視点から捉え直させる。

廃棄は、日常のモノの使用や投棄から、再利用や放棄という周期的なふるまい、生物の共同体の消滅や資源の枯渇や地域全体の衰退という決定的な出来事にいたるまで、幅広いスペクトルに及んでいる。もちろん恒星の廃棄と創造の過程のような巨大スケールのものもあるが、それは人間の限界の外側にある。冒頭で、行動の規則をいくつか提示したように、私たちは、時間をかけながらも日常的な変様へと向かうだろう。

地域の成長と衰退

近年、アメリカ合衆国では西部や南西部へ人口が移動している。(つい最近まで)猛烈な勢いで開発が進行してきた、この温暖な地域へ、若者、仕事を捜している人、余裕のある退職者、外国からの移民が、群れをなして集まってくる。さらに、古い都市では、とくにその中心部から人口が失われつつある。これは目新しい筋書きではない。アメリカ人は、一八〇〇年以降、場所を放棄しつづけ、つねに痛ましい結果を招いてきた。公共政策は矛盾するばかり。成長に味方し、西部を開拓し、鉄道を敷設し、新たな軍事的な協定に署名をする一方で、人口の減少している地域では成長に逆行し、衰退する産業を助成したり、古い建物を保護したり、居住者を誘引したり、取り残された地域を支援したりしている。歴史的な建物の保存という特別な行動を除けば、業務中心地区の再活性化や、都市のいくばくかの場所へ小数の中流層を再び居住させるような成長に逆行する政策の数々は、非常に効果的であったとは言い難い。哀れな人たちが、壊滅したり、街を離れたり、瀕死の状態に追いつめられたりして、それらの政策は、破綻するか、優雅に無視されるか、根本的見直しが迫られるのが通例である。

衰退の管理

新しい場所には、本来、空間の広さ、資源の多さ、季候の良さ、環境の快適さなどの利点が備わっているので、さまざまな活動が、多かれ少なかれ推移する。短命な資源や安い労働力、そして新しい場所が持つ自由な社会の雰囲気、あるいは都市の建物がもつ二次的な魅力など目先の利点に加え、移転することで、高齢の労働者や扶養家族、時代遅れの設備、硬い殻で覆われた政治の構造がふり落とせるというので、こうしたブームが起きているふしがある。資本と労働力の流動性は、短期の場合はもちろん、おそらく長期の場合も経済的には利点である。しかし、その流動性は、落胆、悲嘆、社会の絆の喪失、新しい成長による苦痛、いまだ使い途のある場所や設備の投棄という、目に見えない費用を社会に負担させてきた。そして、そのような費用の何割かは、高齢者と扶養家族、残された企業と共同体といった、移転の恩恵にあずかれない人たちに転嫁されてきた。

81———成長を促進するのと同様に場所を死滅させることも重要なのだろう。アメリカの西部では、繁栄していた多くの街が鉱山の廃坑によってゴーストタウンとなった。シエラ・ネヴァダ山地の高地砂漠の金鉱山の街、ボーディーの人口は、1880年にはおよそ10000人であったが、20世紀の初頭には人口は激減し、今では、ゴーストタウンにまで衰退した。 (©マイケル・サウスワース)

地域の転換が、好意的に評価されるのは、移転して利益を得た企業が費用を支払う場合、老人や貧しい人たちが地域に残ることが本人の不本意ではない場合、社会的な心理的な絆が必ずしも壊されていないか伝統として失われてはいない場合に限る。移転の純益を検討するための計算はより包括的でなければならない。地域の流動性を封じたり、衰弱した地域を無理に盛りたてる政策は合理的とはいえない。急激な変化は混乱のもととなるので、むしろ成長や衰退の緩和策を講ずるべきだろう。社会的なもの、心理的なものを含む隠れた移転費用を計上し、できれば、移転で利益を上げた者にそれを負担させるような政策が、古い場所で開花した文化とのつながりも、新しい場所にもたらすだろう。そうすることによって、移転は心理的にもより安定したものになる。

国の政策としては、人や企業や資本の流動を直接管理することはせずに、成長や衰退を和らげ、利益の何割かを必要な地域にふり分ける。そして、大首都圏を、近い将来には急激に成長しそうな「流入地域」と、その逆に衰退しそうな「流出地域」に仕分ける。そして公共サービスの拡張を実現できる範囲で、人口の望ましい変動率の限界を規定して、流入地域の商業施設の純成長率の上限を設定することもあるだろう。この絶対量の限られた新しい空間は、毎年、もっとも高い値をつけた業者に払い下げられるが、重要な地域では、新しく商業ビルを建設することも払い下げの許可の必要条件とされている。

流出地域から流入地域へと自発的に移住する低所得者と高齢者には、国が助成金を支出し、就労しうる人を再教育し、助言と情報を提供し、各人にふさわしい福祉と年金と住居の補助金を配慮し、住居の交換なども援助しうるだろう。連邦政府の助成つきの払い下げ制度によって、流入地域が必要とする基盤整備や低所得者用の住宅の建設を、成長率の限界内で助成したり、さまざまな閉鎖に必要な費用を支出し、流出地域の縮小を助成することもできる。ある地域から別の地域へ雇用者が移動するさいには、同時に、被雇用者とその扶養家族の移動の費用を支出し、しかも、流出地域の再建に見合うように、閉鎖に必要な費用も支出すべきだろう。

流出地域と流入地域の間の移動に必要な社会的な費用の削減のために、二つの地域を一組に結合する施策を促進できるだろうか？　社会集団こぞっての移動は奨励されるかもしれない。雇用者と被雇用者の間の移行も、調整されうるだろう。情報交換もできるし、試験的な移動や、在宅休暇も享受できるようになるだろう。経験豊富な公共サービスのチームが、流出地域の仲間を支援するかもしれないし、移動が可能な都市《インフラスト》基盤《ラクチャー》は、移転されるかもしれない。今、ボストンと京都の間で取り行なわれている姉妹都市の式典は、いささか空虚なものだが、いつの日にか、社会の現実のつながりとなるかもしれない。

こうしたことの成否は、流入と流出という二極の移動を包みこむのに充分な大きさを備えた国なり自治体の持つ力と援助にかかっている。また、人と資本の移動に関する国際的な政策も急務だろう。孤立したまま衰退する共同体には、行動の余地はわずかしか残されてはいない。例えば、縮小してゆく地域を単独に無理矢理閉鎖しようとすれば、その地域の長所をますます失わせることになる。衰退してゆく地域にある、衰えゆく古い企業を支援するよりも、新しい事業への投資を奨励すべきであること、また撤退も早いであろう遠方の事業者の補助を受けた工場の誘致よりも、地元の資本による融資を歓迎すべきであることを、私たちは経験から学んでいる。

とはいえ、衰退しゆく共同体も、自ら喪失を調整し喪失の中にもいくつかの利点を見いだすことはできるだろう。成長をつづける場所も、また多くの問題を抱えており、周知の対処法もさまざまある。不確実な事態への対処の計画、基本的な公共施設への投資の集中、開発の重要課題の管理、開発空間の集中と断絶のない拡張、急激で軌道をはずれた成長の抑制と鎮静化、巨大な支援や投資の出発点での成長の集中、保留された土地を供給する、たえざるモニター調査、紛争の調停などである。

衰退を推し進める手法は、単純にこれらの施策の逆を行なうことなのかもしれない。衰退してゆく地域は、放棄された地域や保存された領域に集中するので選択的に各種サービスを止めることができ、利用されている地域の維持や活動レベルを落とさずにすむ。空間の破産の手続きを含めて、未利用の構造体や未利用の地域を閉鎖する基準を設置することもできる。歴史の意識、結束した共同体の意識、重荷の軽減、落ち着いた歩調、豊富な施設、広い居住空間など、衰退によるいくつかの利点に着目することもできる。新しいアパートの集積や裏庭の増築などでお馴染みの「高密度化」は、都市の表情をのっぺりと「希薄化」させている。例えば、荘厳な閉鎖の式典を挙行するなどして街の衰退を劇的に脚色し、意味深いものにすることはできる。（はたして市長が「レイクヴィルの死の介護人」という看板を掲げられるだろうか？）衰退する企業の清算と同じように、管財人が衰退する地域を専門的に処理することもできるだろう。しかし今日の視点でなされている清算の方策の数々はパッとしない。私たちは共同体を、どれかひとつが競《せ》り勝ち、その他は敗退しなければならないライバル同士のようにみなし、優雅な衰退は失敗の告白にすぎないとみなしている。

変化の中の連続性

人びとの移住先の新しい居住地でも、同じ注意が必要である。福祉やサービス、教師や社会事業家や医師、そして消防士が、この移住の「動き」に対応しなければならない。古いものの中から、何が救われ移動されるのだろうか？　移住者は、思い出が一杯に詰まった家具ばかりか、建物の断片や石、木、サイン、古い舗道の石などまで持ちこむことができる。移住者たちは、新しい場所で新しい役割の準備をするべきであり、社会のネットワークにすばやく溶けこむべきである。もともと北アメリカの文化は移住に馴染みが深く、新しい友人をすぐこしらえたり、引越しをつづけたり、引き止めないための心構えもある。それは、とくに強制されたものでもなく、むしろ引き止めなさすぎるほどだ。アメリカの歌は、自由を謳歌するとともに、移動による痛みの表現も豊かではある。

たとえ現物が失われても、変化の存在下で連続性を維持するために、凝縮された象徴として保存することは可能である（図61）。古い街路での生活は、写真に収めることはできる。古い文化は、学術的な記録の中に収めることもできる。場所や行為の詳細な記録の保存は、成長と衰退の施策の一環に加えられるべきかもしれない。失われた特徴は、ある程度までは、このような象徴から再構築できる。（消滅した種の遺伝子型の記録の保持は、いずれその種の保存を意味することになろう）。しかし、情報も永遠に集積をつづけることはできない。利用可能な組織化された真の知識を増やすには、情報の何割かは、廃棄されなければならない。記録の破壊は記録の保持と同様に重要である。

計画された衰退

新しい居住地には衰退の計画も組みこまれるべきである。新しい地域がもとの状態に戻る余地も残すべきである。基本的な設備を、例えば移動が可能なように設計できるだろう。あるいは、もとの風景の一部を周辺の地域が荒廃したときの「種地《シードランド》」として残すのも良いだろう。パッチワークのパターンは新しい計画のための予備地ともなり、放棄された地域をつねに引き受ける基盤となりうるだろう。

廃棄された土地は価値がないとされているので、出費なしに未利用地として保持できるという特別な利点がある。だがそれは、長く苦汁に満ちた価値の衰退、希望と配慮の減衰の証しでもある。放棄は、往々にして邪悪からの飛翔、より良い機会への積極的な階程ともなり、その状態の保持は、現在や将来の有用性を備えている。放棄という不確実で苦痛に満ちた過程は、はたして、表舞台で儀式化され促進されることで、耐えやすくなるのだろうか？　空間の破産宣告――免税、脱価値、損失消却――を受けられるのだろうか？再び利用されるまでの長い待ち時間は、決して苦役ではなくなり、空地は廃棄物にふさわしい束の間の周縁的な活動や生き残り文化の格好の拠点となるだろう。

廃棄された土地の価値は、将来どのように利用されるにしても、共同体に還元され、その特徴づけも共同体に任せるべきだろう。よほど切羽詰まらないかぎり、返済にも空間の有効利用にもメンテナンスにも無頓着な土地抵当銀行みたいなものだ。「公共のゴミ箱！」、まさしく言いえて妙だ。そういった事業を容認することは、都市の中心部分の空洞化を都市の荒廃とみなしている私たちの観念の転換の証しとなるだろう。そこに住む必要のない限り、こうした空地は身近にある、私たちの気分を回復させる「自然」となりうるのではなかろうか？

地質学的な廃棄

私たちは、地質学的な廃棄も同じように否定的な立場で眺める。マーティン・クリーガーは、ナイアガラ瀑布の岩床の浸食を阻止しようとする無益な試みの代わりに、滝の後退によって、おびただしい水の廃棄とさらに恐るべき岩の廃棄が、いかに劇的に操作されているかを示した。[*1] 同様に、浸食によって、その鮮やかな色合いを失ってきたマーサスヴィニヤード島のゲイ・ヘッド・クリフを救おうという意見に答えて、クリフォード・ケイは「海水による浸食の進行を容認するように」という助言を行なった。この断崖は、絶壁の表面の奥の地層に隠されているさまざまな色合いの粘土層を露わにしている。[*2]（断崖の表面の奥に隠されたさまざまな色の地層の順序を知る人がいるのならば、退屈な堆積物の浸食を早めてみてはいかがなものか？ 異なる地層を露わにして、いきいきとした構成をつくってみてはいかがか？）

82———ナイアガラ瀑布は、岩と水をおびただしく廃棄しつづけている。浸食作用を食い止めようとする試みは無益である。いっそ、この廃棄を劇的にしてはどうだろう？
（ナイアガラ瀑布地区商工会議所／ニューヨーク電力局）

衰弱のガイドライン

衰弱のガイドラインは成長のガイドラインとともに重要である。あまり使われていない空間や設備やサービスにも、それなりの魅力はあり、上品な衰退が呼び起こすノスタルジアにも、それなりの魅力がある。どの要素を維持し、どの要素を捨てるべきか？　都市の織物が薄くなっていくのに対し、どのようにしたら人びととその活動を呼び戻せるのだろうか？　どのように記憶を維持し、新しい場所に移すべきなのだろうか？　開発の圧力が減少するにつれ、実施の水準も場面に応じて、緩められるだろうか？

衰退を演出して衰退を集中させる施策は、有用であるだろう。隣接する地域の終結に合わせて賃貸契約を結ぶこともできる。またタイム・ゾーニングも放棄を規制できるだろう。市当局が、ある地域をほぼ恒久的な地区に指定することもあるだろう。そこでは、構築物は周辺と調和して建てなければならず、取り壊しの許可はほとんど下されない。その他の短命な地区では、「軽い」建物が奨励され、建物の除去は、審査されないだろう。あるいは、地域にかかわる負債の整理の日時の継起を前もって詳細に書面に記載しておくのも良いだろう。そうすれば、建物の寿命は保証され、しかも近接する地域をひとつずつ取り払うことにも着手できるだろう。例えば取り壊しの権利の移転もありうるだろう。いまだ活動的な地域の構造物を保存する見返りとして、放棄の予定されている地域の一掃と取り戻しの権利を得られるようにするのである。

計画的な廃退

建物も、優雅に衰弱するように計画すると良いかもしれない。構造体の寿命と使用の見込年数が合致すれば理想的である。だが使用については予測が難しい。建物を、長持ちするものと容易に取り替えられるものという、二つの要素に分類しておく方が現実的である。建物の竣工時の外観だけではなく、建物を異なる用途に改修したときや建物が衰弱したときの外観をも提示するよう建築家に依頼するのもいいだろう。混沌としていて気取っていた古代ローマ帝国のフォーラム*が、あれほどみごとな残骸になると誰が想像しえただろうか。ガラスの塔が廃墟となるときの衝撃はどのようなものなのだろうか。新しい建物にふさわしい取り壊しの計画の策定を望むのは理に適うことだと思われる。現在でも計画書類一式の提出が求められ、デザイナーも建設業者も、それにそって構築しているわけだから、その逆を想像するのは、負担がわずかに増えるだけである。取り壊しの順序を考え抜くことは、建物の計画を鍛練する興味深い手段となるだろう。

取り壊しは今でも壮観であるが、野次馬監督官たちにもっと良い情報を提供できれば、さらに先鋭的なものになるだろう。取り壊しは、熟練を要する仕事であり、PRも可能である。見物人は、その面白さに参加できるだろうか、危険すぎてそれどころではないのだろうか? 破壊が提供した一時的な空き地を活用するために、束の間の利用や出入りの方法を策定することもできる。再利用のために建物の素材を蓄えるだけではなく、過去の痕跡を保存することで、将来の場所を豊かにすることも可能である。

再利用

遅かれ早かれ、すべてのモノは確実に放棄されるので、現代の典型的な要素の再利用についても熟考すべきだろう。そのような思考が、将来を準備し、さらに重要なことには再利用が可能なモノのデザインを促す。家、ロフトや小屋、小さなアパートや小さなオフィスビルが、上手に建てられさえすれば、これらの建物の寿命が近づくときに、つねに代替の用途を見いだせるだろう。とはいえ見わたせば巨大な都市の城壁や風化した歴史的な風景のように、頑強な構築物がすでにある。さらに今日では、駐車場ビル、高速道路、空港の広大な舗装、地下鉄、摩天楼、あるいは、ミサイルのサイロ。これらの取り扱いをどうすればいいのだろうか?

駐車場として使われる土地は、つねに他の用途に変換できるが、駐車場ビルは、建設方法とその寸法ゆえにリサイクルが困難な構造体のさいたる事例である(図66)。重い鉄筋コンクリート造であり、取り壊しも容易ではない。例えば、一体的に構築された駐車場ビルは、階高が低く、床は傾斜しているので、採光も換気も悪く、設備もなく、設備を取りつける余地もない。駐車場ビルの再利用に成功した事例を挙げられるだろうか？[*3] 駐車場ビルは倉庫には使えるかもしれないし、地上の外周部分はおそらく店舗か、公共的なバルコニーか、劇場の座席に使えるだろう。多分、駐車場ビルは、人工照明を用いた集約的な農場か、小さな動物や鶏をかごの中で飼育する事業に使われるだろう。階高が低いにもかかわらず、中間の階はノミの市や農家の市場や、その他の目的の特定されない一時的な屋外の集まりにも利用できるだろう。もちろん、屋上は開放された空間にふさわしく多目的に利用されるだろう。一方、何層もの床を突き破ることができれば、新しく開放された外周部分をめぐってさまざまな可能性が出てくる。蔦が絡まり、植物が茂る、多層で、陽の当たる公園を想像することも不可能ではない。

　不用となった高速道路はどうすればいいのだろうか？ 人口の多い地域を貫通する公共的な道路は、（高架鉄道がそうであったように）あまり特殊化されてはおらず、連続性が壊されていなければ、非常に長い期間にわたり有用性が保たれる。古代ローマの道路がその良い例である。したがって、仮に、高速道路が放棄さ

83———放棄されていた採石場は、ヴァンクーバーのクイーンエリザベスパークの中でも評判の好い公園に姿を変えた。

（©マイケル・サウスワース）

れたとしても、それに代わる新しい数多くの使い途が想像できる。まず思いつくのは、自動車とは異なる移動の形態への再利用で、歩行、ジョギング、バイク、バス、乗馬、そして地下の高速道路を水路に変えれば、ボートも可能である。さらに、高速道路は、線形の細長い公園にもなりうるだろうし、その縁や築堤には、蔦や木や穀物を植えることもできるだろう。高架高速道路の場合には、その構造体の下部は、線形の細長い建物やポーチや巨大倉庫になりうるだろう。線形で細長い、学校などの公共的な施設を、高速道路の上部に建設するのも可能だろう。レースや水泳やアーチェリーなどの活動的なスポーツに利用するのも良し。また祭りや行進にふさわしい場所にもなるだろう。少なくとも穀物や衣服を乾燥する場所にはなるだろう。高速道路は、軽飛行機の滑走路や長い組立工場になるかもしれない。曲がりくねる特殊な施設である駐車場と比べてみると、広大なネットワークの空間の方が、幅広い用途がある。その種の空間は、保存されるべきであり、ロサンジェルスの路面電車のように消失させてはならない。

同様に、広くて開放的な場所も一般的な使い途がある。空港は、スパンの広い構造体が片側に連続するが、大部分は広大な開放された地面である。巨大な滑走路の舗装は、あらゆる用途に転用できるし、土に戻したければ粉砕することも可能である。第二次世界大戦後、イギリス軍の飛行場は、素晴らしい農場に生まれ変わり、滑走路は機材置き場として役立っている。

放棄された地下鉄は、いかにも融通がきかなそうだが、再利用が可能なネットワークである。地下鉄は、防護された倉庫や生産工場に、アレルギー源、スモッグ、厳しい季候、あるいは攻撃からの避難の場所に、貨物輸送や電気、ガス、水道の搬送に、地下のギャラリー、散歩道、バイク道路に、あるいは瞑想の場や墓地に再利用できる。事実、これらの利用法の多くは、一度ならず、地下鉄のトンネルの中で試みられてきた。

リサイクルが難しいもうひとつの例を見てみよう。オフィスやアパートとして使われなくなった古い摩天楼はどうなるのだろうか？　都市の過密な中心地に建てられたこうした古い塔のほとんどはすでに取り壊され、さらに高い構造体に建て替えられている。妙技ともいえる摩天楼の取り壊しは、各階ごとに行なわれ、採石が落下して舗道を歩く人たちを傷つけることのないように、建物は内側から崩壊してゆく。この撤去に要する費用は、「後を継ぐ」高層建築がもたらす利益が吸収しなければならない。しかしロサンジェルスの古い金融街のように、今では、そこら中の摩天楼が空きビルになっている。この種の構造体のスケールと高さは、リサイクルを妨げ、放置されてますます危険なものになっている。摩天楼のファサードは、壮大な照明や壁画にすることも可能だろうし、太陽エネルギーを集めたり、陽当たりの良くない場所に太陽光を反射したり、風を偏向させたり、風のエネルギーを得られるように、改修できるだろう。摩天楼の頂部は、もちろん、展望台や、ヘリポートや、スカイダイビングなどのプラットフォームに使える。塔全体が、飼鳥園や、垂直の温室や、自然の退避場所にもなるのではないだろうか？　私のこうした構想は、今のところ実現可能ではない。もっとも可能性の高い再利用の方法は、本来のオフィスやアパートとして使うことだが、それには、すべてのユーティリティや昇降装置が用をなさねばならない。多くの場合、この判断に直面して、建物を解体せざるをえなくなる。

84——自動車時代の後、高速道路の取り扱いはどうしたら良いのだろうか？（©ケヴィン・リンチ）

摩天楼を逆さにしたような、古いミサイルのサイロはどうすればいいのだろうか？　垂直型の倉庫や地下水槽、人工照明によるマッシュルームや葡萄の栽培、螺旋階段で降りる墓地や絵画のギャラリーなどはいかがだろうか？　さもなければ、サイロを封鎖し、その覆いを何ものかが破壊することのないよう念じて放置する他はない。古い鉱山の縦坑も同様な最後を迎える。鉱山が沈降し崩壊するにつれて、ときどき、広い地域に脅威を与える。しかし、坑道の中でも深く水平なギャラリーは、充分な広さがあれば、安全な倉庫としての価値があることは、証明されている。とくに、古い岩塩の鉱山のギャラリーは、巨大でしかも涼しく有用なものである。

地下に広がる驚異的な規模のミサイルの「レビュー」は、私たちにとっても、海を越えた同胞にとっても、もはや脅威ではなくなった以上、このMXシステムを、どう処理すればいいのだろうか？　その長さと無用さでは、中国の万里の長城といい勝負だ。私たちが先に滅亡しないかぎり、早晩放棄されるのは確実だろう。その跡に何が残されているのだろうか？　みごとな廃墟だろうか？　住みにくい砂漠の中での、新しい居住地の基盤となる、有用な鉄道のネットワークだろうか？　月から眺めるべきオブジェだろうか？　戦争について考えるひとつの方法は、戦争が残す残骸について考えてみることである。

このような考察の過程で、思っていた以上に将来には実行できるものも発見できた。将来を考慮に入れた構造体には、次のようなような特徴がある。控え目なスケール、低い密度と高さ、広々とした内部空間や外部空間、分離可能な部分、「継ぎ剝ぎ可能な」構造体、拡張可能な接続のネットワークなど。高速道路、飛行場、そして地下鉄は、高得点を示す。駐車場ビルと摩天楼の得点は、それに比べると悲惨である。新たな建築計画に対して、著しく違った用途への再計画案を求めることは、有意義な吟味となろう。

たしかに、再利用の特徴を考えるひとつの方法は、社会を破壊したのに無傷で残っている構造体について考えてみることである。存続している物理的な設備で、新しい出発（もし可能なら）にふさわしく役立つ部分はどれほどで、新しい機能にそぐわなかったり障害となる部分はどれほどなのだろうか？　社会の崩壊がどれほどであろうとも、現代の低密度の都市居住地は、一からやり直す社会にふさわしい有用性をもたらすだろう。小さなビルの多くは、さまざまな活動のシェルターとなるだろう。また古い機械は、金属や部品の宝庫となるだろう。郊外の庭園は、再び植栽されるだろう。そして、舗装された街路は、歩行者や自動車にふさわしく、機能するだろう。下水道と水道管は、その有用性を保持するだろう。むしろ私たちの後継者たちは、土地と水の毒化、人間の損失、罪悪と恐怖と社会の混乱、あるいは、土地の砂漠化のような初期の過ちや化石燃料の枯渇のために、私たちを呪うことになろう。だが、物理的な残存物も心理的な重荷ともなろうし、人類の崩壊の象徴ともなろう。

郊外の再生

郊外居住地の成長は、都市の中心部の住宅地の衰退の主な契機となってきたが、今や郊外が衰退するときが訪れている。すでに、ロサンジェルスのように急速に変遷をつづける都市では、放棄された地域があちらこちらに見受けられる。中間所得者層の住む成熟した低密度の郊外を、計画的に再配置し、再生させることは、次の世代の課題だろう。自動車交通に依存し、気軽にほとんど一気につくられた郊外は、社会的にも物理的にも、その当初は概して均質であった。今までに、郊外住宅は再編成され、郊外居住者の人口は、年齢・階層ともに多様化した。交通と財政は危機に瀕しているが、私たち市民の大半が住める場所であるには変わりない。一戸建て住宅は、依然として需要があり、多くの場所で、その市場価値は維持されているが、このような住居を維持するのは難しい。郊外では、老いも若きも他者に依存せざるをえなくなり、自動車がますます、高価な日用品となって無差別殺戮をくり返している。

郊外の再生には新しい考え方が必要である。女性の役割の変化が、核家族、子供の養育、家庭内の労働と雇用との関係に、深く影響を及ぼしている。新しい住居タイプの開発、古い住居の再編成、平均居住密度の引き上げ、活動パターンの多様化などが奨励されるべきである。核家族、グループファミリー、男性だけの家族、女性だけの家族など新しいタイプの家族が、家々を共有するだろう。食事の準備、家の清掃、デイケアなどの新しいグループサービスにふさわしい対策が講じられねばならない。自動車を「教化」し、住宅のドアの前に使用可能な空間を提供するために、地域の街路には、再び植栽を施すべきである。主要幹線道路に沿う商店街は改修が必要であり、色あせたショッピング・モールも改修が必要である。地域としてより多くの食べ物をつくり、太陽や風のエネルギーを得ることは可能である。郊外の密度に即した交通システム、小さなバス、グループタクシー、共有自動車、ヒッチハイク、自転車、そして軽量の乗り物を採用すべきである。地域の雇用を、遠く離れた工業団地やオフィスパークへと追放する必要はもうない。多分、都市の中心部と「姉妹提携」することによって、新しい人たちが流入してくるだろう。近隣の管理も向上し、新しい公共投資も行なわれるだろう。地域によっては、廃棄も止むをえまい。どんなに新しいものも、すでに変化の中にあり、すでに死の縁にあるとはなかなか考えにくい。私たちは、それを失敗と見る。しかしそれは、再生なのである。

自動車の放棄

自動車を廃止できるかどうか？　それは少なくとも一考には値しよう。そのとき、郊外は、自動車で通勤する工場労働者は、その「美しい機械」を製造し維持する装置の全体は、どうなるのだろうか？　求愛行為や子供たちの独立心、機械操作の習練に、何らかの影響が及ぶかもしれない。愛着や社会的な地位の誇示のはけ口をどこに求めればいいのだろうか？　事故の発生率や死亡率は？　ガソリンの供給が不確かでも、私たちは、自家用車に固執し、幾分は手直しされたものが、執拗に存続するだろう。それは、低い馬力のバイク、どの街路でも拾えるハイヤーのような公共的な乗り物、あるいは相当支払い能力のある人のみが時折私的な目的で利用する車なのかもしれない。自動車は、私たちの習慣や夢や満足に深く根ざしている。しかし、変化は進行しつつあり、良識ある計画にそって新しい車が準備されるだろう。

モービルホーム

今、私たちは、四〇年代、五〇年代のトレーラーホームやモービルホームの放棄の第一陣を目にしている。これは、自動車のスクラップに似ているが、ひとつひとつが大きいので、新しい現象といえる。どの部品が再利用できるもので、どの部品が品質の低下しやすいものなのだろうか？　くり返しになるが、人は売れるものにしか目を向けない。古いトレーラーはどのように回収できるのだろうか？　どこに置かれるのだろうか？　社会的施設のための安い家賃の空間として二次利用できるのだろうか？　子供の遊び場として保存されるのだろうか？　モービルホームは安い集合住宅として社会復帰できるのだろうか？

リサイクル

当今、廃棄物の投棄に対しても、効率を考えるようになり、とくに、捨てられたモノから、使い途のあるモノを再び抽出する方法に、大きな関心が寄せられている。生ゴミや野菜の屑を堆肥にしたり、自治体がだす廃棄物をエネルギーに変換することも普及してきた。建物の砕石や飛散灰は道路や建物のブロックに利用し、硫黄の廃棄物は道路の舗装に利用し、古い乗り物は人工の珊瑚礁に利用し、古いゴミ捨て場からメタンガスを抽出し、建物の取り壊しよりもリサイクルを推奨し、古い紙や瓶や材木や缶を再利用し、化学的な副産物を効率良く交換することも同様である。カリフォルニア州では、廃棄された副産物を交換する機会を増やすために、州全土の製造業者が協定を結んでいる。造園業者は、堆肥をつくり土壌を改良する方法を学び、持ち家に住む人たちは、断熱材を用いて熱をなるべく外部に流出させないように勧告を受けている。

個人的利益を度外視せよというのも説得力があるが、リサイクルを推進しているもっとも強い動機は、廃棄の過程の効率を上げるという経済性である。効率の判断基準は、すべての生産コストに敏感である。そのため、労働力が安く、原料が貴重な社会の方が廃棄物が少ないように見えるだろう。しかし、そこでは人生は廃棄されるかもしれず、山のようにゴミを産出する先進国に比べ、生産の過程は、はるかに非生産的かもしれない。

　原料価格の上昇は、廃棄物を減少させるひとつの手段である。生産者は、リサイクルされた材料を利用し、原料の代わりに労働力と技術力を活用し始めるだろう。これが、社会に有用な移行であるか否かは、投入された労力をどう評価するかにもより、とりわけ廃棄の過程の崩壊が防げるかどうかによるだろう。材料が豊富にあり、廃棄物の調節が容易にできる所では、リサイクルするまでもない。環境汚染とエネルギー・物質の大量消費生活のただ中にあって、適当な代替案が実行可能になるまでは、まず原料消費を減らすことが良しとされるべきだろう。建物の再利用は、新築するよりも高くつく場合もあるが、少なくとも採算を検討する価値はつねにある。ともあれ、廃棄物を利用する技術を熟練し向上することが、廃棄物の流れを管理する選択肢を増やすのである。廃棄物にかかわる新しい技術、「技術的解決」こそが待たれる。

　意図的なリサイクルは高くつく。有毒な物質を分別し、その毒性を取り除き、再び凝集して有用な形態に

85——カリフォルニア州では、リサイクルできるプラスティック、ガラス、アルミニウムを回収するシステムを、州全土で始めている。色の鮮やかな収集容器が、スーパーマーケットの駐車場のような重要な場所に、戦略的に置かれている。　(©キムバリー・モーゼス)

するには、多くの労働力とエネルギーが必要となるからである。廃棄物がだされる時点で分離と再凝集を行なえば、環境の回復はさらに現実性を増すだろう。例えば、家庭でだすゴミを少なくすれば、取り扱いの費用を節約できるだろう。

廃棄の可能性《ウェイスタビリティ》

新製品が自然の循環に容易には吸収されず、廃棄物質の混乱に拍車をかける場合には、その廃棄物の投棄の費用は上昇する。自動車の車体の一部をプラスティックで代用すると、車体のスクラップを金属として再利用するのは、さらに難しくなるだろう。新製品を計画する場合には、廃棄の方法の計画と再利用に要する費用と利益の評価まで含めるべきである。新しい化学製品を発案する場合には、安全な投棄の方法と工場で発生する副産物の投棄の方法も創案されるべきである。人びとの関心が投棄の方法へ向かうにつれて、内容物と分離の可能な「再利用できる」容器あるいは中身と一緒に食べられるアイスクリームのコーンのような容器が、奨励されるだろう。

私たちは、新製品が使用されるさいに及ぼす影響を検証するように、生産者に要求するところまでこぎつけた。薬物の毒性や新しい建築材料の可燃性など、強制的な事前検査は、消費者が使用するさまざまな製品にまで徐々に浸透してきた。これらの公的規制はさらなる費用や対立や腐敗の要因ともなる。初期コストの増大、時間の遅れ、価格の上昇、消費者の要求への対応はますます遅れてしまう。健康と安全が脅かされている以上、こうした代償を払う価値はある。さらに、こうした拘束がもたらす価値を、生産者が確信して自発的に受け入れれば、規制の代償も軽減する。規制が成功するためには、規制の目的が明確で、あまねく受け入れられる必要があり、実施の手法が柔軟で、費用がかからず、できれば自己規制が望ましく、少なくとも分散されている必要がある。缶やパックのラベルに内容物の成分を列挙することを求めた規制は、その一例である。この公表の原則は、新製品の「廃棄の可能性《ウェイスタビリティ》」にまで拡張されてもいいだろう。新しい化学物質を生産するさいに、その物質の廃棄物の成りゆきの重大さを考慮するならば、その物質の投棄の計画を要求するのは理に適うだろう。しかも投棄の計画は、一回作成されさえすればいいのだ。

さらに先へ進み、生産物の投棄の費用、ようするに埋葬費をあらかじめ支払うように要求することも可能である。［ビール瓶など］瓶を返却する際に返済される前払い金を、あらかじめ支払うように要求する手法は「ボトル・ビル」と呼ばれ成功している。今日、スウェーデンでは、放棄された自動車の処理に、この返却可能な前払い金の手法が使われている。粉石鹸に下水の費用を負担する税金をかけることも、（英国の政策のように）露天掘りの鉱山に、環境の回復に要する費用を負担させることも、化学産業に、有毒なゴミ捨て場を改善する費用を負担させることも可能である。従来よりも厳しい、こうした判断基準が正当化されるのは、露天掘りの鉱山のように、潜在的な被害は猛烈でも廃棄物の位置を正確に特定するのが容易な場合か、瓶の回収のように、前払いの方が後払いよりも費用がかからない場合である。

リサイクルや投棄が容易な物質が奨励されてもいいだろう。モノがなるべく純粋な形態で廃棄され、再利用できる物質を抽出しやすいように計画することは可能である。私たちは、排出物を水中や空気中にまき散らしていることがほとんどで、汚染の恒常化をもたらし、しかも、濃縮化のために、膨大な費用がかかることになる。この意味で、廃品回収業者やボロ布業者は排出物の凝集に一役買っている。廃棄物の流れを速める方法を探し求めることもできるだろう。沈殿池や通気タンクは、自然界の分離と分解の過程を加速する。自動車の排気ガスがだす窒素酸化物や炭酸化合物を、光化学スモッグとなる前に捕獲する遊離基を上空に撒いてはどうかという提案もなされてきた。この方が、自動車一台一台の触媒変換器を維持するよりも、費用が安く管理もしやすいが、私たちが呼吸する空気の中に、そのような新しい物質を放出する場合、いかなる危険が待ち受けるかもしれない。私たちは、オーストラリアにウサギを、[*4]北アメリカにマイマイ蛾を解き放ったことを思い起こすべきである。ＤＮＡの組み替えの研究の是非を検討する論議の中には、流出した原油を食べる性質のバクテリアを増やす研究を許可しようという意見もある。しかし、それに反対する人たちは、もしも、このバクテリアが逃走し貯蔵されている原油を食べてしまったときに、一体何が起きるのかを懸念している。

最適な割合

ここで、製造から利用そして再利用を経て投棄にいたるまでのすべての流れを考え、価値を評価してみよう。まず、地上でも空気中でも水中でも、廃棄の全体を考慮すべきであろう。最適な割合は、生産と消費の比率を反映して、確定されればいいだろう。水や食料や燃料が枯渇して、消費を抑制するときに、供給制限という非常事態が宣言されるのと同じように、「廃棄制限という非常事態」が宣言されるかもしれない。私たちは、すでに「スモッグ警報」を発令し、危険が個人に及ばないように勧告し、自動車の利用や工場排気に制限を加えている。食事や排泄まで非常事態化するのはゆき過ぎだが、少なくとも、包装、紙や化学物質の散逸、有毒物質の使用、トイレの洗浄水などに関する制限は可能だろう。料理で使うガスに不快な臭いがつけられているように、とくに有毒な物質に、鮮やかな色や臭いを染みこませておけば、廃棄物の中に有毒な物質があるか、それはどれかを容易に検知できるだろう。

屑への態度

不潔な状態が病気をもたらしたり、私たちを脅かすことがない限り、屑を片づけ、表面を清潔に保つことは、有害物質への対応ほどは緊急の仕事ではない。私たちの都市は安全でも清潔でもないという批判はかまびすしいが、不愉快さに対処するひとつの方法は、通常の態度を一変したり、屑の中にも面白いものを見いだしてみることである。とはいえ、屑の価値は現実には低く、屑に対する嫌悪の感情は根強いので、抵抗感もあるだろう。だが、もし、人びとがゴミを恐れず、いったん捨てれば消えさるものだと信じこみさえしなければ、ゴミの管理はむしろ向上するだろう。ゴミに関心を寄せることが第一歩である。凝集されたゴミは危険ではなく、興味深いものとなる可能性を秘めている。一方、拡散された屑は、見苦しく、退屈なものである。ゴミの収集を簡素化するものは何だろうか？　トラックに乗ったコンパクターのように、新しい技術を駆使した装置は役に立つ。しかし、一人一人が清潔さに責任を持ち、掃除をする人が尊敬される場所でこそ、投棄は、最善の効果をもたらす。自宅を自慢する文化は清潔好きであるというのは周知のことだ。陸軍大佐ジョージ・E・ワーリング・ジュニアは、制服を着た「白い翼」というニューヨーク市のエリート街路清掃部隊を一八九五年に創設し、同時に、街路の衛生設備を改革し、清掃の費用も低減させた。[*5] 一方、高密度な居住地や非居住地のように、誰も「街路を自分たちのものとは思わない」場所ではゴミが散らかり放題で、衛生局の作業員たちは、社会的な評価の低さに恥じないような仕事ぶりとなる。

　新しい技術が、このような悪循環を改善することはないだろう。アテネの執政官ドラコンの法律のように厳格な規則は、ある程度の効果を発揮するだろう。路上の犬の糞便を禁止した最近のニューヨークの条例は、ペットの飼い主に回収を義務づけ、ついには「プーパー・スクーパー［糞拾い］」産業を産みだした。［旧］ソ連には、ゴミを散らかすと、その場で罰金を支払わなければならないという厳しい規則がある。そのような圧力を受けるとき、習慣は否応なく変化する。習慣が社会で普遍的な非難と結びつけられる場合には、とくに変化する。アメリカで煙草を吐き捨てる行為が廃れたのもその証拠である。だがそれには、大々的な宣伝活動や、もっと格好いいドラッグの吸い方の流行や、慣習の緩やかな推移を待つ時間が必要だった。ゴミ捨て禁止の法律の多くは、欺瞞にすぎない。ならば市民で自衛してみたらどうだろう。誰かがゴミを落としたのを見た人が、その場でゴミを拾い、罰金を徴収する。情報提供者への謝礼のようなものだ。だがこれは当然さらに新たな悶着を生む！

　廃棄物の回収のように絶え間のない仕事を処理するために、一般的に受け入れられているひとつの方法は、作業を凝集することである。清掃の努力を集中させるために、ある地域は清潔に、ある地域は汚れたままにと指定するのである。私たちは、紙を街路に捨てることはあっても、カーペットの上に捨てることはない。プラザは掃除され、裏通りはそのままである。清掃サービスは、低所得者層の居住地から撤退している。低密度の地域に居住する人たちに自らの地域の公共的なサービスにもっと責任を持つように奨励しながら、清掃作業を集中させる場所を、幹線道路と低所得者層の高密度な居住地に移せば、なおさら正当かもしれない。街路は自分たちのものであり、外部からの廃物が侵入することはないだろうと市民が感じる地域では、清掃と回収は地域の事業ともなるだろう。ボルティモアの中心部で行なわれた「清潔街区」キャンペーンのように、地域間の競争を刺激することは可能である。

　空間の中に、そして時間の中に、努力を凝集することはできる。もう半ば忘れかけている春の大掃除や、多くの伝統的な社会が行なう清浄化の儀式のように、定期的に行なわれる公共的な清掃作業の習慣は存在しうるだろう。この場合、清掃は儀式的な出来事となり、威信すら得る手段となる。かつては、玄関の階段を公然とたわしでゴシゴシ洗う主婦が、良い奥さんだった。フーリエが描いた理想主義社会の中の「ちびっこ団」[*6]や「白い翼」が衛生局の組合と衝突する前に行なっていた作業のように、特定の年令の集団が、公共的な清掃作業を引き受けるのもよいだろう。屑を管理することが労働集約的になるのはさけがたい。上手に屑を管

86———陸軍大佐ジョージ・E・ワーリング・ジュニアは、1895年にニューヨーク市のために白い制服に身を包んだ街路清掃部隊「白い翼」を創立し、街路清掃を上品で印象的なものに変えた。

（ニューヨーク市衛生局）

理するためにも、作業の社会的な地位を向上させることが重要である。

ゴミに対する報奨金

昔ながらの報奨金制度という方法もある。望まれないモノに人為的な価格を設定し、その除去を誘導するのである。ゴミ捨て場に持ちこまれた屑は市が購入することにしたらどうなるだろうか？ 互いに競い合う回収業者が現われ、その中には子供もいるだろう。屑を拾う権利が売買されたり、屑が盗まれたりするかもしれない。他の地域を奇襲する者もいるだろう。屋根裏部屋や地下室に屑が積もっている古い家は、価値が上がるだろう。かつての不法な屑のゴミ捨て場は、略奪に遭うかもしれないし、公共的なゴミ捨て場も、盗難から守られねばならないだろう。

屑の価格は、回収に要した費用と同等かそれ以下に押さえて、意図的な屑の創造を奨励しないようにし、扱い難い投棄物の回収を充分に保証できる範囲に、設定されるべきであろう。持ちこまれる屑の状態や最小の量を規定する規則も必要であろう。その場合に、受け入れられないゴミは、入り口に捨てられてしまうのだろうか？ この施策は、包括的なスケールの中でのみ設定しうる。さもないとある地域に、すべての領域の屑が殺到することにもなるだろう。便利な場所と不便な場所では受け入れ価格を変えることによって、流入するゴミの量を一定にすることも可能だろう。たしかに、公共的な衛生事業の作業員たちが解雇されたり（作業員たちは自分の利益のために働くかもしれない）、長年集積した屑が掘り返されたりする、問題点はある。しかしこの施策は、検討し実践する価値があるものとなりうる。不潔に思えていた廃棄物が、宝物のように見えてくるかもしれない。

投棄の統制にはお金もかかるし、空間的な距離も要る。（誰も家の近くにゴミ捨て場を欲しいとは思わない）。舗道や駐車場や管理のゆき届かない辺鄙な街角の片隅には、違法な投棄への誘惑がつねにつきまとう。その誘惑を抑止するひとつの方策が規則と罰則である。ただし、すでに明らかなように、充分な警察力の行使が可能で、投棄の防止に地域の市民が大きな利害関係を持つ場合を除けば、この方策もあまり効果的とはいえない。不法投棄を回避するもうひとつの方法は、先述のように、屑を購入することである。残るもうひとつの方法は、廃棄物を置ける場所を、低密度な居住地の近くに、分散して配置するように指定し、合法的な投棄を容易にすることである。こうした第一段階での凝集は、公益事業体が定期的な回収をすればいいので効果はある。難しいのは、有毒物質や空気や地下水の汚染源、再利用可能な物質がきちんと分別されているかの管理である。コミュニティの運営が良好なら、たまにチェックするだけでも十分だろう。その他の場所では、投棄の時間が規定されたり、個人的な見張りも必要になるだろう。

耐久性とはかなさ

屑の山に直面したさい、技術的解決をはかる以外は、消費しすぎを反省し、第一にモノの使用を減らし、第二に使用するモノの寿命を延ばすよう求めるのが妥当だろう。第一の要望は、厳しい要求である。しかし価格の上昇や供給不足によって、あるいは世界の不公正を恥じて、そうせざるをえなくなるかもしれない。もちろん簡単にはいかないし、現在恵まれていない人に対しても説得力がないだろう。しかし、物質的に保証された裕福な生活と不安を一度は経験したことのある人なら、消費を抑制する倫理を実践し、モノ不足の中に優雅さを見いだすこともできる。したがって、長期的にはこうした戦略も可能となる。社会が成長する初期の段階では、荒削りな廃棄も妥当とされるが、社会が成熟期に入ると廃棄は優雅におさまる可能性もある。「先進国」の富裕層が実際に廃棄の全廃を実践したら、はたしてその態度は「開発途上国」の人びとが見習う文化的な特色のひとつとなりうるのだろうか?

モノの使用を減らそうとする要求も厄介だが、モノを長持ちさせようという第二の要望にも分別が足りないところがある。高価でも長持ちするモノの方が、使いこみ馴染んだモノのもたらす満足感も含め、長期的には安くつくことはときとして正しい。将来の面倒にならず、寿命の短いモノに関しては別である。

はかなさ《エフェメラ》にもそれなりの魅力がある。特定の機関（例えば、図書館では使用されない本を間引くのが困難になっている）日用衣料雑貨や工場や家庭において、寿命の短さは、歓迎されるだろう。素材や洗濯する労力を考えれば、ハンカチに代わった近年の使い捨てのティシュは素晴らしい。モノの最適な寿命は、製造と維持にかかる相対的な費用に左右されるが、その上にさらに廃棄の費用を加えるべきである。ほぼ永遠なモノに対する愛着は、退屈さや将来に対する拘束によって、相殺されてもいいだろう。「厄介払いができた」と言う機会はいくどもある。

製品の寿命を延ばしたり縮めたりしないことが、一般的な原則となることもある。むしろモノの耐久力を、微細に調整することに主眼をおく。壊れたガラクタでゴミ箱が一杯になるのもさけ、長持ちし過ぎて人生を煩わすモノもさけるのである。耐久性を管理する作業には、製品のすべての構成要素が同じ寿命で一気に廃棄されるか、廃棄が容易なものとリサイクルが容易なものに分離できるように、配慮することも含まれる。修繕や分解まで考慮されてモノがつくられることはまれである。大量生産の利点は、新しくモノをつくる場合と同様に再構築する場合にも適用できるのだろうか？　機械の中の使用可能な部品を回収するために、生産ラインを逆に機械の体系的な分解に向けることは可能なのだろうか？　モノを結合する方法、つまり合理的な組立てを目指すパターンが複雑なだけに、再構築の作業の多くは、熟練を要する手作業となるだろう。

製品に修理と分解の方法を示す解説書を添付するように要請することは有益だろう。（例えば、ガソリンエンジンをつくり直すなどの）体系的な再構築を行ない、利益を追及する企業を組織することは、さらに効果的だろう。それが契機となり、中古品市場が創造され、再構築の可能性にはプレミアムがつけられる。モノの価値を、その寿命をまっとうすることにおくようになれば、上手に修繕し、上手に廃棄することが皆の関心事となるだろう。修繕も廃棄も可能なモノに残留している中間的な価値を、本来の製造者に譲渡することこそ肝要だ。

数々の法的な問題が、この努力を、複雑にしている。ものを捨てることは、実に延々と波及する過程であり、再考されるべき機会が頻繁にある。法律は、論争中の事例の中で判断を下すために、所有権が停止する

87———ベルリンのマウントジャンクは、戦争の残骸でできた高さ360フィートの丘だが、ハイキングやピクニックやスキーやトボガン[ソリ]で遊ぶ公園に姿を変えた。ベルリンが二分されていたときには、東ベルリンを眺める絶好の場所であった。 (ベルリン　国土写真資料館)

瞬間を捜し求める。誰かが手紙をゴミ箱へ投げ入れたら、私はその手紙を取得できるのだろうか？ 女性が舗道に駐車した車を私は没収しても構わないのだろうか？ 市当局はいつになれば放棄された家を押収しても構わないのか？ 半永久性を帯びたモノの投棄にさいして、所有権の停止が明確にされ、所有権の移転が証明されるまで、複雑な届け出が求められる。

集積した屑で、使い途のある領域を造ることができる。ベルリンの「マウント・ジャンク」（本来の名称トイフェルスバーグは文字どおり「魔の山」の意味）は有名である。平坦で砂の多い平地の中にある、高さ三六〇フィートの丘は、爆撃でできた砕石を用いて一九六〇年から一九七〇年の間につくられた。現在は植栽で覆われ、スキーやトボガン［ソリ］で遊ぶ場所として、展望台や葡萄畑として、使われている。つい最近までは（東ベルリンを眺める最上の場所を提供する）監視所としても使われていた。ニューヨーク市議会の議長は、ペラーム湾からでるゴミで「グランド・テトン」をつくるという構想を持っていた。それは、廃物を圧縮して高さ約八〇〇メートルの小山をつくり、片側はリクリエーションに利用し、反対側は引きつづきゴミの投棄で成長することが可能な計画であった。[*7] 同様に、平坦な場所であるシカゴでも、二〇年の間に三〇〇メートルの高さに達する丘をつくる計画が、提案された。

将来の再生

主要な資源が減少し、新しい技術が開発されるに従い、堆積した廃棄物は、エネルギーと物質の源泉となり有用である。ブラジルの有史以前の貝塚は、今日では、農業用の石灰の濃縮物でもある。古い鉱山の屑鉱は、鉱物を抽出するために再加工され、メタンガスは、ゴミ捨て場から抽出される。古い建物は、古い木材や石や煉瓦や金属を入手できる価格の安い市場のようである。廃墟となった都市の規模ともなれば、広範囲から集められた貴重なものが凝縮されている。一方、散乱した屑は、回収したり分別したりするエネルギーが必要で、使い途がない。したがって、廃棄を行なうさいには、好ましい鉱脈を残しながら将来の再生を容易にする方法を採ることが私たちの責任かもしれない。さしあたり、リサイクルしないものは、私たち自身ないしは他の生物により、なるべく純粋に凝集され、分かりやすく近づきやすい場所に、安全かつ安定した形態で、残される必要がある。この意味では、水洗便所より屋外トイレの方が好ましく、無差別的にゴミを埋立てるよりも分別されたゴミの方が好ましく、墓地よりも納骨堂の方が好ましい。古い機械を潰して鉄の山として残すことは可能である。ゴミは、海よりも陸地に投棄する方が好ましい。なぜならば、物質が移動したり、拡散することも少なく、近づくのも容易であり、不祥事のさいに再び手を加える場合にもすばやく対応できるからである。さらに分別されたゴミなら申し分ない。資源の抽出に要する費用の大部分は、その所在と内容を捜し求める労力に費やされている。将来の採掘作業を少しでも容易にしてはいかがなものだろう?

非リサイクル

将来の世代の安全を守るために、有毒物質の廃棄物の所在を記録することはさらに急務である。何世代にもわたり産業廃棄物を野放しにして、国土のいたる所に危険をまき散らしてしまったことに、私たちはようやく気がついた。ロスのないように資源を循環させることは基本原則だが、副産物の中には、永久に封じこめておくことが望ましいものもあるだろう。長期にわたる危険物質を私たちは、リサイクルしたくはない。断じてまず最初に、そのような物質を創出しないよう心すべきである。だが、一度つくりだしてしまった場合には、その危険物質を隠蔽する安全な場所を捜さなければならない。高レヴェル放射性廃棄物は、この恐ろしい問題のもっとも深刻な例である。私たちは、この事実に狼狽し、さまざまな考えをめぐらせている。廃棄物を岩塩の洞窟に埋めるべきか、海中深く沈めるべきか、ガラスの中に溶かしこんで封印するべきか、北極と南極の氷山に溶けこませるべきか、あるいは大気圏外にロケットで放出してしまうべきか(たしかに、これは下水処理の究極の手法ではあるが、それとて、私たちが生存していれば、いずれは戻ってくるだろう)。氷河期が近づいており、貯蔵された廃棄物を、将来の文明が不注意にも採掘する危険も心すべきだろう。埋葬所は、鉱物資源の豊富な地域から離され永久に明示されるべきである（図24）。だが遠い将来の地球人たちはどの金属に魅了されるのだろうか？　彼らは、私たちが残したサインをどのように読解するのだろうか？　この問題には興味をそそられる。これは、ある文明が遠い将来の文明と意思の疎通を図ろうと試みる、初めての事態かもしれない。だがわが地球に何という重荷だろう？

儀式と祝祭

長い旅路の最後に、腰をおろして、一言も喋らず、何が心の中に残されてゆくのかを、ともに考えるのは、アイルランド人の習慣であった。別離の瞬間は、意味深長で記憶に刻みこまれる、儀式のときである。通り過ぎた場所や廃棄されたモノに「さようなら」を言うためにも、心に残るモノとの別離を受け入れるこうした儀式が、私たちには必要である。年輩の大統領や政治家が、ぎこちなくリボンに鋏を入れたり、土に初めて鍬を入れるのは、初まりの儀式である。一方、終わりの儀式もあり、そのために、記念品を大切にしたり、地下の倉庫を記念品で溢れるにまかせているのだろう。何世代にもわたって、ダラスの中流層のパーティや舞踏会などの社交の場として、もっとも中心的な役割を果たしてきた、ベイカーホテルが取り壊されるとき、古い舞踏場やその下の街路の上で、最後のパーティが開かれた。私たちは、閉会の式典を祝うことができただけではなく、ホテルの取り壊しを祝うこともできた。取り壊し業者の綱鉄の球体が揺れ動いた瞬間に、人びとが一斉に沈黙し、感動的な儀式となった。共同体の中で破壊を受容する道もあるのかもしれない。

建物ひとつのみならず、ある場所全体の死を、あるいは熟練した術や生活習慣の死を、祝うことができるのだろうか？　私たちは、これらのものを制定し直し、告別し、記録したり記念し、保証したり神聖化する習慣を必要としている。場所や文化の逝去は、影響が大きすぎて目に見えにくいが、芳しくない死に寄せられる啜り泣きにも似た、苦痛に満ちた傷跡を残す。儀式だけでは、悲しみをいやせぬまでも、私たちを支える表現の手段を提供してくれる。深い悲しみが消えないまでも、恐怖と混乱は治まるだろう。

さらに根本的な変化のためには、改宗するときや精神的なショックを受けた後のような、内奥での概念と情緒の再組織化が必要となる。私たちがもっとも嫌う、廃棄物との意識的関係は、新しい意味を悟るまで我慢しなければならない浸礼［体全部を水につける洗礼］とでもいうべき、急進的なアプローチとなるだろう。ガンディーは、人間は排泄物との親密な関連を持つように説教した。日本の仏教徒たちは、腐敗する死体と対峙して瞑想するようすすめている。

廃棄について学ぶこと

このような急進的な判断基準は、必ずしもあまねく受け入れられるものではない。精神的なショックのより少ない連想の方が、廃棄物に対するもっと均衡の取れた視点を提供してくれる可能性はある。排水処理施設、ゴミ変換器、そして埋立地は、訪れてみる価値のある面白い場所であり、定められた日程で視察してみると、廃棄物に対する興味も高まるだろう。「ダンピング」つまり使用可能なモノを求めて地域のゴミ捨て場を探索する習慣は、すでに確立されている。考古学者や歴史学者の指導の下で地域のゴミ捨て場を実地に検証するのは、興味深いことだろう。マーサスヴィニヤード島の市民たちは、リサイクルステーションの開設のお披露目に、島のゴミ捨て場でパーティを催した。廃棄物を供給する量に応じて、廃棄物ステーションの利用者へ、リサイクルされた堆肥や建築材料を還元するのも良いだろう。優良な生産に栄誉が与えられるように、優良な廃棄にも栄誉が与えられてしかるべきだろう。そうなれば、人びとは、上手に廃棄するよう心がけるだろう。宗教がある食べものを特殊視するように、ある廃棄物を半永久的に特殊視することが望ましい場合は、宗教的なタブーや文化的なタブーを採用して、廃棄物の混淆を防ぐこともできるだろう。

文化をさらに深く洞察すれば、トイレを近づき難く不潔で管理し難くしている、排泄への羞恥心を取り除く方法を模索することにもなるだろう。公衆の面前で優雅にすっきりすること、即ち「解放術とマナー」を人びとに教えることは可能だろうか？　私たちは、それを醜くモラルに反する危険な状態と考えてしまう。

この態度を変革しようと努力することは、社会に対して確実に衝撃を及ぼすだろう。しかし、私たちほど神経をとがらせない社会もある。

廃棄術

世の中には、汚くする術と清潔にする術がある。泥の中でころげ回り、泥を洗い流すのは愉快である。食事、つまり食べものを破壊する行為は、マナーがつくされ過剰とならない場合には、心地良い。廃棄術はすでにいくつも存在している。例えば、祝い火、祝宴、ガラクタ芸術、仮装行列などがある。私たちの情緒は、破壊的な廃棄物と恵み深い廃棄物、生命を高揚させるものとそうではないものとを識別すべきである。そのために、ガンディーは、戦争という廃棄を止め国土を清浄にするよう兵士たちに説いた。恐怖心と羞恥心は、放射能のようになかなか消滅しない悪に向けられるべきだろう。

時間の廃棄（浪費・無駄）

時間を廃棄するのは由々しい罪悪であると、私たちは、教えられてきた。たしかに、それには、それなりの理由がある。時間の廃棄は、私たちに再び労働を促す単なる休息ではない。時間の廃棄は、例えば、労働者による生産管理を増加させる方法ともなり、また、洗練された楽しみにもなる。時間を廃棄するのにふさわしい術もある。それは、罪の意識や外見上の努力でもなく、重荷や個人的な沈滞でもなく、他人を傷つけることもなく、楽しく、創造的に、時間を廃棄することである。これは、上流層の限られた人たちの間では、普通に保たれている態度である。上手に廃棄された時間は、多くの喜びと優れた文化的な成果をつくりだしてきた。そのような過ごし方は、活動的であり魅力的である。うまくいけば仕事と同様に夢中になってしまう。それは、実に、いつもの損得勘定を超えたものともなる。すでに述べたように、マイヤールのデザインした橋梁は、通常に見積を行なえば、きわめて非効率的なものとなる。彼は、材料を節約するために途方もなく労働力を費やした。

88———ゴミの博物館がニュージャージ州リンドハーストの埋立地に創られた。来訪者はシミュレーションされた（臭いのしない）ゴミ捨て場を通り抜けて、建物の中に入る。この展示物は、ゴミはどこから来るのか、ゴミはどこへ行くのか、われわれがゴミを投棄すると環境はどのような影響を受けるのか、という疑問を投げかけている。　（ハッケンサック・メドウランド開発委員会）

彼のデザインした橋梁は、人間の努力を廃棄した優雅な記念碑である。あるいは、ロサンジェルスの中でも忘れられた場所であるワッツに建つ、サイモン・ロディアの驚くべき塔について考えてみよう（図5）。これらの塔は、何の目的もなく、毎晩そして週末の昼間の時間も休むことなく、スクラップされた材料によって建てられた。それは、何という時間の廃棄であろうか。

人生の廃棄（浪費・消耗）

退屈や抑圧は、人間の能力を廃棄するので、真の損失である。抑圧的な社会、あるいは抑圧的な自己や世界観は、狭量な態度や行動を押しつけるものであり、人間の潜在力の廃棄である。世界中の難民キャンプにいる、多くの廃棄された人たちは、時間ではなく自分たちを廃棄している。創造的生活を送るべき人間のはなはだしい流出！　劇的な反乱は、ひとつの皮肉な発露である。亡命者たちは、自由を求める政治的な闘争の渦中にいるときに、生気を取り戻す。彼らは、飢餓や希望、そして故国からの脱出にふさわしい記念碑を建てることができるだろうか？　強制収容所の中で時間をもっとも望ましく廃棄するためにはどうすればよいのだろうか？

廃棄物による芸術

廃棄物による記念碑的な芸術は、いかにも苦汁に満ちたものになりそうだ。しかし、風刺も、また世界を意味深くするための方法のひとつである。ヒロシマに原子爆弾が炸裂した直下点の廃墟は、たしかに生々しい記念碑である（図8）。アリゾナ州の砂漠には、長らく打ち捨てられた鉱山キャンプのありふれた廃墟で、空のウィスキーボトルの巨大な山が太陽の光を反射しながらそびえている。この象徴性は、この場所にふさわしく美しかった。

廃墟となった城を保存するのと同じように、特別にゴミ捨て場を、歴史的なランドマークとして保存することも可能だろう。地域のゴミ捨て場、廃墟や遺跡を巡る地図が用意されてもいい。ニュージーランドにあるワイラケイ地熱発電所は、コンクリートの塔や迷路のような配管から、蒸気を排気する。そのため、消音設備のかいもなく、唸り、シューシューと音を立て、またゴーゴーという音もだす。この騒々しい廃棄も、観光客には畏敬の念を呼び起こすほどの魅力となる。石油精製工場からだされる炎の揺らめきが夜景を引き立てるもっとも目立つ要素となる。このような楽しみを高揚させることは可能である。屑の山に形を与えることも可能である。プラスティック製のボトルをピラミッドのように積み上げたり、錆びたラディエーターで迷路をつくることもできる。都市を発掘するときにだされた土に装飾を施すこともできるし、街路から除去した雪に彩色を施したり、空想的な形を与えることもできる。油性の汚染物質が、河の表面に渦を巻く素晴らしい光彩を形成するように、液体廃棄物の混淆がかもす色彩にも興趣深いものがある。

高架・高速道路のインターチェンジの放棄されていた空間の再利用計画の中で、レオン・クリエは、道路の流れるような曲線の外側の、残りの部分を、段状の公園に「植え替える」提案をしている。空間の連続性を、所々で分断することによって、もとの役割を否定し、劇的にしている。ベアード、マッケイ、サンプソンの三人のデザイナーは、寒冷地の平原の都市の中で

89——ネヴァダ州トノパには、第二次世界大戦中に爆撃や砲撃に合い、悲惨にも命を失った人びとの記念碑が戦争のもたらした廃棄物でつくられている。撃墜された場所から回収されたB24爆撃機の残骸、プロペラの断片やエンジンの部品や武器や爆弾の外皮などが記念碑の一部分となり、場所の標識は飛行機の残骸から回収された金属で組み立てられている。(©マイケル・サウスワース)

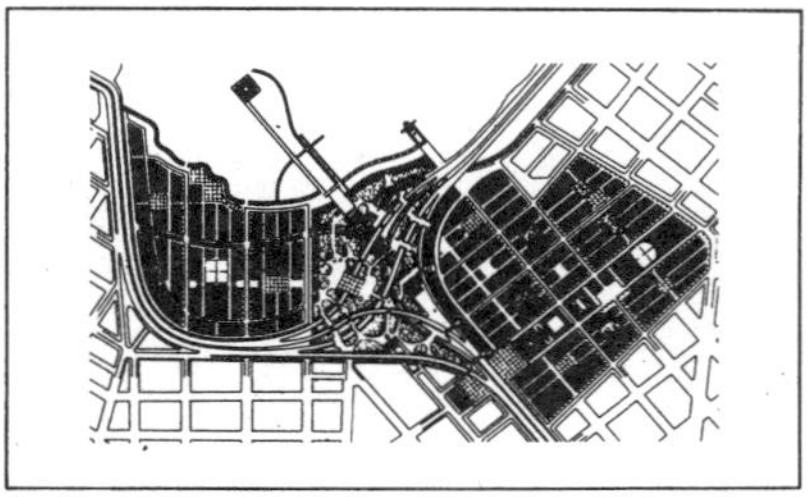

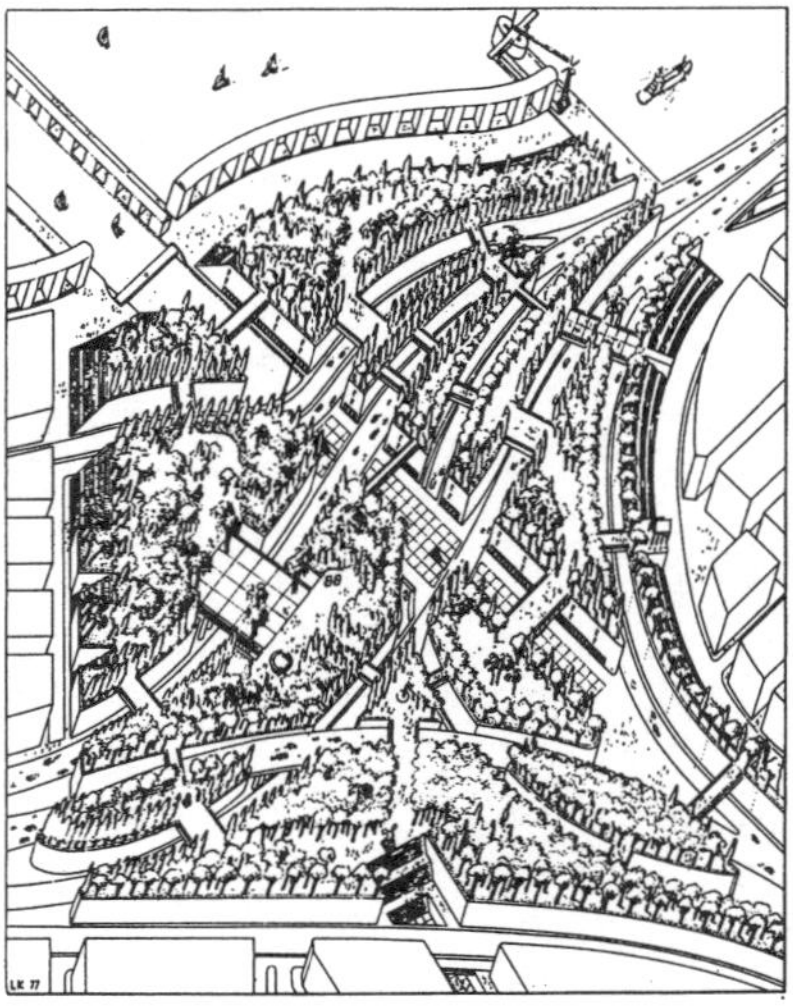

90———レオン・クリエは、アテネ=ピラエス高速道路インターチェンジ再利用計画で、陸橋で接続された緑の島々が連続する公園をつくりだしている。

（レオン・クリエ『ロータス・インターナショナル』31、78-9頁、1981）

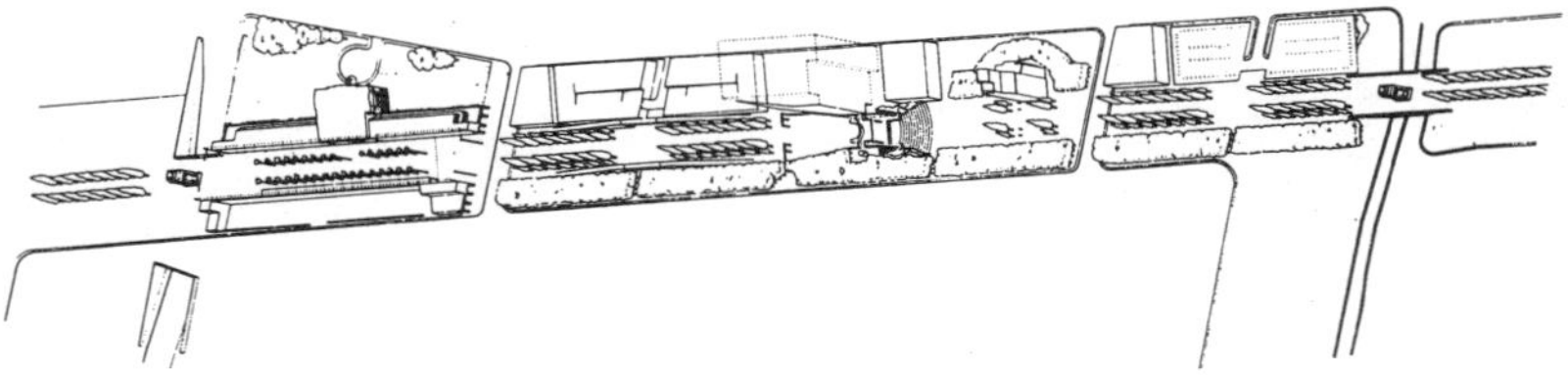

91———レジーナ・トレース　サスカチェワン　1975
古い鉄道の線路の跡を背の高い樹木が整然と並ぶアーケードに変更する計画をレジーナに住むデザイナーたちのグループが提案した。都市の周縁では緑道に接続されるだろう。都市の中心部では、ガラスの屋根が架けられ内部には椰子の木が植えられるだろう。（ジョージ・ベアード、ドナルド・マッケイ、バリー・サンプソン『デザイン・クオータリー』113-114合併号、29頁、1980）

廃止された鉄道線路の空間を、椰子の木が並ぶ線形の温室や緑道に変える提案をしている。ここにも、季候や前の機能との対峙がある。[*8] ゴードン・マタ・クラークは、投棄された建物に垂直な裂け目を入れ、建物の歴史や「魂」を暴く。強圧的な光景も、都市の破壊が進む混沌の中では、ただはかなく見える。[*9] これらは、新しいものと古いものの断片を対照させ、現在と過去を等価に認識する感覚を鋭敏にする時間のコラージュの芸術である。

回収された材料を挑発的に使用して、新しい建物を構築するのも、ひとつの廃棄物芸術である。これは、ドイツのダダイスト、クルト・シュヴィッターズによって世に送りだされたもので、彼は、さまざまなドイツ的な物体を結合させて、最初の「メルツバウ」を一九二三年にハノーヴァーにつくった。[*10] この流れを受け、一九六〇年代のコミューンは、私たちの消費社会を風刺し、自らのコミューンを第三世界の不法居住区と同一視した。彼らの言葉を借りれば、回収された構造体は、「高度な論争芸術」なのであった。しかしまた彼らは、拘束から解放された表現的な形態、行動に優しい適合性、成長の過程や昔の用途を明瞭に象徴する方

92——スプリット　1974
放棄された住宅がゴードン・マタ・クラークを触発し、彼は壁や床や屋根に大きな穴を開けて住宅を解体した。この住宅は、完璧に二分されている。（ホリー・ソロモン・ギャラリー提供）

93———作品にスクラップの材料を使った最初の芸術家のひとりクルト・シュヴィッターズは、1920年代に、木、カップボード、石膏、スクラップされた鉄、壊れた家具の部品、額縁など、見つけたものを使ってハノーヴァーにある「メルツバウ」をつくった。

(写真　ハノーヴァー　シュプレンゲル美術館)

法、そして、このような構造体が時間を経るとさらに豊かな表情を帯びる事実を、正しく評価していた。

多くの芸術家たちは、この問題に対して自覚的な態度で望み、衰退が持つ美しさや衰退の必然性に作品の焦点を定めた。ロバート・スミッソンは、目に刺激的な、腐敗や風化の進行する状態を制作しようとした。彼は、廃棄物と人生の楽しさを結びつけ、また廃棄された場所に魅惑されている自分を文章で表現した。*11「建築家や保存家は、表現が寡黙で非歴史的なものに価値を置いている。彼らは、廃墟への配慮がなく、建物や鉱山や農園が使われた後にどのように見えることになるのかという配慮もない」とスミッソンは主張していた。ユタ州ビンガムの露天掘りの銅山は、今では、深さ一マイル、長さ三マイルという、途方もなく巨大な窪地である(図28)。保存家が、鉱山は採掘される以前の姿に戻されるべきであると要請したら、山ひとつに相当するほどの土砂が必要になるだろう。しかし、この巨大な発掘による段々状の光景には、独自の壮大さがある。スミッソンが考えるように、私たちは、変化を受容すべきなのだろう。変化は、静穏と手と手を取り合いながら進む。物事は、ある状態から次の状態

94———チャールス・シモンズは、小さな村を驚くほど傷つきやすい敷地に建てた。この束の間のファンタジーは、子供や大人を魅了する。1時間もしないうちに壊されたものもあるが、数日の間、建っていたものもある。5年間建ちつづけたものもごくわずかながらあった。

(©チャールス・シモンズ)

へ、後戻りすることなく、たえず流れて行く。静寂は、嵐の中にある。

チャールス・シモンズは、ニューヨークのロワー・イーストサイドにある建物の窓の張りだしや壁の割れ目の上に、粘土でできた可愛らしい「小人たち」の村をこしらえた。[12] 彼は、一九七一年から一九七六年にかけて、人が思いもつかない傷つきやすい場所に、二五〇もの小人の村を建設した。わずか数時間後に壊された村もあるが、多くは数日後に壊された。しかし、わずかではあるが五年も存続した村もある。可愛らしい煉瓦でつくられた家々は、姿を現わしては消えて行った。それらは、建物の中の廃墟である。この小さな共同体は、成長するにつれて自己を組立て直していった。子供たちは、シモンズが作業するのを眺めているうちに魅惑され、村をつくることに参加した。その後、子供たちは小さな家々で遊び、家々を破壊したり、場合によっては、家々を守るために戦った。それは、束の間のファンタジーではあったが、「一握り」の外的な勢力に脅かされている地域に居住する市民の生活感情を顕在化させるまでにいたった。

ジャン・ティンゲリーは、ゴミ捨て場からかき集めた材料で、自己破壊的な機械をつくりだした。[13] 彼は、死んでいたモノに生命を吹きこんだ。「スクラップは美しい」という彼の発言は、この抽象的な形態に真実味を与える。古い鉄には、それにふさわしい形態があり、以前の用途に由来する意味がある。古いものに、個人的な連想が染みついている場合には、独特の力強さがある。例えば、乳母車やマネキンの手足がそうである。ティンゲリーは、役に立たない、楽しそうな機械に喜びを見いだしたが、小ぎれいで効率的なモノには反駁した。使いこまれた古い艶があり、（過剰なまでの）装飾が施され、操作がわかりやすい一九世紀の機械を、彼はとくに好んでいた。作動する状態が見えない電子機器は、彼の興味を引かなかった。また消費者の横暴に対しても、心穏やかではなかった。彼は、デパートのショーウィンドウに、商品を破壊する機械を設置した。一例を挙げれば、瓶を砕く機械をつくりだし、その脇には、循環する乱雑さを一掃する年輩の中国人もつくられた。「崩壊し廃墟となる運命にある、大聖堂やピラミッドを構築するのは止めよう」「想像しうる唯一の安定性は、生命、発展、運動である」とティンゲリーは主張する。

スミッソンに似て、ティンゲリーもまた「あわただしい動乱のうちに静寂を観る」という神秘主義的な概念を引合いに出していた。

私たちは「大聖堂も時間の中で変化し、廃墟となった姿もまた美しい」とのみ応えることができる。こうしたことが想定されて建てられるなら、建物や廃墟は、もっと豊かになるだろう。電子機器のふるまいが目に見えず、「人間的な配慮の形」が失われているのなら、機能が見えるように、装置に「配慮の形」を与えるべきだろう。

廃棄の複雑な織物

私たちは、廃棄物を遠ざける方法を模索しつづけている。汚水の排水溝は、海のはるか先に、そして煙突は空高く伸びている。またかつては到達しえない底地であった場所からも鉱物を採掘するようになった。海底から小さな塊をかき集めニッケルや銅やコバルトを得るようになったが、残り滓はやはり捨てられる。これは、もうひとつの廃棄の問題である。その他の鉱物を捜し求めてさらに地下深くまで潜入しているが、まちがいなく将来はマグマの

95———ユーレカ、ローザンヌ、1963-64、ジャン・ティンゲリーの幻想的な機械は、捨てられたモノを賛美する。動いているときには意味のない動作を賛美する。（©モニーク・ジャコ）

熱まで求めることになろう。極地の氷山を熱帯に曳航する計画がすでに提案されている。月で採掘するという案もだされている。廃棄所も資源もともに、私たちから遠ざかりつつある。いやが上にも拡張され、複雑に織りこまれてゆく、廃棄という「織物」に、私たちは、責任がある。

廃棄を学習する

廃棄や衰退を直截に取り扱う過程で、対峙すべき技術的かつ経済的な問題が、世の中には、数多くあるが、最大の問題は、私たちの心の中にある。純粋さと永続性に焦がれつつ、私たちは永遠に衰退してゆく術や、流れの連続性、軌道や展開を見据える術を学ばねばならない。動きも交わりもしないものより、これらの動きは、現在が過去と未来をしっかり結んでいる事実を示してくれる。一九世紀は、もはや遠い。私たちは、今を生きている。緩急の差はあれ、すべては変化する。生命は、成長であり、衰退であり、変様であり、消滅である。この連続性を維持することのうちに、喜びを見いだす術を学びたいものだ。

補遺A
廃棄物について話す

Talking about Waste

廃棄物に対しては皆深い感情を抱いている。その感情の数々が、廃棄物の扱い方に影響を与えている。[*1] 廃棄物に対して共有されている感情や廃棄の実践についての理解を深めるために、一九八一年の春から夏にかけてじっくりと、二一人にインタヴューを行なった。[*2] 廃棄物の定義、廃棄物にまつわる記憶や日常の実践、損失や投棄、廃棄された人生と廃棄された時間の本質、もとどおりにはできない廃棄物、廃墟に抱く感情、再利用、破壊の現場などなど、インタヴューは、数々の幅広い話題に触れながらくり広げられた。[*3] その合間に廃棄物の様相を示す六枚の写真を見せてコメントを求めた。気まずい沈黙を和らげるために、インタヴュアーは、ときには自分の経験や感覚についても議論したが、なるべく、コメントを誘導したり、引きだされたコメントを曖昧にしないようにした。議論の成りゆきによって、インタヴューの順序や言葉遣いは変化したが、各事例は、同じ内容を取り扱っている。[*4]

インタヴューに応じた人びとは、代表的なサンプルではないが、興味深い集団である。彼らは、ヤングアダルトであり、男性も女性もおり、多くが中流層に属し、幼い子供を育てている。彼らは、二つの場所に居住している。一方は、ビーコンヒルの北側（あるいは「良くない方」）。ここはかつては労働者層や貧乏学生が行き交う場所であり、都市の中心部の廃棄物の捨て場所にまつわる典型的な問題を抱えていたが、今ではジェントリフィケーションが進行している。もう一方は、ニュートン近郊。ここは、比較的裕福で「進歩」的な共同体であり、家庭の廃棄物のリサイクルで、数多くの実験を行なってきた。これらの情報提供者たちは、知り合いの輪を通じて、長時間のインタヴューに喜んで応じてもらえる人たちの中から選ばれた。この二一人の集団は、たしかに、一般に比べて廃棄の問題に興味を抱いている。私たちの目的は廃棄物に対する態度の潮流を明かし、刺激を受けることにあり、統計的な調査を意図したものではなかった。煩わしい話題ながら、示唆に富んだインタヴューは、子供たちや訪問者や裏庭の騒音などに中断されながら、彼らの自宅で行なわれた。

有毒な廃棄物やリサイクルなどの一般的な問題について答えるも

のと心構えをしていた彼らは、インタヴューの話題が予想外に幅広いのに驚いていたが、最後には、それまで意識することもなかった問題についても自発的に考えて答えた。一方、私たちは、新しい問題に対処し、心の奥底にひそんでいた感情を提起する、彼らの能力に驚いた。いささか抽象的で概念的な質問は、陳腐な答えや戸惑いを招きかねなかった。たしかに、そのような事態も生じていたが、多くの場合、質問はイメージと情緒の豊かな源泉となっていた。とりわけ、会話は聞いていて楽しく、苦労はしたが、心地良いものであった。

ここには、著しい意見の一致とともに著しい多様性があることを、読者は理解されるだろう。この多様性は、ある程度は、階層や居住地と関係がありそうだが、世界観の違いにより深く関係しているようだ。(彼らの多くが、「移動性」のあるプロフェッショナルであり) おそらく階級の起源はさておき、いかなる場合にも階層の違いはむしろ小さい。ビーコンヒルとニュートンの間で回答が違うのは、市によるゴミ処理の方法の違いや居住地の密度の違いに大きく関係している。

回答が回避されたこともあったが、沈黙は、奥深くにある感情を語りかけている。廃棄という主題は、価値観が相反するものであり、一貫性に欠けることも予測された。そして、彼らは、社会に向けて無難な対応を心がける機会を与えられているわけではなかった。回答は、両親やメディアから教えられたことに基づいている場合もあり、また内奥の感情や個人的な経験に根ざしている場合もある。これらの回答が、お互いに一貫すべきだと考える必要はない。廃棄は、難しい問題である。ある人には、絶望的な問題であり、ある人には、つねに強制しようとする脅威であるために、管理されるべき、ただ煩わしい問題でしかない。インタヴューには、長い沈黙と沈みがちな声が、数多く収められている。

廃棄物の意味

インタヴューは、十分に気楽な雰囲気で、「廃棄物 (waste)」という言葉を聞くと、心の中に最初に思い浮かぶものを尋ねることから始められた。多くの場合、ほとんどすべての人びとが、生ゴミとガラクタ、また実験室で死んだウサギとか、また申し訳なさそうに笑いながら、尿や排泄物などの、個人的に頻繁に投棄する物質を挙げた。もっと多くの廃棄物をリストに挙げるように依頼すると、彼らは、これまでに捨てたことのある、数多くのものを列挙した。書かれているものは、主にゴミや大便やおむつ、紙や瓶や缶、屑やガラクタのように、処理しなければならないもの、あるいは、有毒な化学物質や、放射性廃棄物のように、間接的に知っているにすぎないが、脅威を及ぼすと思われる物質である。それにつづいて、失われた時間や家庭やオフィスで使われるエネルギーのように非効率なものを挙げた人、あるいは資源の廃棄、消費の過剰、大きすぎる自動車のような、一般的な社会批判を書き加えた人もわずかながらいる。

したがって、彼らの廃棄物の第一の定義は、生産と消費がつくりだす副産物であり、価値がなく捨てられるべきものである。廃棄物とは、長所が永久に失われた物質であり、つねに片づけられるべきものである。屑は、永遠に屑であり「ムカつくもの」である。また廃棄物は、非効率的で、不必要な損失や浪費であり、失われた機会であるという応答が、わずかにあった。廃棄は、実在というよりは、むしろ出来事である。彼らの中のひとりが指摘しているように、廃棄（waste）は、名詞であり、動詞である。つまり、廃棄は、人間によって産みだされる物質であり、行為である。それは自然な成りゆきではない。「化学薬品よりも、うじむしに犯される方がまし」（最上の基準として、自然の過程を求める声がくり返されるのはいじらしいまでだ）。廃棄物は、人間の選択と深くかかわる。その選択は意識的でもあり、また無意識的でもある。ある男性は「火山灰は良い土になるし洪水も必要」と書いている。別の女性は、この明晰さを裏返しに表現して「人びとに影響を及ぼす廃棄物だけが重要」と言う。そして彼女は「昆虫や野ウサギよりもまず人間。アライグマならば平気で通り抜けるわ」と指摘する。（蟻やゴキブリなどの昆虫嫌いに加えてアライグマへの敵意が目立つようになった。この毛皮で包まれ、神経質であっさり生け捕られる生き物たちは、私が子供のころには、風変わりで愛嬌があったが、今では、都市の街路にころがる腐敗物を食べる手に負えない動物になった）。

議論を進めるうちに、廃棄物（waste）の定義の多くが解体してゆく。廃棄物という言葉は、多くの観念を覆い隠しているために、すぐに定義の困難さに気づく人もわずかながらいる。ある男性は、廃棄物という用語は、とらえ所がないのに強力であると指摘する。言葉は、記述し、創造するので、言葉の持つ否定的な意味の広がりが、多くの現象へと波及する。「私たちは、新しい廃棄物を産みだすと同時に新しい廃棄物を定義している」と別の男性は言う。たしかに、「廃棄物」は誹謗する言葉である。ある女性は、廃車置き場を思う。なぜならば、その場所で友人が、爆発事故に遇い失明したからである。別の人は、病気のこと、そして「病気を伝播させる昆虫」のことを考える。また別のある人の廃棄の直截なイメージは、小さな島に隔離されて二〇〇人の子供たちのサマーキャンプのゴミをたえず捨てなければならなかったストレスが、いまだに尾を引いている。

死や埋葬もいくたびか登場する。「棺に入った人を埋めることは、人と棺を廃棄すること」。別の女性は、彼女の父親のためにマホガニーの棺とコンクリートの底板を購入することに巻きこまれてゆく過程を記述する。しかし、彼女は、父親の遺骸を火葬にすべきか、研究のために献体すべきかに迷い非常に不安定な感情を抱いている。廃棄物は、管理と関連しているように思われる。かくも廃棄物の発生は、私たちの豊かさの証しでもあり、集団的な管理能力の喪失の証しでもある。何かを失うことは、盗まれることよりも廃棄に溢れているわけではない。なぜならば、盗難は明らかに管理能力の喪失だからである。しかし、別の人はそうではないと言う。ものが使われなくなった時点で、廃棄物は発生する。もしもモノが盗まれても、いまだ使い途があれば、それは廃棄物ではなく、再び世の中に還流されたにすぎない。いずれにしても、廃棄物を堂々と擁護する人はいない。

最悪の廃棄物

次に、最悪の廃棄物は何であるかを質問した。いくつかの候補を挙げたいと思ったかもしれないが、誰にとってもこの質問は難しくはなかった。この時点で多くの回答者たちは自らの直接的な経験から離れ、生ゴミや屑は煩わしいものだが、管理が可能な出来事であり、生命を脅かすものではないことに同意するようになった。一般的には二つの最悪例を挙げた。ひとつは、（定義は難しいが）人間の能力の廃棄（浪費）。もうひとつは、放射性廃棄物や有毒な化学物質や地下水の汚染のように、人間社会に長期にわたり脅威を及ぼす汚染である。これらの廃棄物は、理性の中で明晰に定義されているが、彼らの大半は、その廃棄物の実際を経験したことはない。それらは個人の管理能力をはるかに超え、実は、社会が備える管理能力をも超えているように思われる。廃棄物への態度は、悲観的であり受動的である。あるいは（何人かは、汚染を防ごうと積極的に努力してきているので）仮に受動的とは言えないにしても、少なくとも悲観的である。

能力の廃棄について、彼らは、「劣悪な教育は子供たちをダメにしてしまう」こと、心や才能や創造性の廃棄、「失ったのにそれに気づかない多くの人びと」のこと、そして政府の雇用が引き起こす財政の廃棄について語る。ある女性は、この視点をさらに進めて、人間ではない生き物が廃棄されていることを指摘する（彼女はグリーンピースに参加している）。「人は、つねにモノを廃棄することについては考えても、生命の廃棄については考えません。肉を食べることは、生命の廃棄です」。しかし、これから了解されるように、生命の廃棄の意味をどれほど強く感じていても、説明するのは容易なことではない。

わずかだが、最悪の廃棄物を記述するさいに、個人的な経験に固執して、自分が嫌悪するものを特定した人もいた。街路上の犬の糞が、二度も言及されているのは、足について家の中まで運ばれたり、子供たちがいたずらするかもしれないからである。ある女性は、自分が病院で見かけたことのある、研究に使われて死んだウサギや中絶された赤ちゃんに言及する。廃棄物の臭い《にお》は、視覚から受ける印象を超えて、とくに不快である。ある人は、「臭い《くさ》」という表現をくり返し記述している。

良い廃棄物

このような決定的な回答の後に、害を及ぼさない廃棄物、あるいは良い廃棄物があるかどうかを尋ねてみた。一連の思考は、ここではずされる。廃棄物のイメージを再評価しようとして、長い休止や、拒否と受容の狭間のためらいがつづく。廃棄物は、通常は良いものとして定義されてはいないので、ほとんどの人は、良い廃棄物というものを考えることができなかった。良い廃棄物を考えることができた人は、コンポストや堆肥、ゴミや紙のリサイクルに言及した。彼らは、これまでも自然を大切にして、森林のエコロジーや、庭でのコンポストの利用を提唱してきた（「でも、私たちはコンポストを使わない。だって、蟻や動物たちが寄ってくるんです」）。あるいは、近年のマイマイ蛾による病疫は、痛ましいが、それも結局は大地を豊饒にする。ある人は、汗に言及している。汗は、体温を調整し老廃物を体外に排泄する。ごくわずかの人が、回復のために「廃棄された時間」について考えている。しかし、「良い廃棄物」は、その他の多くの人たちを混乱させる質問であった。

子供時代の記憶

次の質問に対してもまた、最初は、ほとんど反応がなかったり、曖昧な回答しか返ってこなかった。さまざまな追想が呼び起こされるだろうと期待していただけに、拍子抜けした。廃棄物について子供のころのいきいきとした思い出があるか尋ねてみた。私自身も、多くの思い出が甦る。落ち葉の焚火、落ち葉で一杯になったガレージの裏の狭い空間、都市の煙や霞、農場で堆肥を初めて知ったこと、おねしょの困惑、公共トイレが見つからない焦り。トイレの機構の探求、私は、このとき初めて機械の作動というものを理解した。誰もいない草ぼうぼうの空き地で遊んだこと、初めての葬式、不景気で工事が放棄された高層住宅の骨組み、裏道に死んでいた犬など、あげるにこと欠かない。しかし、彼らは、しばらく考えこみ、捜し求め、「べつに」と答えた。これといった記憶を思いだせなかったのである。

黙っていたのは上品ぶったからではなかった。多分、記憶が薄れたというような別の原因があった。彼らは、自治体が行なっている廃棄物の投棄の方法についてインタヴューを受けるのだと予測していた。そして、私たちの最初の質問は、その期待に答えてしまっていた。彼らは、思い返すうちに、幼かったころに、どのようにしてゴミや屑を投棄していたかを、おぼろげながら思いだすことができた（それは、私も同じである）。ゴミの収集日にゴミ用のバスケットを空にしたり、屑の入った缶を外に運んだりしたことを思いだしてもよさそうだが、これらのことは重要な記憶ではなかった。子供のとき、ゴミの回収に参加してはおらず、部外者だったので、ほとんど意識していないのである。ある人は「ゴミ収集のおじさんを思いだせない」と言い、「子供のとき、ゴミは臭わなかった」と書いた人もいる。

「トイレットペーパーはいつもあったし、花ばかりを見て茎や幹は見ませんでした」。彼らが思いだしたことは、自分たちの両親が、不景気な時代に育ち、廃棄物に関心をもっていたということだった。廃棄（無駄に）しないという態度は、親の戒めだった。彼らは「もったいない（don't waste）」という言葉も、それから何かを廃棄（無駄に）したときに叱られたことも覚えている。ある人は、この対極にある「迷ったら捨てよう」という父親のスローガンを覚えている。母親と父親はおおむねこの点については正反対の意見で片や多分に脅迫観念に取りつかれて倹約しようとするのに対し、もう一方は捨てようとする。しかしそれも親なればこそのことで、廃棄にまつわる言葉には生きたモラルがこめられている。

インタヴューの後半に入り、話題が広がるにつれて、私たちが当初に期待していた記憶が現われてきた。あるひとりは、落ち葉を燃やしたことを思いだした。またもうひとりは、キャンディを買うおこづかいを貯めるためにリサイクル可能な瓶を回収していたことを思いだした。子供のときに田舎に住んでいた女性には、夜中に起こされて、アライグマが生ゴミを荒らしに来るのを見ていたという、いきいきとした記憶がある。ある人の父親は古い機械の修理に熟練していた。もうひとりは、ガラクタ置き場から集めた部品で自動車を組み立てた。家が紙で一杯だった人もいる。それは学術的な仕事が進行していたことを窺わせるが、その母親の口癖は、「自分の家の編集の仕方を学んだら」であった。ひとりの回答者は、下水が干潮の海に流れ落ちるのを見ていたことを覚えている。思いだすだに危険な巨大な配管の中にある屑の山でいつも遊んでいた人もいる。私たちは、街路清掃夫のイメージを新たにし、子供のころにゴミ収集のおじさんになって、大きな収集車で走りたいという憧れを抱いていたことに気がついた。ある男性は、子供のころにおねしょをしていたので、身体から排泄する廃棄物は、不快ではないと言う（子供のときに愉快な経験であったはずはないが）。ある女性は、一〇代のころに乳牛を飼っていたので、堆肥を集めて使っていた。この最後の事例を除けば、これらは、廃棄の過程に子供のころに参加していたというよりも、個人的な観察に基づく記憶や、親の態度についての記憶である。多くの場合、この子供たちは、生産の過程の外側にいたように、廃棄の過程の外側にいた。

廃棄の歴史

したがって、現在の廃棄が、親たちの時代とは異なるのかどうかを尋ねたときの回答は、むしろ、一般的で因習的なものであった（とはいっても正しくないわけではない）。親たちの時代には、廃棄物がそもそも少なく、紙やプラスティックやその他の包み紙などの包装は、はるかに少なかったのは確かである。微生物で分解される廃棄物は、今よりも多かった。返却できる瓶、修繕した衣服や器具、戦時中に収集された金属、ボーイスカウトが回収するように束ねられた古新聞などのように、リサイクルできる廃棄物も、今よりも多かった。贅沢は、今よりも少なく、節約に懸命であった。消費財も、今よりも耐久性があった。同時に、彼らの親たちは、廃棄物に対処する手段をほとんど持ってはいなかった。ビニール袋はなく、自治体による廃品回収は今よりも原始的であり、ゴミの山は放置されていた。紙袋は破けゴミが地面に散らかった。廃物らしい臭いや姿を抑える手段となるとほとんどなかった。「私たちの社会では、廃棄物の消化能力が以前よりも衰えています。今では、すぐに吐き気を催すのです」。

それは、彼らの子供たちにも当てはまる。「子供たちは廃棄物のことをまったく考えない」と新しい親たちは言う。「子供たちは屑のことなどには無関心」であり、破滅にも寛容である。子供たちにとって「廃棄物は姿を消したもの」。しかし、子供たちは、おならや堆肥のような有機的な臭気を嫌悪すると報告されている。ひとりの女の子がインタヴューに割りこみ「私は捨てるのが嫌いなの」と宣言した。それから、近ごろでは学校で、一ポンドにつき三五セントで回収してもらえるアルミニウムの空き缶を校庭を駆け回りながら捜して、楽しんでいるのだと話してくれた。子供たちは、グランドの観覧席の下に空き缶の金鉱を発見したのだ。裕福な義理の母親を持つある女性は、自分の夫の連れ子の廃棄に溢れた態度（放蕩）について報告している。秩序と無秩序の格闘という、古代からの家庭内での重大問題は、これらのインタヴューの記録の背後にある多くの問題に引き継がれている。電気掃除機が唸る音、そして、次のようなやり取りが聞こえる「君が、部屋を掃除するんだ！」。「この子が床を散らかしたんだ」。「お父さんが掃除するべきよ」。すると親は子供へ「それは、君の仕事だ」。

一方、子供たちが屑で遊ぶようすについての報告もある。「ガラクタを集めだすのは、六歳くらいから。それは非常にありふれたことです」。さらに、学校やメディアが廃棄物に注目し始めているのは新しい現象だろう。「うちの二歳の子供は屑がとても好き。だって、オスカーやグローチ（テレビの子供番組「セサミストリート」に出てくる人形たち）が、屑入れの缶の中に住んでいるのですから」。「創造力のある幼児は屑の使い途を見つけます」。ニュートンの小学校では、予算が削減されるにつれて、以前よりも頻繁に、空き缶や古い紙タオルの芯を使ったオブジェがつくられるようになった。「子供たちは、私が子供のころよりも廃棄物のことをはるかによく知っている」。彼らは、子供たちが無駄をしないように教えるときには、拒否反応が起きないように慎重に言い添えている。「母さんは決してモノを壊さないよ。卵を除いてはね」。

廃棄物の将来

子供たちが成長したときに廃棄物の問題はどうなっていると思うかと彼らに尋ねたとき、その答えは、多くの予言と同じように、非現実的であり情緒的であった。声の調子は救いようもないほど憂鬱になる。技術が問題を解決してゆくと考える人もいれば、積極的な回答は無理なほど事態は悪くなっているだろうと言う人もいる。いずれにしても、多くの人たちは、容赦のない時代が近づいていると見ている。もっとも明るい回答は、子供たちが処理すべきものが単純にただ増える、つまりもっと多くの紙やプラスティックや汚染が広がるという見方か、人口の増大と資源の枯渇に見舞われる二〇年後から三〇年先までは現状と変わらないという見方である。その他の回答は、将来に脅え悲観的である。「破滅に向かっているのかもしれないけど、考えないのさ。すぐ来るだろうけどね」。「荒涼とした世界。決まり文句みたいだけど」。「空間もモノも不足する時代がやってくる」。「廃棄物独裁主義が始まりそう」。「社会が発展するにつれて生ゴミの山も大きくなる」。「恐ろしい。世界の破壊」。「真の環境主義者は、自殺すべきだ」。酸性雨について、人びとは、次のように言う。「湖の中に魚が少し」。「西洋文明を思うと気が滅入る」。「楽観しようとしても事態のひどさを知っている」。これらの予感が現在の経験からあまりにかけ離れていたり、他の人びとの懸念に起因していたり、メディアによって喚起されたものであったり、正確さに欠けるものであるとしても、いずれにせよ議論の背後に深く暗い影を落としている。

廃棄物にまつわる最近の経験

暗雲の広がる将来から太陽も日影もある現在へ戻ろう。いつも自分で処理する廃棄物はどのような種類のものか？　どのような問題があるのか？　例えば前日には何を捨てたか？　なるほど、彼らが捨てたものは、食べもの、紙、無意味な郵便物、新聞紙、入れ物、包装紙である。なかでも、しつこくモノを梱包することに彼らは怒りを覚えている。「食料品の包装をしないのでスーパーマーケットで買い物をします」。紙袋や広告や意味のない郵便物は、森林の廃棄（蕩尽）を意味するし、プラスティックは原油の廃棄（浪費）を意味する。あるグラフィックデザイナーは、実際に紙を廃棄（無駄に）していると自覚している。回答者全員もそう感じているし、そうしながらも生きてゆかねばならない。ニュートン市では、これまであらゆる紙を回収し、リサイクルしてきたが、現実的ではないので、新聞紙の束以外の回収を取りやめた。

ビニール製のゴミ袋が引き起こす両義性は興味深い。あのゴミ袋を使うことには皆いささかの罪の意識を抱く。ある女性は、ビニールが分解しないのを知っているので、その中にいろいろなゴミを一緒に捨てるのは嫌いだと言う。とはいえ誰もがあのゴミ袋を使い重宝している。それは「必要悪」だ。あのゴミ袋はゴミの管理を容易にする。今では街路に袋からこぼれ落ちるゴミはほとんどない。容器を洗わなくてすむので時間とエネルギーを節約できる。しかし「わが家で使っても使わなくても生産される」「皆が使っているのになぜ私はだめなの?」（二つの古典的な言い訳）。彼らが、あれほどまでに嫌悪しているスーパーマーケットの包装と、このゴミ袋を関連づけていないところが興味深い。原料の費用がどれほどであれ、（消費者かリサイクル者かの違いはあるが）次の利用者に渡される費用がどれほどであれ、（食べものとゴミの違いはあるが）両方とも生産物の輸送の管理に役立つ梱包であることに変わりはない。それでも、彼らには不愉快なものである。包装の中が混沌としているというイメージが気に入らないのである。ゴミ袋の中に落ち葉を入れるのはとくに「愚かしく」「奇妙だ」と言及している人が二人いる。

幼い子供の親たちは、オムツが気になっている。彼らの多くが「使い捨て」の紙オムツを使っているが、これもビニール製のゴミ袋と同様に、罪の意識を呼び起こす。「布のオムツの方が良いとは思うんですが……二階に臭いのするバケツがあると思うだけで……またオムツがワゴンに一杯になっているのを考えると……」。もうひとりは、シーツや枕や布団を洗濯する手間を省くために、夜だけ紙オムツを使うが昼間は布オムツを使っている。しかし「それでも他の人たちが使い捨てオムツを一日中使っているのかと思うと気が滅入る」。もう家族のオムツを洗う人は誰もいない。子供の尿や便を扱うのは親の役割の中でも不愉快なものなのである。子供にパンツも着せずに歩き回らせることなど考えられないことだろう。しかし、他の社会では充分にありふれたことでもある。

ゴミ、屑、紙、意味のない郵便物、包装、そして紙オムツは、この二一人の大人たちがもっとも関心を寄せている物質的な廃棄物である。しかし、次のような事柄も言及されている。ある男性が仕事中に裏庭からゴミ捨て場に運んだたくさんの石、街路にある犬の糞、空き瓶や空き缶、砂場からでた砂、壊れた石膏、落ち葉、いも虫の廃棄物。回答者の何人かは節約家である。「私は地下室が一杯になるまで瓶をためていましたが、捨てるときには罪の意識を感じました」。他の人たちはある程度たまると、定期的に一掃している。そのうちの何人かは「編集者」であり、この浄化行為を楽しんでいる。「引越しが待ち遠しい。これでモノが捨てられます」。その他の人たちにはやや難しい。「引越しのときにモノを捨てるには精神的な努力がいる。でも一掃するのは良いことだ」。

ゴミさらい

何人かは、建物の部材や器具やその他の興味深いモノを捜すために、街路の上に捨てられたものを漁っても、恥ずかしいとは思っていない。その他の人たちは、格好が良くないと感じたり、捜しだしたものが汚染されているかもしれないと感じている。「いったん家の外に捨てられたゴミの中から良いものを選びだそうなんて誰が思うでしょう？　考えたことはあるけど、前の持ち主のこともさっぱりわからないし」。ある人は、メイン州に住んでいたころ「ゴミさらい」をして見つけたものを蓄えておく空間を戸外に用意していたことを回想する。彼は、もともと考古学を修めていたので、ゴミ捨て場が非常に面白いことを熟知しており、実際に「良いもの」を見いだしていた。別の人は、若いころにゴミ捨て場で使い途のある道具をたくさん見つけていたが、今では時間の方がずっと貴重となり、ほとんど捜していない。数人が、子供のころに探検したような地域のゴミ捨て場の社会的な役割について回想しながら「失われた投棄の術」に言及している。廃棄物の備蓄やリサイクルに必要な空間の役割についてもたびたび触れられている。そして、それは投棄の過程に逆らうゴミ拾いに対するニュートンの住人とビーコンヒルの住人の態度の違いの中に明確に示された。

家族の内や外で起きている格闘の傷跡は明らかである。「モノを拾ってはもとに戻してばかり」。「子供は何もかも流しの中に捨ててしまいます」。「街路の上に何かを置き忘れたりすると、犬とアライグマに滅茶苦茶にされてしまう」。ある女性は、他のゴミ投棄者たちから自分の家のすぐ隣の裏道を防衛している。「街路をきれいに掃除しようとする人はいません。それは地位の低い仕事だから、皆〈ゴミに触れたくもない〉と言うのです」と自分の感情を他の人に投影する女性もいる。「他人が捨てた屑は拾いませんが、自分の捨てたゴミの行方は気になります」と他の人たちが廃棄物の問題の責任を認めようとしないことに不満を洩らすある男性は、その指摘のすぐ後に、いったんダストシュートに捨てられたゴミの処理を行なうのはビルの管理者であるとも言う。「視えないと、考えないのでしょう」と別の人は言う。

廃棄物は厄介なものであり、他人が管理してくれればラッキーである。「廃棄物は処理すべきですが、そのために生活を破滅させてはなりません」。「コークを飲むのは空き缶を処理するだけの価値がある」。「過剰な心配も無駄《ウエイスト》のうち」とは言っても、彼らはリサイクルする人に感心している。「花壇のゴミもジャガイモの皮からつくった石鹸も何でも使う人がいるけど、少し度を越しているみたい。私の判断は時間の価値とのかね合いです」。彼らは、スケジュールの調整や分別や配達や束にまとめる作業が必要となるリサイクルの難しさを説く。

「私たちは袋をリサイクルしてきましたが、お店が対応してくれなくなり、絶望的です。四六時中節約を心がけています。トイレの水もときどきしか流しません。もう干上がってしまいそう」。この女性はシャワーを三秒間しか浴びず、長々とシャワーを浴びる夫と格闘している。

しかし、創造的な応えもある。ある女性は、遊びに来た近所の子供たちに古い洗濯機を分解するゲームをさせて、投棄した。一度、ばらばらにすれば、捨てるのは簡単である。

ごくわずかの人たちが、日常の一部となっているその他の廃棄物について言及している。時間の廃棄はお馴染みのもので、テレビの前で過ごす時間を意味することが多い。それはまた、自動車によって産みだされる時間の廃棄をも意味する。中には言い訳の形をとった間接的な当てつけもある。「車で動いているので〝T〟［ボストンの公共交通システムの略称］時間では一日の予定が立てられません」。

廃棄物の収集

この二一人の市民たちは、自分たちが住む地域の廃棄物の公共収集サービスについてどのように考えているのだろうか？　難しいテーマであることを考慮すれば、おおむね好評だった。「良い」「非常に良い」「素晴らしい」「有り難い」「良いけれど騒がしい」「ずば抜けているけれど皆まったく無関心です」。ただし、これには折々に「悪い」「ひどい」「場合による」という趣が加味されている。「作業をする人たちはトラックに向けてバケツを放り投げるし、ゴミを街路に残したり、缶をそこら中に落としてゆく」。一貫した不満がニュートンからだけ寄せられているのは、充分に興味深いことである。ニュートン市は、きめ細やかなリサイクルのシステムをつくり上げた後に、リサイクルから撤退しているからである。ニュートンの住人たちは、市がもはや受けつけないモノに対して、また今もつづけられているガラスと新聞紙の分別収集の複雑なスケジュールに対して、ぶつぶつと不満を言う。「あのスケジュールはたまらない」。「市がコンポストを使っている地域を収集作業の対象から外したときにはがっかりしました」。「スケジュール、分別、騒音。リサイクルは苦痛です」。「リサイクルは、いつの間にか、何を残し、何を何曜日に収集するかというゲームになり果てた」。

それでは、ゴミ収集の作業員はどのような人たちなのだろうか？[*5]　回答はおおむね一致している。作業員たちは、親切で、よく働き、有用である。彼らは「普通の人」であり、爽やかで、有能で、活動的であり、彼らこそ「知られざるヒーロー」である。回答者の多くは彼らを見知っているし、必ず挨拶を交わすことにしている。意見の不一致が噴出するのは、ゴミ収集の作業員がどう感じているかを彼らが想像するときだけだというのは、注目に値する。ある人は、彼らはその仕事を憎んでいるに違いないと言う。もうひとりは彼らは人びとを嫌悪しているに違いないし、多くの人びとは彼らをひどく扱っていると言う。なるほどたしかに、私たちは収集作業員を頼りにしている。彼らは、私たちが不愉快に違いないと想像する仕事をしている。彼らが廃棄物を持ち去ってくれるので、私たちは非常に心地良く安心していられる。彼らがその仕事を止めるとしたら、少々恐ろしくなる。彼らが、爆弾処理部隊のように、廃棄物を除去するのを見るとほっとする。

しかし、もし廃棄物の収集サービスが停止した場合にはどのように行動するだろうかと尋ねたとき、ニュートンの住人たちは、その状況を楽々と乗りきるように思われた。廃棄物を自分でゴミ捨て場まで運ぶだろうし、あるいはウェルズリー［ボストンの郊外］にあるゴミ焼却場まで運ぶだろう。ゴミを燃し、コンポストで堆肥にし、森の中に戻したり、裏の物置の中に蓄えておくだろう。またニュートンの住人たちは、的を射た影響力のある発言が、地域に効果的であることを知っているので、組織をつくり（収集作業員にではなく）政治家に圧力をかけるだろう。ビーコンヒルの住人たちは、自宅にもコミュニティにも撤退できる空間がない。「近所には、ゴミを燃やせる裏庭も暖炉もありません。捨てられるのは、液体の廃棄物だけです」。したがって、ビーコンヒルの住人たちは、廃棄物を少なくするための組織をつくるか、その作業のために人を雇うだろう。しかし、彼らはニュートンの住人よりもシステムに信頼を置く傾向がある。「当局は何とかしてくれるだろう」と州兵に助けを求めようとする人もいる。引越す人もいるだろう。しかし、概して言えば、個人的に行動するにしても集団で行動するにしても、ビーコンヒルとニュートンの住人たちは、どちらも問題を処理するいくつかの手法を見いだすだろう。それは、破局にはいたらぬまでも、不愉快なことではあるだろう。彼らは以前にも同じ経験をしている。

価値のある廃棄物

次の質問に答えるためには、思索と心の深みから引き上げられた、さらに強い感情が必要であった。「惜しいと思いながら捨てなければならなかった一番最近の例は何ですか？」すべての人が即座に答えられたわけではなく、また非常に慎重な答えをした人もわずかにいた。結局、回答には、洗濯機やクリスタルガラスの食器セットや流行遅れの衣服など広範囲のリストが並んだ。子供の衣服は、あっという間に着られなくなる。ある回答者は子供の衣服の古着屋を始めた。ある人は「私の家では、衣服がボロになるまで次々に着てゆきます」。でも「他人が履いた靴は履かない方が良さそう」と言う。別の人は「履けなくなった靴を捨てるのは最悪です。履き潰しがたくさん残ってしまいます」と言う。彼らが列挙した、美術の作品、学校での創作物、衣服などは、子供の成長の証しである。「子供はその年令に再び戻ることは決してない」のでこれは、苦しい「編集」作業である。ある年令に何かを残すことは問題の処理のひとつの方法であり、ある人が「記憶事物博物館」と呼んでいたものを創造することでもある。

ある男性は、ウールのスーツを捨てるときの話をしてくれた。「灰色の素敵なピンストライプのスーツは、二年間シャツとTシャツで過ごした後、ボストンに戻ったときに買ったものでした」。捨てるのはとても難しく、彼は告別のために精神的な儀式を行なった。ある女性は次のように告白した。「私は祖母のウェディングケーキの頂部をようやく捨てたところです（これを聞いた子供が「マミー！」と驚いている）。五〇年間地下室にありましたので皆腐ってしまいました。でも、一番上にあった彫像だけは残しておきました」。別の女性は洗礼の杯のセットが盗まれたときの自分の狂乱ぶりを話す。転々と引越した後も、いまだ充分に使える、いわくつきの古い椅子を捨てることが、どれほど大変であったかを回想する人もいる。ある男性は、いずれ錆びついた車を拒絶するように自分に言い聞かせ、車を廃棄する決定を下さねばならないと観念している。

モノを取り除く

インタヴューの回答者たちは、このような記憶や予感に導かれて、モノを取り除く方法について話す。何人かはあらゆるものをできるかぎり長く保持する。判断に迷う必要もないほど価値がすべてなくなるまでモノを保持する人もいる。使わなくなったモノを、地下室に寝かせてワインのように「熟成」させるが、結局は、捨てるか修繕することになる例もある。ある人は、同様な気分で「ガラクタの山」を大切にしていて、底にあるモノから順に捨てる。これらの戦略には、備蓄する空間が必要である。一家族用の住宅が広いに越したことのない理由のひとつはここにもある。*6 その反対に、ある女性はモノを取り除いたり、何もない所から始めるようにするのが好きである。家族の全員がつねに合意をするとは限らない。ある男性は、新しい扇風機が到着し梱包していた箱を捨てた。子供は箱を欲しがっていたが、彼は箱が家の中に転がっているのを見るとうんざりしてしまう。インタヴューの当日に子供が家にいなかったので、彼は箱を捨てた。精神分析を受けていた女性は「自分にとって、精神分析を受けることはモノにさようならを言うための、ひとつの方法でした」と語った。私たちは、モノをどのように捨てているかについてもっと学びたかったが、戦略の筋道よりも、もっと基本的な感情について学ぶことが多かった。

喪失の意識

捨てねばならなかったモノについて尋ねようとしたにもかかわらず、議論は、別の喪失に向かってしまうことが多かった。ある男性は離婚したときの怒りを思いだし、ある女性は、家族が引越しを余儀なくされ、乳牛と別れたときの苦痛を思いだした。その女性にとって、物質的な損失は大して重要ではなく、他人と別れることも、悲しいけれど、永遠の喪失ではなかったのである。「失うことなしに大人としての人生を成し遂げることはできません。失うことによって回復するのです」。イギリスを離れたことを後悔している人もいる。彼の家族はロンドンの家を売却してカリブ海へ行った。「私は、自分自身のためにそうしました。振り返ってみると、思慮の足りない行動でした。今になって失ったという意識を感じています」。ある男性は、それまでの情緒的な絆や生活の方法と決別するために行なった意図的な努力について話した。大学に入学すると過去の家族との生活を脱ぎ捨てるように、卒業してからは学生時代の知的鍛練を慎むようにしたが、結局は無駄《ウェイスト》だった。モノを諦めることははるかに容易であった。

彼らは「あなたは、これまでに自分にとって、とくに大切な人や場所や建物やモノを放棄したことがありますか?」という、私たちが用意していた質問にすでに答えていた。率直な回答をさけた人がわずかにいたが、多くの人たちは、愉快な気分で話してくれた。この時点では、モノとのかかわりへの言及は、それ以外の愛着を象徴するものに比べて、先ほどよりも少なかった。しかし、ある女性は「一二歳のときに、引越すことになり、フレディーという熊」を失ったことを考えていた。「それは悲しいことでした。フレディーはとても素敵な古い縫いぐるみでした」。別の人は「私は場所への愛着はそれほどありません。でも、モノには愛着があります。今でも自分の熊の人形を持っています」。しかし、大多数は、人か場所か、あるいはその両方について話した。二人がボストンやビーコンヒルやサウスボストンに建っていた古い建物が失われたことを嘆いている。そしてオペラハウスと昔のニューイングランド水族館について言及していた。ある人は学校を去り難かったことを、ある女性は父親の死を覚えている。ある人は「最近になって友人の娘さんが重い病気だと知らされました。モノを失うことで深い影響は受けていません」。そして一瞬、彼女はそのことを考えてから「ところで、私は若いころグロースターシャーで暮らしていました。ご存じありません？　そこはなだらかで優雅なイギリスの田園風景です。その姿が消えているのです。心が張り裂けそうです」。ある男性はウィルマンティックで育ったが、仕事がないので街を離れなければならなかったときのこと、そして、コネチカット渓谷の豊かな農地が視界から遠ざかってゆくようすを興奮して話す。ある男性は転職する機会にクリーヴランドを諦めたことがつらく、別の男性はワシントンを離れることが悲しかった。「あのころは良かった」。もうひとりは、二年間過ごしたミクロネシアを離れたときのことを考えている。「それは信じられない文化的な経験でした。多くの友人ができました。時折、連絡を取り合っていました。二度と戻ることはないだろうと思うと残念です」。また別の人は、一年間暮らしたニューハンプシャー州コンコードの自宅のことを思いだす。「よく川に向かう下り坂を歩いて、サギや牛を見に行きました」。彼は離婚したばかりで、仕事もなくその場所を離れた。「私は庭からも、二人の生活からも離れました。建物を失うことはその他に失ったものすべての象徴でした」。ある女性は「たしかに、知人がボストンを離れるとき、何かを失ったように感じます」と答える。「それは、友情に投資をしているからです」。

ある女性は、少しずつ違う思い出を順番に話してくれる。彼女の両親が亡くなり、六歳の妹の世話をするために、ロンドンへ戻った。彼女がでて行かねばならなかった古い家は両親が暮らしていた場所であり、そこには亡霊に満ちていた。「家を去ってほっとしたみたい」と彼女は言う。それでも泣く泣くボストンへ着いた。引越しは何かを振るい落とし、気分転換するのには良い機会であると指摘する人は他にもいる。明らかに、この人たちは、引越しの痛みと報いを知っており、それに対処する戦略を持っている。電話をしたり訪問して交友を保ち、写真や記念品を大切にし、情緒の安定のために引越しの話をする。一方では、仕事や友人や場所や結婚生活を失うことについても知っている。多くの場合、彼らはまさに引越しとともに、思い出とともに、生きている。ある人はこう言う「代わりになるものがあれば、人や場所やモノにさようならと言うのはもっと簡単でしょう」。

永遠の喪失

「ひとたびモノが廃棄されると、それは永遠に失われるのでしょうか?」、この質問は、あまりに一般的であり、たしかに、あまりに誤解を引き起こした。多くの人は、この質問をただ無視した。「はい」あるいは「いいえ」あるいは「両方」と答えた人が何人かいた。熟慮の末の回答がわずかにある。「物質は永続するのに、時間は失われる」。「エネルギーは永遠に失われますが、その状態を想い描くことは私にはできません」。「何も消滅はしません。あらゆるものは回帰します」。「不幸にも、物質は永遠に失われるのではなく、集積する」。「あらゆるものを再利用する方法があればいい。私は、アイルランド人が土を四角く切りだして、それを燃やして暖まるやり方が好きです」。しかし、これらの指摘の多くは、彼らの実体験から距っている。

衰弱する地域

「衰弱する地域」という言葉を聞いて心に浮かぶものを尋ねたとき、彼らの回答はさらに抽象的になった。同時に、これまでに衰退してゆく地域に暮らしたことがあるかどうか、そして、その地域についてどう感じたのか、についても尋ねた。「衰弱する地域」という言葉は、二つの明瞭なイメージを心の中に招来する。ひとつは、ボストンのロクスベリーやブルーヒルアヴェニューや、あるいは、その原形である、ニューヨークのサウスブロンクスに代表される、都市の中心部の低所得層が暮らす衰退した地域である。もうひとつは、それとは対極的に、今は都市的な規模の再開発によって失われてしまったが、子供のころにはよく見かけた人里離れた場所である。初めのイメージは、恐れと衰退を意識の中に呼び起こすが、後者のイメージは、過ぎ去った何ものかへの郷愁を呼び起こす。ある女性は、一〇代のころに、高い税金と低い生産性のために逼迫した農地を守る協同組合を組織したことがあった。しかし、彼女はその活動に失敗した。結局、農地は住宅地に変わった。彼女は、都市の中の衰弱なら人びとをひとつに結束させるかもしれないと考えた。

多くの人びとにとって、都市の中心部のイメージは、その場所に住んでいたことがなくても、とても身近なものである。それは、汚く、荒廃し、衰退し、犯罪にむしばまれ、人種的に分裂し、火事が起きやすく、疲弊し、精神が零落している。屑や汚れは、疲弊の象徴である。「無関心そのもの」。「ガキのように（もちろん彼女の子というわけではないが）地面にモノを投げ捨てる」。この汚れの象徴は、彼らの生活の中に作用する。「自分がみじめになるほど、アパートの中が汚れ、身なりも構わなくなります。犯罪者が〈そんなこと構うもんか〉というのは、自分に誇りをもっていないからです」。

この中流層の回答者のうちの驚くべき数が、衰弱してゆく地域で暮らした経験を持つ。子供のころにしばらく暮らした人もいるが、もっと多かったのが、その地域から学校へ通うヤングアダルトとして、あるいは近所のジェントリフィケーション運動に参加した「先駆的な」家族として暮らしたことであった。多くの場合、そこに住んでいたのは、家賃が安いからであり、学校や仕事場にとても近いからであった。近隣の人びととの多様性や刺激やコミュニティ精神が好きだと答えた人もわずかにいる。そこでは「お節介も少なく」「珍しいものを手に入れることもできる」。ある女性は、その環境がきわめて心地良く、危険を感じることはなかった。彼女は、今は郊外で暮らしているので、怖いと感じている。「お隣りといってもずっと離れています。犬がいつも吠えています」。都市の中心部での暮らしは（振り返ってみるかぎり）「豊かな経験」で「健全でした。なぜなら現実だからです」。

ビーコンヒルの裏側もかつてはとても差別された場所だったにせよ、これらの人びとは、今はもうそのような衰弱する場所で暮らしてはいない。うんざりした思い出が多かったにせよ、そこに住んだ体験は、彼らにとって大切なことであったかもしれない。「清潔ではない場所で暮らしたことがなければ、自分がどれほど幸せなのか解るわけがない」。「そこでの生活は、闘いそのものでした」。「自分の道を勝ちとらなければなりませんでした」。「そこで暮らしていたとき、私はとても悲しい気分で、精神の状態を周囲の環境から切り離せませんでした」。「超リベラル派の人だけが、そこで暮らすのです。それは、罪の意識を和らげます。知っていれば咎《とが》を受けない、とね」。「衰弱する地域は、本当にさまざまなものが混在しています。子供を育てるには好ましい場所ではありません」。「ええ、ある地域で暮らしていました。でもそのときはその場所のことをよく知りませんでした。そこは、ユダヤ系の人びとが住む安全な地域でした。今も不潔ですが、そこには個性があります」。「……ワシントンの暴動で燃えた地域にいました。私はあの都市で育ちましたので、あの光景はショックでした」。

廃墟

次の質問では、廃墟や放棄された場所についての認識を扱った。彼らの回答は次につづく古い建物の再利用についての質問に対する回答と絡み合うため、私たちは、二つの問題を一緒に議論した。最初に、彼らは廃墟と放棄された場所とを鮮明に区別した。廃墟は、古く、ロマンティックで、自分たちの生活とは結びつかないものである。これらの回答者たちは、ずいぶん旅行をしてきたので、回答の中には、アイルランド、ギリシャ、イタリア、メキシコ、フランス、イスラエル、ポナペ、あるいはニューメキシコ州の古代プエブロなどの地名が出てくる。その内でも、時間的にも空間的にも身近な場所は、マサチューセッツ州の西部にあるシェーカー教の村だけであった。

彼らは、これらの場所に魅了され、古代の人びとがその場所でどのように暮らしていたのかを想像しようとする。彼らは、これらの廃墟と廃棄物に対する自分の観念とを結びつけてはいない。時の経過は、不愉快さを焼き払う。空間と時間の隔たりは、彼らの心の中からあらゆる情緒を奪い去り、好奇心だけが残される。回答者たちは皆、これらの遺跡に興味があり喜びを感じていると話す。テオティワカンやミトゥラやモンテアルバンについて「実に精神的。途方もない建造物！　すべての記録がスペイン人たちに破壊されても断片が残されています……まだ知られていない廃墟を自動車で通り抜けているのかもしれないという強烈な感覚」。「私は廃墟に強く反応します。歴史というのは一六四八年［三〇年戦争終結の年］よりも前のものです。廃墟は年月を経ると、清潔になります」。

「廃墟は素晴らしい。これまで耐えてきたからです。廃墟は生き残ったのです。でも、今では観光客たちに踏みにじられています」。そこで彼は、マサチューセッツ工科大学の正面玄関の階段が擦り減っていることを考える。「何と数多くの脚々！」。

廃墟は失われた文明を意味する。彼らは興奮している。「廃墟にたたずみ、私は当時の生活を想い描こうと努めました」。「廃墟は愉快です。過去へ連れ戻してくれます」。「友人がシェーカー教の村の近くで暮らしています。コミュニティを想う詩を書いています。近くの森にはいたる所に、二次林［森林の伐採後に生えてくる林］とかフェンスとか基礎というサインがあります」。別の男性は、ニューメキシコ州にある古代のプエブロの遺跡を見て、人間の連続性を意識したこと、プエブロ人たちがそこで営んでいた居住の形態への考古学的な興味について言及する。「廃墟が廃棄物であるという印象はありません」。「素晴らしい廃墟は、何千年も耐える。それは、廃墟というよりも「忍耐」と呼ぶ方が良いのでしょう」。これらの遺跡は、最近になって放棄された場所とはきわめて異なり、魅力的な訪れたい場所である。

しかし、この認識を皆が共有しているわけではなかった。ある女性は五歳のときにポンペイへ連れて行かれた。彼女が見たものは災害に巻きこまれ押し潰された人びとの鋳型であった。「ショックでした。それは恐ろしい破壊です。かつては人びとがそこに暮らしていたのです。街の透視図が残されています。放棄も廃墟も私には同じに思えます。それは人の不在です」。「廃墟を訪れると、私はその遺跡を構築するためにかかわった多くの人びと、そして構築の過程で亡くなった人びとのことを考えます」。「私たちは、遺跡は美しく、サウスブロンクスは美しくない、と教えられています。サウスブロンクスは、放棄された場所ですが、違うものになっていたかもしれません。私たちは、実在しないものを見ています。それは、私たちの時代に対する告発です。私たちが変えるべきものですが、非力なために完遂できません。もしもパルテノンの隣に今も機能する建物があれば、パルテノンもそれほど感銘を与えてはいないでしょう」。「私はポナペの廃墟へ行きました。古代の文明が造った運河があります。それは、好奇心をそそるものでしたが、そこに留まりたいとは思いませんでした。風邪を引いていたらどこにも行けません」。ある男性は、現代の廃墟を訪れたことを順を追って話した。「子供と私は、ニューハンプシャー州のF-一一一が墜落した住宅開発地まで出かけました。子供たちは残骸の中からオモチャを拾っていました。まるでパーティのようでした。幸い、死者はいなかったのです」と彼は説明した。別の人は、五〇年も前に放棄されていた古いドイツ領事館へ侵入してみた。彼は、ガス燈や古い祝宴の記録に魅惑されていたのである。廃墟の定義には情緒的な距離が重要になる。

もっと家に近く、もっと最近の放棄された場所に対する感情には、落ち着きがなく、心地良くないものがある。ある人は次のように述べる。「放棄は終局。興奮ではなく悲しみ。放棄は死を意味します」。別の人は「閉ざされた建物は気が滅入ります。とくに学校の場合」。「私は放棄された建物の横をできるだけすばやく通り過ぎます」と言う。爆撃されたロンドンについて「死と隣り合わせでした。爆弾が落ちてくる瞬間が目に浮かびます。多くの人が死にました」。「放棄は見離された状態。（深い溜息）死です」。フォーク音楽に興味があり、研究のために「どん底」と呼ばれていたロンドンの貧しい地域を訪れた女性はこう言った。「人びとは死にそうで、子供はほとんど見かけず、壊れかけた小屋が数多くありました。生活は崩壊し、輝きは消え失せていました」。しかし、この人たちが死んだりいなくなるときには、「どん底」は陰気な場所ではなくなるだろうと彼女は感じた。別の人は、サウスブロンクスに放棄されている建物について話した。「吐き気がしました。建物の断面が見えるのは異常です。トイレ、鏡、人びとの行為、すべてが半分にスライスされているのです」。火事で内部を消失した教会について「つくるのにどれだけ時間がかかっても、あっという間に何もなくなってしまいます。信じられない芸術作品が失われました」。「それは興味深いけれど悲しいことです。オフィスの中に放棄されている原稿は、家の中にあるときよりも気が滅入るものです。台帳の作成。心無き作業という人生。それは究極の廃棄（消耗）です」。「放棄は、ある種の告発であり、管理の不足、ケアの不足、精神の損傷を象徴しています」。

再利用

しかしながら、何人かは放棄された場所にリニューアル（更新）の可能性を見ている。「ロクスベリーにあるスリーデカー［三階建て三家族用の協同住宅］は、マイマイ蛾に似ています。今では広場の中に新しい庭園が設けられ、上向いている面もあります。広島に原子爆弾が投下された後、花が一斉に咲きました。種子が放射能に励起されたのです」（私たちは、この新しい神話の創造を立証するだろうか？）。「人がいないのは怖いけど、建築には魅了されています」。「古い建物の方がずっといい。建築的に興味深いものが備わっています」。「新しい建物はどれもクソだ」（これは建築家の意見である）。「古い建物には信じられない個性がある」。「古い建物を手に入れて、修復したいというのが夢」。

実は、ニュートンとビーコンヒルに住む、きわめて多くの人びとが、多かれ少なかれ、古い建物のリノヴェーション（再生）に参加していた。彼らは、例外なく、建物のリノヴェーションを承認する。ただし、費用や建物本来の特徴を歪曲することに関しては留保する。「素晴らしい！　私は個人的に古い建物をリノヴェーションして良い建物をつくることにかかわっています。放棄するのではなく甦らせるのです」。「私は改修するのが好きです。改修は、大人になったらやりたい仕事です」。「私の人生の中でもっとも報いのあることは、古い家をリサイクルして、人が暮らせるように家の価値を保つことです」。「リノヴェーションは実に良いことです。ボストンでのこの方向転換は最善の事例です」。「ニュートンにあるヘンリー・ホブソン・リチャードソン［トリニティ・チャーチなどを設計したボストンの建築家（一八三六-一八六）］設計の古い駅は、とても素晴らしく再利用されていますが、高価な道楽です」。「ニュー・ロンドン駅の保存はみごと」。「素敵！」。「リノヴェーションは仕事面でも情緒面でも報われる」。「マサチューセッツ総合病院の眼科耳鼻科の建物の上にできた新しい建物はスゴイ［古い煉瓦の建物にまたがるようにコンクリートの建物が付加されている］」。シックなボンウィット・テラー商会に改修された、かつての自然史博物館［フレンチ・アカデミック・スタイルの煉瓦造の建物。ウィリアム・G・プレストン設計　一八六二年］の建物は美しいと評されている。「夢に描く家を自分が設計するときには、ああいう感じになるでしょう」と（ロクスベリーで暮らしていたころの、グリーク・リヴァイヴァル［ギリシア建築復興様式］の住宅のプロポーションの感覚と「メローな感じ」に言及している）ある男性は、ビーコンヒルに建つ自宅の建て替えに何年もかかわってきた。彼は、満足そうに、古い梁を指しながら、もともとは一七世紀の建物に使われていたもので、一八二五年に前の住宅からはずされ、この自宅を建てるために再利用されたのだと言う。建物をリサイクルするという観念は、新しい宗教に近くなってきた。少なくとも、それは誠実な行為である。

だが誠実さとは、費用がかかるものなのかもしれない。ある人は「クウィンシー・マーケット〔リンチ自身も一九五〇年代にこの建物の改修保存を推進していた〕に費やされた巨額のお金の使い方は誤っている。それだけの額をロクスベリーに投入すべきでした」と言う。リサイクルにかかわる大工さんは次のように言う。「建設工事ででる廃棄物は並じゃない。一五階建てのビルの改修工事をしたときに、集められた廃棄物を見てうろたえてしまうほどでした」。いまだ使用可能な二〇〇〇個の照明器具が廃棄物となった。新品の市場価格はひとつ五〇ドルくらいだろう。しかし、スクラップの価格はとても安い。しかも、それらを引き取る業者はセイラムにいるので、そこまでトラックで運ぶと割りが合わない。「結局、その器具は、改修後の新しいシステムには合わないので、屑として捨てました」。「経済は私たちの文化に従わない」し、「経済には地球へのケアがない」。

リサイクルが産みだすものに対しても同様にある程度の両義性がある。「私はリサイクルに対して良い感情を抱いていますが、ときとして、矛盾も感じます」。議論を刺激するためにインタヴュアーが何度も事例に取り上げたファニュイル・ホール、すなわちクウィンシー・マーケットの改修に関しての二一人の陪審員の評決は、概して好意的であるが、複雑である。皆、クウィンシー・マーケットがダウンタウンに持ちこんだ活動や生活、そして保存された古い建物を楽しんでいる。彼らの多くは、ときどきそこを訪れたり、友人を案内したりしている。しかし、「クウィンシー・マーケットはもう私たちのものではありません。私は、前の方が好きでした。今のお店やブティックはすべて表面的。一九世紀には戻れませんが」。「私はクウィンシー・マーケットが好きです。人びとを街に引きつけます。しかし、それが昔の市場の役割を失い、そしてヘイマーケット〔ボストンの一角で今も古い町並みの面影を残すマーケット〕が追いやられているのを見ると悲しくなります」。「それは、全部、白人の中流層のものです。しかし、少なくとも人がいて、安全です」。クウィンシー・マーケットは、再利用の楽しさと問題点を鮮明に象徴している。なるほど、先ほどの大工さんが言うとおり「皆こぞって建物をリサイクルしているが、建物を取り壊すのは大仕事だ」。

破壊

「何かが壊されているのを見るために立ち止まったことはありますか？」なるほど、皆、その経験がある。彼らは、建物の取り壊しに魅了されながらも同時に煩わされてもいた。「（得意気な調子で）私は大好きです……知っている建物が壊される場合を除けばですが」。ある人は、ジョルダン・マルシュ〔ボストンのダウンタウンにあるデパート〕の裏側の駐車場ビルの取り壊しに見とれたことを話す。何人かは、アトランティック・シティの古いホテルをダイナマイトで破壊するのをテレビで見た興奮について説明する。「ホテルの後に何が建つのかを考えたら、感激は消えました」。「建物が晒されてゆくのを見るのは魅惑的です。階層ごとに異なる色で塗装された壁は、人形の家みたい」。「取り壊しには見とれます。あの冷徹な鋼鉄のボール。でも、瓦礫の山を見ると第二次世界大戦のころのドレスデンやロンドンを思い起こします。清潔で、陽当たりが良く、風の吹く都市だったのに」。つづいて、彼女は子供のころに焼却炉に興味を抱いていたことを思いだす。「大きな鉄の扉。巨大な炎」。そしてゴミ置き場にあった機械。「大きなバックホーによって、何もかも姿を消しました」。彼女は、ゴミから浸出して小川に流れこむものが空気をどれほど汚染するのかを考えている。

彼らは皆、破壊を楽しんでいる。同時にさらなる思いもある。「建物が内側に向かって破裂するのを見るのは痛快です。独立記念日みたいです」。彼らは、精度とエネルギーに感銘を受けている。「一発で相当効いた」。「もう一度!……子供みたいな気分ですね」。「建てるのは長かったのに、壊れるのは瞬く間です!」いない間に慣れ親しんでいた建物が消滅してしまったときのやり場のない悲嘆について話す人もいた。彼らの確固とした日常生活の背景が変化してしまったからである。しかし、「建物ができあがるのも、倒れるのも、興奮します」。「私は古いトレイルウェイ［長距離バス会社の名前］のバス停車場が倒壊するのを見て嬉しくなりました。それは、ひどい停車場でしたから」。ある男性は解体作業に携わってきた。「私は取り壊すのが大好きです。不潔でまったく嫌になるけど解放的です。建物が倒壊するときは複雑な思いですが、鋼鉄のボールには見とれます。今も作業を監理していますが、ずっと汚れていたい気分です」。明らかに取り壊しは強烈な出来事である。

「あなたは、これまでに何かを面白がって壊したことがありますか?」ここでの回答は、前にも増して両義的であり慎重であった。「いいえ、でも友人はしています」という回答がくり返された。「つい最近、瓶を壊しました。いい気分でした。自制心はある方なので、初めての経験でした。まず誰もいないかを確かめました」。「クリーム入れを部屋の中で投げたことはあります。それは、怒っていたからで、面白がっていたからではありません。モノを壊す衝動を私は理解できません」。「もちろん」と言ったのは解体業の人だった。「人が構造体以外の部分を爆破しているときに、私は、解体を楽しみます。他の仕事だったら気を遣わなくちゃならない」。「私は以前にそういう仕事をしました。大槌で自動車を潰す仕事です。大好きでした」。「私は、ゴキブリやマイマイ蛾を殺します。バリバリ喰ってはクソを垂れ流す。（蛾は、）不自然な種だ（!）大嫌いだ」。ある人は、瓶を階段に投げつけるパーティのような意味のない破壊にふけっていた大学生のころを思いだす。インタヴューを脇で聞いていた女の子が「剥製の動物をちぎったことがあるわ」と自発的に意見を述べる。他の女性は夫にポットを投げつけたことを思いだす。それは怒りの発散であった。他の人は「私は面白半分でモノは壊しません。でも、何かを不注意に壊したとき、気分は微妙です」。ある人は「破壊は、ときとして満足をもたらす」と言う。多くの人にとって、破壊は、罪の深い、楽しみである。

廃棄物のイメージ

そこで、私たちは議論のために六枚の写真を、順不同で一枚ずつ見せる。ある写真は、小さな区画の荒れた土地を撮影したものである。背景はカットされているが、そこには乱雑に捨てられた、大きな黒い円筒形のものが写しだされている（これらは、アスファルトの輸送に使われた古いトラックの車体であった）。その後ろには「焼却公社」と書かれたゴミ収集車があり、前の方は、屑が散らかっている。その中ほどに「ゴミ捨て禁止。警察」という目立つサインがある。この見慣れた光景に対する反応は、不愉快、不賛成、サインへの皮肉、絶望的な気分であり、終始一貫していた。トラックの車体は、多くの回答者を幻惑させたが、化学物質による汚染の隠喩であった。屑の中にある「ゴミ捨て禁止」のサインは、はまり過ぎの観があった。このサインは、物事はいつも管理を超えていることを物語る。だがこの象徴主義も少々くたびれてきた。このゴミ捨て場が居住空間や職場から離れていると思った多くの回答者たちに、この光景は脅威を与えなかったようである。「恥ずかしい。とんでもない」。「もとに戻す方法もわからぬ二〇世紀の罪です」。「人が暮らしている場所じゃないので、残りの写真ほどひどくはない」。「化学物質。そして瀕死の子供たち」。「どう処理すれば良いのか？　気が滅入ります。いったい回答は？」。「気分が悪くなります。何百年もここは化学物質で汚染されています。一度、汚染されたらもう管理できません」。「馬鹿げたサインです。多少のゴミなら構わないと思わせるばかり」。「非常にありふれた光景です。強烈な反応があったとしても見なれてかえって無関心になってしまう」。「戦争の残骸のよう」。「有毒物質の廃棄物！　これらのすべてが人をさいなむ」。

次の写真は、さらに劇的であった。それは、おびただしい屑が散らかった街路の両側に、階段で上がる古いアパートが一線に並んでいる光景であった。舗道の上に屑やゴミが山のように捨てられ通行を妨げている。歩行者は、ゴミの山をかき分けて前へ進む。舗道の脇に、壊された自動車が放棄されている。一台の消防車が道路に止っている。回答者は、不快な反応を示す。しかし同時に、この光景の原因について好奇心を示す。それは、暴動か、火事か、はたまた何なのか？　それは、異常な出来事か、多分、映画のセットに違いない。最初の写真と対比してみると、この光景は明らかに居住地域の中であり、したがって事態はさらに悪い。一方、これは処理が可能な種類の事柄である。「信じられない。ゴミ収集車はなぜ来ないのか？」。「うわっ！　この周りで人が暮らしていると思うとゴミ捨て場のように平穏ではいられません。何とかできるのに、何もしていない」。「嫌な気分になりますが、解決するのは難しくはありません」。「暴動？　ゴミ収集作業員のストライキ？　毎日ここで暮らすのは嫌です」。「片づけられるかしら？　でも、日曜日のヘイマーケットは、これと同じです」。彼らは、この写真がどこで撮影されたのか知りたがっている。多くが、ニューヨークに違いないと（正しく）推察している。「ニューヨークね。ニューヨークは大好き！」。回答はすべて「非常に不愉快」というものである。しかし、それは問題の根本を示してはいない。

三枚目の写真は、大きな、輪郭がはっきりしない工場を写したものである。煙突や通気塔が煙や蒸気を吐きだしているので光景がぼやけている。前の方に、小さな物置小屋と地ならしした膨大な土、あるいはその他の廃棄物があるが、かろうじて姿が見える程度である。この光景への反応は、すばやく、感情的である。「鼻腔が塞がってしまいそう。臭ってくる」。「呼吸したくありません」。「息を止めるでしょう」。「風景としてはいいけど、健康と臭いがね」。「その上空にいなくて良かった」。「子供たちに毒だわ！」。「酸性雨。さようならグランド・キャニオン！」。「空気がこんななのに、煙草を止めたってね」。「強制収容所が浮かびました。恐怖感とともにたえず絶望感がありました」。「反対しようもない」。「どうしようもない」。「腹が立つけど、生産を急には止められない」。「これに対して何ができるのか私にはわかりません」。「究極の現象」。それは、また価値観がいかに変化したかについての発言をさそう。「子供のころは工場の煙に興奮しました。国中が活動していました。それは開拓者精神だったのです」。「何年か前、ウォルト・ディズニー・プロダクションのマンガ家でロサンジェルスに住んでいた男性が工場の煙に抗議する手紙をだしたところ、彼は皆から気違い扱いされました」。

次の写真は、自治体のゴミ収集の作業員たちを写したものである。制服を着た五人の男が、缶やゴミ袋や段ボール箱を拾い上げ、舗道に後輪を寄せた収集車のコンパクターへ、投げ入れている。缶や箱やゴミ袋は、きちんと結わえられていたり蓋がされている。回答者たちの意見は、中立的であり、控え目な承認でもある。彼らは、作業の状態に焦点を絞る。それは明らかにニューヨークである。そしてボストンと比較する。「結構。彼らはなすべき作業を行なっています」。「良い気分になる」。「職務を遂行しています」。「人が多い。それが答えです」。「水増し雇用で人数は多いけれど、体系的かつ職能的です」。「プロの装い。手袋、帽子、制服。忠実な精神！」。「たしかに人が多い」。「プロテスタントの労働倫理。それは確実に片づけられた清潔なゴミ！」。「スタッフ過剰。でも良いチームワークです。ボストンでは見られません」。「あの缶はキズひとつない」。「ボストンではない」。「やらせのようだ」。

五枚目の写真は、取り壊されている二軒の木造住宅を写したものである。屋根や増築部分や壁の一部がなくなっている。この二軒のヴィクトリア風の下見板張りの住宅は、充分に広い敷地に建てられていた。ひとりの男が、棒で壁を取り壊している。後ろにいるもうひとりの男が、二階から布状の素材を地面に投げている。地面には、壊れた角材の山に混じって、バスタブやタイヤや車輪などが散乱している。古い配管や金属類の山もあり、塵が空気中に漂っている。意外なことに、これが建築工事なのか解体工事なのかわからない回答者も数人いた。「建ち上げているのか、それとも逆ですか？」。「何をしているのかわかりません。建物が、壊されているのではなく、改修されているのだとしたら、少しは気分も楽になるのですが」。多くの人は何であるかを認識していたが、彼らの感情はきわめて複雑で、コンテクストが明らかになるまでは、中ぶらりんだった。多くは、その家が何であったのか、何故取り壊されたのか、その後に何が建てられるのかにこだわった。「みじめ。何が起きたのでしょう。燃えたのですか？」。「家を建てているのなら良いのに」。「建て直し、あるいは取り壊し。それはコミュニティが対処している問題です」。「私にとっては、リノヴェーション。他の人には、取り壊しかもしれません」。「何故?」。「嫌になる」。「別に。何が起きているのかわかりません」。「素敵な家がその代わりに建つのでしょう?」。「斜面の上の方はオープンスペースが少な過ぎます。多分そのように利用されるのでしょう」。「乱雑な取り壊し!」。「良い部品を残しておいてほしい」。「見て！　バスタブ」。ここには、束の間の混乱に対する哀惜の念とともに嫌悪感がある。しかし、あらゆる事柄は、次に何が控えているのかに左右されている。

六枚目の写真は五人の黒人の少年たちが屑がまき散らされた裏通りで遊んでいる光景を写したものである。古い車輪の上で走ったり座ったり、ボールを投げたりしている。前の方には、ソファから中身が飛びだした、スポンジやスプリングが転がっている。背景には、裏庭がある。そこには、分別された屑や屋根が崩壊した小屋や雑草のような灌木で一杯になっている。二階建ての木造住宅のきわめて傷ついた裏側のファサードも見える。初めの一歩はコンテクストを確定することであった。「田舎の貧困。南部を連想しました」。「貧困」(この言葉をいくども聞いた)。「どこにでもある典型的なゲットー」。「難民キャンプ?」。「スラム街?」。次に、彼らは遊び場としての発言をする。多くの人にとって、そこが危険な場所だとしても、興味を惹かれているように思われた。ときとして、この光景は子供のころの記憶を呼び起こす。「危険です。面白いかもしれませんが、ここは遊ぶ場所ではありません」。「そこで遊びたいとは思わないが、子供たちが荒涼感を救っている」。「子供のころに、私もこのような場所でよく野球をしたけど他にも遊び場はあった。この少年たちにはあるのかな?」。「ガラクタの中で遊んだものです。最良のときのひとつです」。「遊ぶ場所ではありません。ここで暮らしていたら、もう少し何とかするでしょう」。「典型的な少年の遊びです。危険な要素があるけど、少年たちは素晴らしい宝物を見つけています」。「ヴァーモント州の彫刻。私も、そのようなところで遊んでいました」。「気が滅入ります。私は今までこの少年たちのように遊んだことがありません」。「田舎みたいです。面白そうです」。「モノを壊すことに熱中しているのでしょうか?」。「ここはボストンではないので、私には関係ありません。遊ぶ空間が充分にないとこうなります。でもいかにもゴミというほどではないので危険ではありません」。「魅力もあるけど、不快でもある。〈遊ぶな〉というのが立て前で、そこにいれば〈遊ぼう〉となる」。彼らは、子供のころの記憶と親としての規範の葛藤を感じている。屑や貧困が嫌いでも、そこには確かな興奮がある。それは、少年にとっては面白いが、少女には面白くない。そういう認識を写真は増大させている。人種問題や、廃棄物よりも危険かもしれない少年問題にふれる発言もあった。

廃棄物はさけられないものか

終わりに一般的な質問をつづけていくつか試みた。多くの場合、新しい考えはほとんどなく、すでにだされた回答の中に含まれるものばかりだった。例えば、「ある人の廃棄物が他の人の役に立つでしょうか?」とか「回復できる廃棄物と回復できない廃棄物には違いがありますか?」と尋ねたが、くり返された話題なので、わずかな事例が新たにつけ加えられただけである。「部屋をペンキで塗ろうとするときには、たまった新聞紙はもう廃棄物ではなくなります。引越すときに、地下室に置かれていたモノを甦らせました。昔、捨てられていたソリを拾ったことがあります。ソリには、ヤードセールのステッカーがまだついていました」。これは身近な例だが、ある男性は、「回復できないものを廃棄物と定義しているのだから、いかなる廃棄物も回復できない」と主張した。

廃棄物はさけうるのかそれとも生命の証しなのか？　彼らは廃棄物は不愉快でさけがたいが、もう少し上手に管理できるだろうと言う。「生活の中で廃棄物が少しでも減れば素晴らしいと思いますが、廃棄物はさけられないものです」。廃棄物は生命の証しであり、生命の循環の一部分である、とはいっても「いつも廃棄物について考えなければならないとしたら生活できないでしょう」。より望ましい廃棄物の管理方法として、二つの普遍的アイディアも出された。「物質を大地に戻す」そして「システムの全体を見るようにする」。「廃棄物は、これ以上必要ありません。私たちは地域の廃棄物を解決するだけです」。それでも厳粛な意識がこの議論の全体に浸透している。回答者たちは自分の領域の廃棄物は管理できると感じているが、地球全体の流れを眺めてみて希望を失うのである。

世界的な規模で事態は良くなっているのか悪くなっているのかと尋ねると、彼らは滅亡が差し迫っているという意識をくり返し述べる。「悪くなっています。もうたくさん！　砂漠みたいになるでしょう！」。「悪くなる一方です。化学物質、発ガン率の上昇。永久に対処しつづけなければなりません」。（人類は永遠に存続できる種だろうか？）本当に危険な廃棄物は、永続し自然の循環を阻害する、新しい化学物質と核物質である。

モノ、生命、時間の廃棄（浪費）

最後の質問の中でも次の質問が、実質的な思考と議論をもたらした。「廃棄されたモノ（wasted thing）と廃棄された人生（wasted life）と廃棄された時間（wasted time）の違いは何ですか？」回答者たちは皆、この問題に対して言うべきことはあったが、考えを順序正しく組み立てようとして、長い休止があった。廃棄されたモノは明確であったが、廃棄された時間とは何だろうか？　ある人は、この二つには、違いはないと言った。「廃棄は廃棄です」。別の人（明らかに実践者）はこう答えた「その違いは重要ではありません（長い休止）。その違いを思案するのも時間の廃棄（浪費）です。世の中には多くの情報交換があり、多くのくり返しがあります」。しかし、他のすべての人たちは、これほど異なる二つの事柄に同じ廃棄（waste）という言葉を使うのは何故なのかに困惑していた。「時間とモノ……［長い休止。後ろで時計がチクタクと時を刻む。］……廃棄された時間に興味があります……［インタヴューに割りこんだ子供に向かって］これは私の時間と空間なの。さがってなさい」。「時間の廃棄は明確ではありません。どうしたら時間が上手に使われていないことがわかるのでしょう？」。「廃棄された時間とは何ですか？　人は産出物で判断します」。「時間の廃棄とは労働に無駄が多い《ウェイストフル》ことかもしれません。それは人には当てはまりません」。「廃棄された時間の多くは、そのときの行為に抱く本当の罪の意識です」。「ただ座っているのは時間の廃棄ではないけれどテレビはそうです。大衆向けにできた受け身の娯楽です」。「私の仕事はとらえ所がないので時間を廃棄しているのかどうか私にはわかりません。ある瞬間には浪費《ウエイスト》と思われても、振り返ってみるとそうでもありません」。「皆時間を廃棄していると思いこんでますが、それは充電し直しているのです」。「私は、学校の閉鎖に抗議しなければなりませんでした。本来しなくてもいいことをしたと思うと時間の廃棄（無駄）でした」。「主人が六か月間仕事を止めたとき、それを時間の廃棄と呼んだ人もいます。でも主人にはオフの時間が必要でした」。「毎日を廃棄と秩序に分けるのは間違いです」。「経済的な観点から考えると、大学は無駄かもしれません」。「廃棄された時間とは、もっと生産的でありえたのにという罪悪感です」。時間の廃棄は、良くも悪くも、存在するともしないとも言える。彼らが言うように、それは罪悪感をともなう。そして、外側の時間と内側の時間の認識のズレをも巻きこみ、時間の廃棄の概念を混乱させる。

回答者の多くが、廃棄されたモノの価値と廃棄された時間の価値を比較せざるをえなかった。ここで彼らは、二つの陣営に落ち着いたように思われる。一方は、次のように言う。「時間の廃棄は永久に損失となり、モノの廃棄よりもひどいと思います。美しい日は過ぎてしまいますが、モノを取り替えることはいつでもできます」。「モノを修繕するには二時間かかりますが、取り替えれば一五分で済みます。それよりも踊りに行った方がいいわ」。「時間はもっとも意味深い廃棄物です。モノのようには回復できません」。「失われた機会のことを思うと、時間の廃棄の方がひどい」。「時間はもっと貴重です」。もう一方の陣営は、こう答える。「時間はたくさんあります。ですから制限時間がある場合を除けば、モノに比べて無駄という気がしません」。「モノを廃棄する方が時間を廃棄するよりも悪い。モノは残って人を煩わせるけど、時間は消え去ってくれる」。「時間の廃棄は個人的な耽溺ですが、モノの廃棄は他人に影響を及ぼします」。「時間の廃棄の方が人に影響を及ぼさず、残ってしまう切迫感もありません」（女の子が「お母さんは考えこむたびにテープを無駄にしている」と割りこむと、母親は「でもその間の沈黙は大切なのよ」と応える）。「消滅する」時間と頑強に持続するモノ。これらは、二つの陣営では正反対の価値となる。

回答者の何人かは、別の種類の廃棄物もあると指摘している。ある建築家は、大規模な計画が廃棄する空間について言及している。シティー・ホール・プラザ〔ボストン市庁舎の前の広場、古い町並みを取り壊して造成された広大な広場。このとき、ヘイマーケットの多くも壊された。リンチは一九五九年に、今よりももっと小さな広場が形成されるようなマスタープランを提案していたが、広場を拡張したI・M・ペイの案が再開発局によって採択された。〕を例に挙げ、「さまざまなことができたのに、あの場所は死んでいます。私たちの文化が死んでいるからです」。別の人は次のように記す。「極論すれば、無意識のエネルギーの抑圧も感心しません。そんなことがなければどんなに良かったか！」廃棄物の定義はかなり拡張された。

回答者すべてを困らせたもっとも深淵なものが「廃棄された人生」という考えである。そのような状態は、あるのだろうか？　その存在を証明できるのだろうか？　「廃棄された人生はありえません。それは腹立たしい考え方です。ひとつの微笑みも、他の人には救いとなるかもしれません」。「私が廃棄された人生を鑑定できるなどと考えるのは僭越ですが、廃棄された人生は起こります。私は、いくつもの好機を失いましたが後悔したことはありません」。「廃棄された人生は、時間やモノの廃棄とは違います。それは、もっとも極端なものです。理由もなく撃ち殺されでもしないかぎり、そうは言えないでしょう」。「最悪の人生に出会ったわけではないけれど、廃棄された人生という考え方はおかしい。路上で見かけるアルコール中毒の人は、私に優越感を感じていると思います」。回答者の何人かは、定義を試みる。「廃棄された人生とは、自分を改善するために何もしないことです」。「人生の廃棄は、仕事や家庭に退屈しながら、時間をつぶしていることです」。「廃棄されていない人生かどうかは、生産性の問題です。収入ではなく、行動していると感じ、楽しみ、貢献をしているという意識を持つことです」。「犬を使い実験を行なう研究者は、犬の生命を廃棄し、自らの人生も廃棄しています」(これは生体解剖反対運動に参加する女性からの意見)。「廃棄された人生とは、何事も成し遂げなかった老人や、将来の当てもなく街頭にいる一〇代の若者のことです。廃棄しないとは、慎重に芸術作品のように生きることです。そうニーチェです。いつかは死ぬ自分の運命と対峙すれば、無駄は明らかになります」。廃棄された人生は、また個人の責任の問題でもある。「自分の人生を廃棄するのは、自分の過失で他人に累は及びません。すべて個人の責任です」。「廃棄された人生の中に、選択や自由な意思がある。廃棄されたモノは、他人に押しつけられる」。人が自分の人生を廃棄しようとしまいと自由であるし、廃棄された人生は、ほとんど他人に影響を及ぼさない! しかし、多くの回答者たちは、廃棄された人生という考え方にしかるべき注意と配慮を払っている。

要約

最後に、回答者たちは、インタヴューがどのように使われるのかに関心や好奇心を示し、質問の幅の広さに当惑したことも表現している。「考えさせられた」と彼らは言う。もれなく論じつくされ、これ以上の話題は思いつけないとまで言ってくれたが、もちろんそれは言いすぎである。

彼らは、どちらかといえば理路整然とした、廃棄物の問題にはかなり興味がある、特別な集団であるには違いない。彼らの感情の数々が、平均的な市民(がいるとして)の考え方を代表することは無理にしても、彼らの思考の多くは、私たちの文化の中に響き合うものがあり、少なくとも、共有する問題を熟慮するよう触発してくれた。例えば、彼らの生活に共通している廃棄物の種類を知るのは興味深い。食べもの、紙、意味のない郵便物、包装、紙オムツ、そして時間。彼らが廃棄物をどのように扱い、廃棄物をどう感じているかを知るのも、同様に興味深い。それらは、すべて不愉快な概念であり、潜在意識を逆なでにする。廃棄物をできるだけ気にかけず、必要に迫られて処理する。自分で処理できるのに、通常のゴミ投棄のシステムに多少の気がかりがあろうと、他人まかせにして、ゴミから解放されている。廃棄物を扱うことは、不愉快で階層の低い危険なことと見られても、興味深いこととはなかなか見なされない。しかし、廃棄物の中には興味深い両義性を持つものもある。例えば、ビニール製のゴミ袋。それは、彼らが嫌悪する商品の梱包と本質的に同様に、廃棄物を梱包するものである。一方は中身を隠すように、もう一方は中身を表示するように作られている（衣服に隠す機能と露わにする機能があるのに似ている）。あるいは、紙オムツ。これが彼らを相当にうんざりさせる。私たちが受けたトイレのしつけは、身体機能の阻止を基本にしているからである。

彼らの仕事や居住の領域を超えて、管理できない危険がひそんでいる。垂れ流され、不可逆的に集積し、汚染をつづけている物質。それは、私たちの文明の罪深い行為である。回答者たち自身は、かなり快適で安全なところにいる。しかし将来や子供たちに関しては深い恐怖を抱いている。「自然」と「廃棄物」は、善と悪を代表する、力強いメタファーである。しかし、彼らは、大便、血、腐った食べ物、動物の臭いのするもの、などの有機的な廃棄物にとても耐えられないのである。廃棄物を表わす言葉は、きわめて多様な現象に万能の強烈な魔法となる。

保持する方法と捨てる方法の多様さが教訓的である。節約家、投棄家、そして「編集者」。廃棄を永続的な流れとして扱う人、そして発作的に行動する人。空間の有無にもよるし、方法の違いは、家庭内の論争の原因となることが多い。「さようなら」を言うのはそれなりの楽しさもあるが、多くの人には難しい。彼らは失うことの痛みを話す。そして喪失を管理する方法は比較的わずかしかない。彼らはモノを破壊して喜ぶが、壊した後にはいつも後悔することを知っている。彼らは取り壊しの光景に魅了されているが、その結果に心を痛めることも多い。彼らは、廃墟と放棄された場所をはっきりと区別する。歴史から離れていることで、本来ならば絶望の象徴であるものを楽しむこともできる。環境のリサイクルは、彼らにとっては、ほとんど宗教的な動機となっているが、リサイクルの結果の正当性と経費について、いささかの留保をしている。ものを節約する態度に見られるように、保存の妥当性を信じる人と永続する流れを楽しむ人との間には、明らかに差異がある。時間を「廃棄する」という考えは回答者を困惑させる。また人生の廃棄という考えは深淵であり不可解である。この二つの概念を含めて、廃棄（waste）という同一の言葉が橋渡しをする、数々の概念の関係や相対的な価値は、きわめて不明確である。

精密な世論調査としては、以上の話はゴミにすぎないが、私たちにとってはさまざまな認識が盛られた贅沢な祝宴だった。

廃棄と損失についてのインタヴュー

インタヴュアー「人びとが廃棄物にどのような感情を抱いているのか調査しています。」

一　「廃棄物（waste）」というと、一番最初に心に浮かぶのは何ですか？
廃棄物の名前をいくつか挙げてくださいますか？
廃棄物をどのように定義しますか？

二　最悪の廃棄物は何ですか？　どうしてそうだと思いますか？

三　廃棄物に関して子供時代に鮮烈な記憶はありますか？
そのような状況に今直面したとしたらどのように反応しますか？

四　あなたの御両親が捨てていた廃棄物の種類や量は今と違っていましたか？
御両親が捨てていた方法は今とどのように違いますか？
お子さん方の時代に廃棄物はどうなるだろうと考えますか？
お子さん方は廃棄物に対してあなたと違う考え方ですか？

五　現在に戻りましょう。いつもどのような廃棄物を取り扱いますか？
その廃棄物にはどのような問題があるでしょうか？
昨日は何を捨てたか教えてください。
どのように捨てましたか？

六　通常の路上回収が機能しなくなったら、あなたは屑やゴミをどうしますか？
今の市のゴミの収集のやり方をどう思いますか？
ゴミ収集の作業員はどんな人たちですか？

七　あなたにとって価値があり意味があるものの中で最近捨てなければならなかったものは何ですか？
何故それを捨てる／諦めることにしたのですか？
どのように捨てましたか？
そのときにどのような気持ちになりましたか？

八　とくにあなたにとって大切な、人や場所や建物やものを放棄した経験はありますか？
（ひとつ以上の喪失の類型を探るため）
どのように感じましたか？
そのときに、喪失を埋め合わせるためにしたことは何かありますか？

九　一度廃棄されたものは永遠に喪失であると考えますか？

一〇　「衰弱する地域」というとどこを思い浮かべますか？

そこに住んでいたことはありますか？
そのときに、その場所に対してどのような感情を抱きましたか？
その場所での最悪の問題は何でしたか？
何か有益なことはありましたか？

一一　廃墟や放棄された場所や衰弱している場所を訪れたことはありますか？
どのような気分でしたか？

一二　何かが壊されているのを見るために立ち止まったことはありますか？
そのときあなたはどういう気分でしたか？
これまでに何かを壊して面白がったことがありますか？

一三　放棄された後に異なる用途にリサイクルされた建物や場所を訪れたことはありますか？
その種のものにどのような感情を抱きますか？

一四　ここに数枚の写真があります。
それぞれの写真に対してどのような印象を持ちますか？

一五　ある人には廃棄物や無駄なものも、別の人には価値のあるものであると考えますか？
可逆的な廃棄物と不可逆的な廃棄物の間には違いがあると思いますか？

一六　廃棄されたモノと廃棄された人生と廃棄された時間の違いは何であるか教えてください。

一七　今日の廃棄物の問題の中でもっとも深刻なものは何ですか？
事態は好転していますか悪化していますか？

一八　廃棄物を回避することは可能だと思いますか？
あるいは生命の証しであると思いますか？
廃棄物をさらに好ましい方法で処理するために何か良い考えはありますか？
（個人と社会との関係を結ぶ手法を探るため）

一九　ようやく終了しました。私たちが模索しようと努めていることをどのように考えますか？
これらの質問に何かつけ加えることはありますか？
どれか変更されるものはありますか？

補遺B
編集の手法

手書きの原稿とオリジナルのタイプ原稿で構成された本書の下書きは、ケヴィン・リンチ自身により、手書きの挿入や削除や文章の再構成を含む、広範囲の編集がなされていた。この変更から、彼が少なくとも二度、おそらくそれ以上、オリジナルの文章を修正したことは明白であった。五章と六章はもともとは手書きであり、編集された後に、タイプされた。そして編集は少なくともさらに二度行なわれている。すべての章の原稿が本来は手で書かれ、そのオリジナルが捨てられたという可能性はきわめて高い。彼の死後、原稿は読みやすくするために、リンチの秘書であったアン・ワシントン・シムノヴィック女史によってタイプされた。この原稿の他に、リンチ家から本書のために使用されていたすべての研究資料が私に提供された。それは、数冊のファイルに収められた手書きのノート、雑誌や新聞の記事、レポート、図版、参考文献など、過去二五年にわたって収集されたものであった。

この原稿には、多くの問題があり、そのままでは出版できなかった。文章には、いくつかの溝があった。リンチは後でそれを埋めるつもりでいたと思われる。事実と最新の情報を確認することがまず最初に必要となった。文章の多くの部分が重複していたり、別の章では、文章が明瞭ではなかったり、連続性に欠ける章もいくつかあった。章立ても、それぞれの章のタイトルも定まっていなかった。参考文献目録も参考文献からの引用も準備されてはいなかった。リンチは本書に数多くの図版を使いたいと考え、使えそうな図版のファイルをつくり始めていたが、まったく選択がなされていないことは、彼のノートに示されていた。原稿には、出版する前に検討すべき問題が数多くあったが、多くの重要な発想が収められているので、本書を出版すべきだと感じた。原稿に目を通した多くの人びとも同じ気持ちであった。その内容は、明らかにリンチが深く興味を抱いてきたものについて何年もかけて思索し著述してきたテーマであった。

原稿を編集するにあたり、私は、オリジナルの原稿の変更を最小にすることにした。ただし、文章の明晰さや完全さや正確さ、あるいは連続性のために必要な変更は行なった。しかし疑わしい場合には、変更は行なっていない。文章の中の情報を最新のものに変更すべき部分が数か所あり、これらを更新した。可能なかぎり、資料を参照した。彼の意見に異を唱えたり、改善したり、「修正」したいという誘惑にかられることはあったが、自分の意見を差しはさむことは控えるように努めた。

タイトルWasting Away「廃棄の文化誌（消尽）」は一九八四年三月に作成されたアウトラインに現われる。しかし、研究ノートのある頁には、On Wasting「廃棄に関して」とAbout Wasting「廃棄について」の二つのタイトルが交互に現われる。しかし、両者とも柔らかく曖昧で「Wasting Away」が持つ強さに欠けていた。リンチは最終的なタイトルを定めてはいなかったが、友人や家族と本書について議論するときのタイトルは「Wasting Away」であった。このタイトルは強烈で否定的過ぎると思う人もいる。しかも、このタイトルは本書の中にこめられた積極的なメッセージを暗示してはいなかった。そこで、第六章のタイトルでもあるWasting Well「上手に廃棄する」も一時期はタイトルの候補に上がった。しかし、Well「上手に」を副詞ではなく名詞として解釈すると「井戸」となり、ここに意味の混乱を感じる人もいた。さらに、リンチ家からタイトルは「Wasting Away」が良いとの強い要望もあり、このタイトルとなった。

原稿の構成はとくに問題を残していたように思われる。リンチが原稿に書き残しているように、最初は九章の構成であった。彼が亡くなる一か月前の一九八四年三月の手書きのアウトラインには、次のような章立てが記載されている。

一　変化の暗い側面
二　ファンタジー
三　モノの廃棄
四　場所の廃棄
五　「それ」について話す
六　「それ」を眺める
七　病的で不浄な思考
八　廃棄と廃棄に溢れていること
?九　あちらこちらへ飛ぶこと
?　変様

この順序は、彼が原稿として残した次のような順序とは、必ずしも一致してはいないことに注目するべきだろう。

一　変化の暗い側面
二　ファンタジー
三　モノの廃棄
四　場所の廃棄
六　病的で不浄な思考
七　それでは廃棄とは何か?
八　上手に廃棄する
X　「それ」について話す

WASTING AWAY

✓ 1. The Dark Side of Change
✓ 2. Fantasies
✓ 3. The Waste of Things
✓ 4. The Waste of Place
5. Talking About It
* 6. Looking At It
✓ 7. Morbid and Dirty Thoughts
8. Wasting and Wastefulness
?. 9. Flying Backwards and ~~Forwards~~.
?. Transformations?

Mc/84

*todo.

96———リンチの手書きのアウトライン

23.
~~28~~

as it can be, given the lack of cooperation ~~of~~ from residents, and the pressures of the sanitation workers union. ~~The work itself is a low paid, low skill, dead end job. It is noisy, odorous, occasionally strenuous, and thought demeaning. Heavy cans and barrels must be lifted. Bags may break and spill. Collectors may fall from a truck, strain a back, or be caught in a compressor.~~ Sanitary workers have the highest rate accident of any US occupation. Their risk of injury is four and a half times that of coal mining. ~~In California, in 1967, there were 18 disabling injuries per 100 employees per year, which is six times the general industry average.~~

to p. ~~30~~ 25

Collectors and residents are usually at odds. Oversize or broken containers are not picked up. Bags may break and spill. Containers are put out just after the truck passes. Trash on private land is ignored. ~~and just~~ Who is responsible to collect any scattered material? Each side may call~~s~~ in the police to enforce some action on the other. ~~The issue is the roles that each side should fulfill, rather than the cleaning.~~ The problem is seen as "enforcement", "getting collectors to do their job", "teaching people to act properly". The common undertone is frustrated control. ~~"we got to learn those children".~~ The supply of trash seems infinite, and any improvement of service simply calls forth a greater load. Since the perception of litter is subjective, it is difficult to ~~measure it, and thus to develop a way of~~ quantify~~ing~~ the achievement in redueing it. ~~due to increased effort, or some new technique. RE jested by everyone,~~ the service is painful for ~~all,~~ everyone. ~~and resists improvement.~~

New York City, which spends more per capita on sanitation than any major city in the country, - almost double the national average -has a reputation of being one of the dirtiest cities in the world, and it

Trash is the most visible and annoying form of waste and yet, unlike sewage or air pollution or toxic chemicals, it is rarely objectively dangerous.

97——リンチによるタイプ原稿の推敲

おそらくは、一九八四年の三月のアウトラインが、章立てについての彼の考え方のもっとも新しいものであるが、第八章のタイトル「廃棄と廃棄に溢れていること」そして第九章「あちらこちらへ飛ぶこと」は、原稿では使われてはおらず、ノートにもその記述はない。「廃棄と廃棄に溢れていること」は、原稿の中で「それでは廃棄とは何か」というタイトルのつけられた章であることは疑いない。しかし「あちらこちらへ飛ぶこと」が「上手に廃棄する」のタイトルを変更したものなのか、彼がいまだ書いてはいなかった、まったく別の章なのかは必ずしも明らかではない。「変様」は「上手に廃棄する」のタイトルを変更したものなのだろうか？ 研究ファイルや原稿の中にはその手がかりはまったくない。私は原稿の中の章につけられたタイトルを使う方を選択した。そちらの方がいきいきとしているし、章の内容の問題点を突いているように思われる。私が唯一行なった変更は、「それについて話す」と「それを眺める」を「廃棄ついて話す」と「廃棄を眺める」へと変えたことである。その方が、強さがあり明快であるように思われた。

文章の連続性と論理の展開の観点から、章の順序と構成をある程度組変えた。「変化の暗い側面」と「ファンタジー」は章としてよりもプロローグに近い。その文体や内容がその他の章とはきわめて異なっている。あらかじめ原稿に目を通した人びとの中には、「ファンタジー」がとくに本の最初にあるので戸惑いを覚えた人や、魅了されたが本文中に収めるべきだと思う人もいた。だがこれに優る「ファンタジー」の場所はなかった。エピローグにしてはとしばらく考えてみたが、それでは本書の終局が不満足なものとなる。そこで、短い前書きをこの章に加えて、「ファンタジー」は「変化の暗い側面」で始まる二つの部分からなるプロローグの第二部になった。プロローグや短い導入部による書きだしは、例えば、『居住環境の計画』『時間の中の都市』などのようなリンチの他の数冊の著作ともきわめて共通している。もうひとつの構成上の変更は、「病的で不浄な思考」を後半から第一章へ移動させたことである。それには大きな二つの理由がある。まず第一に、この章は、本書のその他の章で展開される考え方の多くが提起されているので、良い導入部分となる。私は、この難しい主題へ向かうリンチの新しいアプローチを提示する強烈な導入部分が、本書には必要であると感じていた。第二に、本来はこの位置にあった「モノの廃棄」という章は、非常に特定の廃棄物に焦点を当てている。その内容は詳細すぎて、いまだ充分に心構えのできていない読者が本書の冒頭で受け入れるのは難しいと思われた。

最後の変更は「廃棄について話す」を補遺の中に入れたことである。この章は、たしかに論理的には「廃棄を眺める」と対をなすものであるが、それは実際には研究報告であり、その他の章とは異なっているために、文章の流れを止めてしまう。あらかじめ目を通した人びとにも、この章で扱う素材は本書の他のすべての章の内容にかかわっており、この位置では冗長に思われた。そこで補遺に廻すことにした。これは、『都市のイメージ』の中でのリンチのアプローチと軌を一にしている。この著作が足がかりとしているサーヴェイやインタヴューによる研究は、補遺の中に収められている。リンチの著作の中では、補遺も本論と同様に重要であることが多い（『居住環境の計画』『敷地計画の技法』『知覚環境の計画』を参照）。ある意味で、補遺は本論の内容を圧迫しないように、手法論や詳細な議論やサーヴェイでの発見に関連して本論に平行して書かれた文章である。リンチは、フィールド・サーヴェイやインタヴューによる経験的な研究を基礎にして自分の考えを築いてゆく方法をつねに好んでいた。これは、彼の直観を検証する方法であり、その論理を豊かにする方法でもあった。彼の研究は、環境心理学者に望まれるような、科学的な精密さによって行なわれることは、ほとんどなかった。彼は、とても質素な手段と偶然を（そして、多分に幸運も？）大切にする手法によって、いくつかの発見をした。それは最近の「科学的な」研究者たちの多大な時間と労力の投入によって、確証されている。

本論の文章には、強烈な物語や論理的な流れがあるわけではない。廃棄物と廃棄についてのエッセイが緩やかにリンクする一連の読みものである。しかし、文章の順序にはひとつの論理がある。廃棄物と廃棄について議論をした後に、廃棄の過程の議論に移行し、私たちが廃棄物を扱う方法を改善する提案とともに結論にいたる。プロローグは廃棄物とそれにまつわる諸々の事柄を考える足がかりを設定する。これにつづく「病的で不浄な思考」は、読者が日ごろから廃棄物と廃棄に対して抱いてきた概念を拡げうるエッセイとなる。次の二つの章は、さらに深く、二つのタイプの廃棄物について議論をする。それは本書の核心である「モノの廃棄」と「場所の廃棄」である。「廃棄を眺める」は、廃棄のさまざまな形態そして環境と廃棄のかかわり合いを写真や図版で見せる幕合であり、本書の前半と後半を橋渡しする。「それでは廃棄とは何か？」では、前述の各章で引きだしてきた主題の定義を試みる。廃棄の必要性を承認する方法をどのように学ぶのが良いのか、そしてどのようにしたら上手に承認してゆけるのかについての、具体的な提言が綴られる章「上手に廃棄する」で、本論は終了する。

各章で数多くの考え方が展開されているので、私は小見出しを加えて読者が段落の内容や思考の流れをとらえやすいように心がけた。原稿にはなかったが、ケヴィン・リンチの著作の多くは小見出しを活用している。おそらくは、本書でも加えたことだろう。

文章の変更は諸々の理由で行なった。リンチの死後、さまざまな出来事が起こった。核廃棄物の投棄の方法の進展、近年の廃棄物による災害、流産や堕胎による胎児の細胞の新しい使用の方法、あるいはアメリカの都市の中に廃棄されている土地の量などに変化が生じているので、それを考慮していくつかの段落では、内容を刷新する必要があった。その一例は次のようになる。

第二章一一一頁「ニューメキシコ州カールスバッドでは調査が進行しているが、安全な場所であると証明されるものはいまだ見いだされてはいない」。

この部分は、最近の事態の進展を反映して次のように拡張した。

「最初に計画された核廃棄物の投棄場所は、ニューメキシコ州カールスバッドに近い、地下二〇〇〇フィートの岩

> 塩の貯蔵所であり、現在建設中である。環境保護局は、そのような貯蔵区域は、一万年間は安全であることを義務づけているが、プルトニウムの半減期は二万五千年である。岩塩の貯蔵所は安全か？　多くの科学者の答えは、否定的である。貯蔵所は水の侵入を受けるからである」。

論理の一貫性や用語の訂正、とくに句読点のつけ方や「which」や「that」のような語彙の使い方の修正のために、文書編集にともなう通常の変更は行なった。時折、文章の構成は変更した。それは、面白さや単純さを求めたからであり、連続性を良くするためである。ある程度の規則を逸脱したことばの使い方は、そのままにした。それはリンチの文体の要素であり、著述に特色を与えていたからである。文章や段落や節の中にはさらに連続性を考えて位置を移したものもある。「モノの廃棄」には文章の流れが良くない節が何か所かあり、とくにこの作業が必要であった。事実を例証する二、三の文章は、圧縮したり切断したり削除した。二、三の文章は、リンチの原稿の中の最初の位置から別の場所へ移した。彼はこの作業を終了していなかったが、挿入することが可能な場所はノートに記されていた。私は、ノートを検証して、その文章がもともとあった場所を原稿の中に見つけだし、その文章を挿入すべき箇所も編集後の原稿の中に見つけだした。

どことなく曖昧な文章は明確にした。その事例は次のようになる。

> 第二章一一〇頁「アメリカにあるすべての放射性廃棄物は、現在は合理的で安全な一時的な貯蔵所にあるが、ワシントン州のハンフォードの鋼鉄製のタンクから液体が漏れだしている」。

すべての放射性廃棄物が安全な倉庫にあるとすると疑わしい。そこで内容を次のように変更した。

> 「アメリカ合衆国の多くの放射性廃棄物は、現在は、多分に合理的で安全な一時的な貯蔵庫の中にあるが、ワシントン州ハンフォードの鋼鉄製の貯蔵タンクから液体廃棄物が漏れていた」。

> 第二章の最後「しかしながら、私たちは何物も彼方(away)へ捨ててしまうことはできない。何故なら、もはや彼方など存在しないからである。私たちが経験する限りでは、物質の塊りは永続する」。

この表明はあまりに凝縮されていて標準的な読者に理解されることは難しい。そこで次のように変更した。

> 「しかしながら、私たちは何物も彼方(away)に捨ててしまうことはできない。何故なら、もはや彼方など存在しないからである。物質の形態は変化してゆくが、私たちが今日までの経験から明言できることは、物質は消滅できない

ということである」。

第三章一五二頁「カルタゴの破壊は、まれな例である（ただし、その敷地は今やニュータウンの候補地となっている）。台頭してきたポーランドの首都ワルシャワを壊滅しようとしたナチの試みの失敗は、教訓的であった。ドイツ軍は、ワルシャワを永久に破壊する命令を受けていた。使用可能ないかなる断片も残されてはならなかったのである。最初に、残された居住者たちは完全に追い払われ、街区はことごとく燃され、縮小され、破壊部隊によって、潰された」。

この一節は、都市の破壊の一部分である、人間の蒙った災難を充分に伝えてはいないように感じられた。そこで次のように変更した。

「カルタゴの破壊は、まれな例である（ただし、その敷地は今やニュータウンの候補地となっている）。台頭してきたポーランドの首都ワルシャワを壊滅しようとしたナチの試みの失敗は、教訓的であった。ドイツ軍は、ワルシャワを永久に破壊する命令を受けていた。使用可能ないかなる断片も残されてはならなかったのである。最初に、ナチの残虐行為から生き延びた人びとは強制収容され、街区はことごとく燃され、縮小され、破壊部隊によって、潰された」。

第五章二〇九頁「危険な排出物の「すべて」を禁止する必要はない。生きるには危険はつきものである。私たちの懸念は、有毒な廃棄物が集積しつづけている現状、とくに、不可逆的に集積しつづけている現状に集中することになるだろう」。

この一節は人間の生命の価値を軽んじているようにも思われ、有毒な廃棄物を不注意に投棄してしまうことを支持していると誤解されかねなかった。それはリンチの意図であろうはずはなく、文章を次のように変更した。

「袋小路に入りこまないために、危険な排出物の「すべて」を禁止する必要はない。生きるには危険はつきものである。だが有毒な廃棄物が集積しつづけている現状、とくに、不可逆的に集積しつづけている現状は懸念すべきだ」。

結論第六章二五九～六〇頁「私たちは、大聖堂も時間の中で変化し廃墟となった姿もまた美しいと応えることはできる。こうしたことが想定されて建てられるなら、建物や廃墟は、もっと豊かになるだろう。電子機器のふるまいが目に見えず、「人間的な配慮の形」が失われているのなら、機能が見えるように、装置に「配慮の形」を与えるべきだろう。一九世紀ですら過去となり、私たちは、今を生きている。緩急の差はあれ、すべては変化する。生命は、成長であり、衰退であり、変様であり、消滅である。私たちは、この連続性を維持することに、喜びを見いだすことができる」。

本書の締めくくりの一節は、あまりに多くの考え方を結合しているように思えた。そして、必ずしも満足の得られる結論にはいたってはいなかった。同時に、章の初めの方にこの最後の表明を支持する短い節があった。そこで、これらを結合して、新しい締めくくりの節を形成するように努めた。原稿の結論の節は二つ前の節に移した。変更された結論は次のようになる。

> 「廃棄や衰退を直截に取り扱う過程で、対峙すべき技術的かつ経済的な問題が、世の中には、数多くあるが、最大の問題は私たちの心の中にある。純粋さと永続性に焦がれつつ、私たちは衰退してゆく術や、流れの連続性、軌道や展開を見据える術を学ばねばならない。動きも交わりもしないものより、これらの動きは、現在が過去と未来をしっかりと結んでいる事実を示してくれる。一九世紀はもはや遠い。私たちは、今を生きている。緩急の差はあれ、すべては変化する。生命は、成長であり、衰退であり、変様であり、消滅である。私たちは、この連続性を維持することのうちに、喜びを見いだす術を学びたいものだ」。

編集の過程での主な仕事のひとつは、引用文やデータや出来事や本文で指摘されているその他の特別な情報の出典を突きとめることであった。リンチはひとつの資料の中に記録しておいてはくれなかったので、これはとくに難しい作業であった。彼は幅広く読書していた。多くの資料から集められた情報が、著作の中に統合されている。彼のノートや資料を注意深く読み、図書館で研究し、ほとんどの出典を見つることはできたが、わずかではあるが不明な資料があった。E・M・フォスターとアナイス・ニンの引用（四八～五〇頁）とデイヴィッド・マーヴィンの議論（六一～二頁）の出典は正確には見つけられなかった。参考文献は、基本的にはリンチが本書のためにつくった研究ファイルに収められていた数多くのノートや記事や数々の参考文献集やレポートから集められた。本書を書くためにリンチが使用したことが明白なものは、参考文献の出典の中に入れた。本書の主題の領域にかかわるものでも、使われた形跡がないその他の資料は、参考文献の中に入れなかった。

リンチは、図版の選定をまったく行なってはいなかったが、写真と新聞や雑誌の切り抜きを集めていた。その中で、使えるものは数少なかったが、彼の指向していた考え方を現わしていた。彼は、可能な図版についてノートに記述を残していた。私は、写真のコレクションを組み合わせながら、本書の中で議論されている廃棄物の数多くの様相を図版で例証できるか試みてみた。もちろん、すべてのキャプションは私が書いた。キャプションが、本論の文章が指摘している問題点と関連し、しかもその問題点を発展させるように私は努力した。フォト・エッセイ「廃棄を眺める」は、完全に私が展開したものである。リンチは、アウトラインの中で「それを眺める」というタイトルをつけていたが、エッセイは完成されてはいなかった。

余白を十分にとって小見出しやスケッチやダイヤグラムを入れる本文レイアウトは、リンチのお気に入りで多くの著作で使われていた体裁を踏襲した。彼は、著作の中で図版が重要な役割を果たすように考慮していた。そして、彼は、図版を一か所に集約するよりも文章の全体のいたる所にレイアウトする方を好んでいた。幸運にも、この考え方は出版社の理解を得られた。

マイケル・サウスワース

編者による注（☆は参考文献、★は邦訳文献リスト参照）

編者による序

1 九冊のうち三冊は、共著あるいは共編である。

2 「オープンスペースの開放性」、ジョルジュ・ケペシュ編『環境術』（*The Arts of Enviomment* New York, George Braziller, 1965）

3 「私たちに何が起きるのか？」（タニー・リー、ピーター・ドローゲと共著）『スペース・アンド・ソサエティ』八六〜九七頁

（*Space and Society* 1985）

「カミング・ホーム：核戦争後の都市環境」ラングレー・ケイズ、J・リーニング共編、『偽りの箱舟、核戦争に向かう危機の再配置』二七二〜二八四。

（*The Counterfeit Ark: Crisis Relocation for Nuclear War* New York, Balinger, 1984）

プロローグ

1 ミシェル・ド・モンテーニュ（一五三三〜一五九二）著　チャールス・コットン訳『モンテーニュ・エセイ集』

（*Essays of Montaigne* London, Navarre Society, 1923）★

2 この導入の文章は、読者に「ファンタジー」を読む心構えをうながし、本書のコンテクストに引き入れるために、編者が書き加えたものである。

3 パオロ・ソレリ。実現不可能な計画に挑む二〇世紀の建築家。『アーコロジー――人間のイメージの中の都市』の著者でもある。

（*Arcology: The City in the Image of Man* Cambridge, Mass. MIT Press, 1969）

第一章

1　スティーヴン・グリーンブラット「汚れた儀式」

2　マティルダ・コックス・スティーブンソン「ズニ・インディアン――その神話、秘密の集団、そして式典」☆

3　クロード・レヴィ=ストロース『悲しき熱帯』☆★

4　フリードリッヒ・エンゲルス『イギリスの労働者階級の現状』☆★

5　V・S・ナイポール『インド　闇の領域』☆★

6　メリル・フォルソン「〈でも、これ芸術かしら?〉と隣人が尋ね、彫刻家が〈もちろんです〉と答える」『ニューヨークタイムズ』一九六四年五月二八日版

7　アンドレ・ジッド『背徳者』(*The Immoralist* Vintage Books, 1970)★

8　これらの引用文についての正確な出典不明。リンチのファイルや個人的な蔵書の中には手掛かりはない。

9　ジョージ・オーウェル著『ウィーガン埠頭への道』☆★

10　ウォーレス・ステグナー著「ゴミ捨て場」☆

11　デニス・ウッド「影の空間:守り難い空間を守る」☆

12　ウィリアムス・ヘンリー・ハドソン『遙かな国遠い昔――アルゼンチンでの子供時代』☆★

13　リンチが、この著作の中で、フロイトについて、まったく触れていないこと、そして、本書のためにまとめられた研究ノートや書類の中に、フロイトの理論への興味を示すものが、見当たらないのは、興味深いことである。V・S・ナイポールの著作『インド　闇の領域』によれば、インドでは、トイレは社会生活の中心である。これは、西洋においても、ある意味では当てはまる。パウダールーム(化粧室)や、教授専用のレストルーム(洗面所)は、ゴシップや議論を行なう重要な場となりうる。

14　さまざまな例外がある。

15　グリーンブラット「汚れた儀式」☆

16　V・S・ナイポール『インド　闇の領域』☆★

17　マキシン・ホン・キングストン「黒いカーテンを通して」☆

18　ブルーノ・ベッテルハイム『心の家』(*A Home for the Heart*)

19　正確な出典不明。リンチのファイルの中には、デイヴィッド・マーヴィンに関する情報がまったく収められていないのである。

リズル・グッドマン『死そして創造的な人生――優れた芸術家と科学者との対話』☆

第二章

1　もしも現在のように燃料を燃しつづければ、この指摘は、事実である。しかし、消費の割合が上昇しつづけると、二〇二五年には、この二倍に達する。

2　ローズ・W・フェアブリッジ「魚介類を食べていた前・陶器時代のブラジル沿岸のインディアン」☆

3　ケネス・ラッソン「ゴミ収集作業員」☆

4　R・J・ブラック、A・J・ミュヒック、A・J・クレー、

H・L・ヒックマン・ジュニア、R・D・ヴォーガン『全米固形廃棄物調査――中間報告書』☆

5 ヘンリー・メイヒュー『ロンドンの労働者とロンドンの貧困層』☆★

6 一九七九年に、アメリカ合衆国内では（一億一五〇〇万トンの鉄鋼が新たに生産されたのに対して）四七〇〇万トンの鉄鋼のスクラップが消費され、一一〇〇万トンの鉄鋼のスクラップが輸出された。

7 編者は、ここに（死亡した）胎児の組織の使用に関する情報も加えた。

8 手書きの原稿の余白に、リンチは、鉛筆で「緑なき砂漠のような心・職なき思いの廃棄（バイロン）」と書き留めていた。リンチが、文章の中に、この引用を書き留めた意図は、明らかではない。

9 コウジ・タイラ「都市の貧困、クズ屋そして東京の蟻の街」☆

10 リチャード・N・ファーマー、ブライアン・M・リッチマン『比較管理と経済成長』☆

11 マーティン・パウリー『将来の建物――廃棄物を役に立てる』☆

12 アメリカ合衆国エネルギー研究開発機構『核反応路から出る廃棄物の管理の新たな手法、そしてLWR燃料循環におけるポスト核分裂操作』（*Alternatives for Managing Wastes from Reactors and Post-Fission Operations in the LWR Fuel Cycle* 1976）

13 ジュディス・ミラー「核物質の埋葬された土地周辺の危険性について」『ニューヨークタイムズ』一九八二年一一月二五日版

14 『ニューヨークタイムズ』一九八二年一二月二一日版

15 ウィリアム・ラスジェ、ウィルソン・W・ヒューズ「無・反応アプローチとしてのゴミプロジェクト：ゴミの内情・実情？」☆

第三章

1 フランクフルトには、戦争の残骸でできた「モンテ・シェルベリノ」（文字どおり壊れた硝子の山）がある。

2 ドナルド・G・マクネイル・ジュニア「荒廃した建物がブリージー・ポイントの丘に変様する」『ニューヨークタイムズ』一九七九年一月二七日版

3 「デザインと外観 1、2」『建築研究所ダイジェスト』四五号（Design and Appearence-1 and 2 *Building Research Station Digest*, No.45）

4 シーランチ［チャールズ・ムーア、ドンリン・リンドンらで構成された、MLTWが設計した、サンフランシスコの北側の海岸に建つ一〇戸の週末住宅群。一九六五年］の初期のデザインガイドラインは、亜鉛メッキをしていない釘の使用が仕様書に特記されていたので、錆びゆく釘は、木のサイディングの表面に、縞模様をつくりだすことだろう。

5 コリン・ワード編『破壊主義』☆

6 フィリップ・G・ジムバルド「自動車の変形に関する実験」☆

7 ミハイル・バクーニン『著作集』第一巻、二八八頁☆★

8 アメリカの都市の分散化は、高速道路の建設や住宅ローンの支援など、合衆国政府による多大な助成により進められている。

9 『大統領委員会による八〇年代への国家的議題に関する協議報告書』(*Report of the President's Commission for a National Agenda for the Eighties* Washington, D. C.: U. S. Goverment Printing Office, 1980)

10 エドガー・ラスト「成長なしの開発——合衆国の大都市圏での経験からの教訓」☆

11 マサチューセッツ州ローウェルの運河は、紡績工場の動力のために築造されたが、現在では、水車や工場の機械とともにリサイクルされて、歴史を学ぶ公園の外側を縁取っている。

12 フェルナン・ブローデル『フィリップ二世の時代の地中海と地中海世界』☆★

13 ジャック・レッシンガー「分散化——大都市圏に関する考察西暦二〇〇〇年計画」☆

14 シーフ・サッターウェイト「しわの寄った茂み、地下の窪み、石クズ——ヴァーモントにおける放棄に関する観察報告」☆

15 テルティウス・チャンドラー、ジェラルド・フォックス『三〇〇〇年にわたる都市の成長』☆

16 第二次世界大戦の終局までに、ワルシャワに建つ歴史的な建造物の九〇パーセント、すべての住宅の四分の三、街路の三分の一が、破壊された。ワルシャワの古い街も新しい街も、煉瓦を一つ一つ積み上げて再構築された。古い街の再構築のプログラムには、すべての教会の再構築のみならず、一五世紀から一七世紀に建てられた、市民の家々も含まれていた。室内は、残存している設計図に従い、ファサードは、写真や絵を基に修復された。古い街の迷路のような街路や広場や、フキエーワインショップのように公共の中心となる建物が、注意深く再構築された。一六世紀から二〇世紀までの建築や彫刻の多様な様式を代表する、歴史的な邸宅や教会やモニュメントに沿って伸びる、王の道は、王家の二つの邸宅に沿って、細心の注意を払って再建され、人びとの記憶に大変に重要な場所となっている。ジュリウス・W・ゴムリッキー『ワルシャワ』(*Warsaw* Warsaw, Arkady, 1967)

17 リチャード・シドニー・リッチモンド・フィッター『ロンドンの自然史』☆

18 一九八〇年代の初め、デザイン・チームの一員として、ケヴィン・リンチは、コロンビア・ポイント集合住宅を居住可能な場所にリサイクルすることに大きく貢献した(現在では、ハーバー・ポイント集合住宅と呼ばれている)。参照「コロンビア・ポイント・コミュニティ再生計画」(カー・リンチ・アソシエイツ)

19 リンチのノートには、この手引書に関する参考文献は見当たらない。コネクチカット州歴史協会やハートフォード文芸協会との議論は、参考文献に入れ忘れている。しかし、(一九三〇年から四九年までマサチューセッツ湾植民地の知事であった、ジョン・ウィンスロープの書類の間から発見された)一六三八年以前の匿名の書類「街の秩序化に関するエッセイ」には、清教徒の理想的な都市の計画が記述されている。それは、一辺が六マイルの四角形の内側に配置された六つの求心的な円で構成され、中心には、集会所があり、家々、共有の野原、食料を生産する農園、そして、広大な私有地が同心円状に囲んでいる。五番目の環の外側には、「湿地や荒地」があり、それは、街が所有すべきものだが、占有すべきものではなかった。

参照　ジョン・R・スティグロウ「清教徒のタウンスケープ、理想と現実」『ランドスケープ』春号、一九七六年、三〜七頁（The Puritan Townscape: Ideal and Reality, *Landscape*, vol. 20, no. 3, Spring 1976）

第四章

1　『インディア・トゥデイ』一九八八年五月三一日　八五頁

2　メリル・フォルソン「〈でも、これ芸術かしら?〉と隣人が尋ね〈もちろんです〉と彫刻家が応える」『ニューヨークタイムズ』一九六四年五月二八日版

第五章

1　ポール・グッドマン、パーシヴァル・グッドマン『コミュニタス：生活の手段と人生の方法』☆★

2　ホルヘ・ルイ・ボルヘス『フィクション』〈バベルの図書館〉に収録。（*Ficciones*〈The Library of Babel〉New York, Grove press, 1962）★

3　ジョン・トッド、ナンシー・ジャック・トッド『ソーラーエコロジーとしての村……ニューアルケミーの進行状況』境界包括デザイン会議☆

4　デイム・ローズ・マコレイ『廃墟の楽しみ』☆

5　ウォーレス・ステグナー「ゴミ捨て場」☆

第六章

1　マーティン・H・クリーガー『プラスティック製の木の何が悪いのか?』☆

2　クリフォード・A・ケイは、アメリカ合衆国地形調査のために、一九五〇年代から一九六〇年代にかけて、ゲイ・ヘッド・クリフの浸食に関する研究を行なった。

3　環境に適応した駐車場ビルの事例が台北にある。台北では、行商人が商売用の場所として駐車場を借りることが一般的なので、駐車場ビルも部分的にマーケットに転用されている。

4　一二匹の野生のウサギが、一八五九年にイギリスからオーストラリアへ輸出された。罠を仕掛ける猟師や狩人のために、領地じゅうにまき散らされたウサギは、ニュー・サウス・ウエールズで、その棲息地域を、毎年一一〇キロメートルの割合で拡大し、三〇年後には、厄介なものになった。

5　エリス・アームストロング他共編『合衆国の公共事業の歴史一七七六年〜一九七六年』第一三章「固形廃棄物」☆

6　フランソワ・マリー・シャルル・フーリエ『ユートピアのデザ

イン・シャルル・フーリエ著作集』☆

7 エレン・レンツ著「石クズの大きな山は成長するもの」『ニューヨークタイムズ』一九七〇年九月九日版

8 「都市の断片」『デザイン・クウォータリー』一九八〇年一一月

9 グレース・グレック「裂けた彫刻を守るためのドライブ」『ニューヨークタイムズ』一九八〇年三月一四日版

10 ジョン・エルダーフィールド『クルト・シュウィッターズ』☆

11 ロバート・スミッソン「目に見えるエントロピー」☆

12 『チャールズ・シモンズ』☆

13 K・G・ポンタス・ハルテン『ジャン・ティンゲリー——メタ』☆

補遺A

1 この短い導入部分は、編者による。

2 インタヴュアーは、当時MITの学生であった、アーン・エイブラムソン。

3 二八九〜九一頁の質問項目を参照。

4 インタヴューはテープに録音された。ここに掲載した要約や抜粋は、アーン・エイブラムソンがまとめた原稿をもとに、録音テープを再三チェックして、内容が補足されている。

5 リンチがゴミ収集作業員にインタヴューしなかったのは、驚きである。

6 住居の広さと廃棄物への態度や行動との関係を比較してみると、発見があったかもしれない。狭い住居に暮らす人は、捨てざるをえず、広い住居に暮らす人は、廃棄物を「大切にする」傾向がありそうだ。

参考文献（★はリスト末尾の邦訳文献参照）

Armstrong, Ellis L., ed., Suellen M. Hoy and Michael C. Robinson, assoc. eds. *The History of Public Works in the United States 1776–1976*. Chicago: American Public Works Association, 1976.

Bakunin, Mikhail, *Oeuvres* (5 volumes). Paris: P.V. Stock, 1895–1911. ★

Baltimore. Department of Housing and Community Development. "Homesteading," April 1975.

______. "Homesteading: the Second Year," April 1975.

Bettelheim, Bruno. *A Home for the Heart*. New York: Knopf, 1974.

Bever, Michael B. "Recycling in the Materials System." *Technology Review*. February 1977, pp. 23–31.

Black, R.J., A.J. Muhich, A.J. Klee, H.L. Hickman, Jr., and R.D. Vaughan. *The National Solid Wastes Survey: An Interim Report*. Cincinatti: U.S. Department of Health, Education, and Welfare, 1968.

Blake, Peter. *God's Own Junkyard: The Planned Deterioration of America's Landscape*. New York: Holt, Rinehart and Winston, 1964.

Boericke, Art, and Barry Shapiro. *Handmade Houses: The Natural Way to Build Houses*. New York: Delacorte Press, 1981.

Braudel, Fernand. *The Mediterranean and the Mediterranean World in the Age of Philip II*. Trans. Sian Reynolds. New York: Harper and Row, 1972–73. ★

Brunner, Dirk R., and Daniel J. Keller. *Sanitary Landfill: Design and Operation*. Washington, D.C.: U.S. Environmental Protection Agency, 1972.

Calvino, Italo. *Invisible Cities*. Trans. William Weaver.

New York: Harcourt Brace, 1974.★

Cashan, L., P. Stein, D. Wright. "Roses from Rubble: New Uses for Vacant Urban Land." *New York Affairs.* vol. 7, no. 2, (1982), pp. 89–96.

Chandler, Tertius, and Gerald Fox. *3000 Years of Urban Growth.* New York: Academic Press, 1974.

Citizens Advisory Committee on Environmental Quality. *Energy in Solid Waste: A Citizen Guide to Saving.* Washington, D.C.: 1974.

Citizens League of Baltimore. *Solid Waste Management in the Baltimore Region.* no. 1, May 1975.

Conn, W. David. *Factors Affecting Product Lifetime.* UCLA, School of Architecture (for NSF), August 1978.

Cowan, Peter. "Studies in the Growth, Change, and Aging of Buildings," *Transactions of the Bartlett Society.* vol. 1, London: Bartlett School of Architecture, University College, 1962–63.

"Design and Appearance – 1 and 2," *Building Research Station Digest.* nos. 45, 46. London: Her Majesty's Stationery Office, 1964.

Dolgoff, Sam (ed. and trans.). *Bakunin on Anarchism.* Quebec: Black Rose Books, 1980.

Drake, C.L., and J.C. Maxwell. "Geodynamics: Where Are We and What Lies Ahead?" *Science.* vol. 213, 3 July 1981, pp. 15–22.

East, W. Gordon. "The Destruction of Cities in the Mediterranean Lands." J.L. Myres Memorial Lecture 6, Oxford University Press, 1971.

Elderfield, John. *Kurt Schwitters.* London: Thames and Hudson, 1985.

Engels, Friedrich. *The Condition of the Working Class in England.* Stanford, CA: Stanford University Press, 1958 (orig. 1844).★

Fairbridge, Rhodes W. "Shellfish-Eating Preceramic Indians in Coastal Brazil." *Science.* 30 January 1976, vol. 191, no. 4225, pp. 353–56.

Farmer, Richard N. and Barry N. Richman. *Comparative Management and Economic Progress.* Homewood, IL: R.D. Irwin, 1965.

Fitter, Richard Sidney Richmond. *London's Natural History.* London: Collins, 1945.

Fourier, François Marie Charles. *Design for Utopia: Selected Writings of Charles Fourier with an Introduction by Charles Gide.* New Foreword by Frank E. Manuel. Trans. by Julia Franklin. New York: Schocken Books, 1971.

Fyfe, W.S. "The Environmental Crisis: Quantifying Geosphere Interactions." *Science.* 3 July 1981, vol. 213, pp. 105–10.

Gleser, G., B. Green, C. Winget. *Prolonged Psychosocial Effects of Disaster: A Study of Buffalo Creek.* New York: Academic Press, 1981.

Goodman, Lisl M. *Death and the Creative Life: Conversations with Prominent Artists and Scientists.* New York: Springer, 1981.

Great Britain. Ministry of Housing and Local Government. *New Life for Dead Lands: Derelict Lands Reclaimed.* London: Her Majesty's Stationery Office, 1963.

Greenblatt, Stephen. "Filthy Rites." *Daedalus.* Summer 1982, vol. 111, no. 3, pp. 1–16.

Hall, Peter. *Great Planning Disasters.* London: Weidenfeld and Nicolson, 1980.

Hanrahan, David. "Hazardous Wastes: Current Problems and Near-Term Solutions." *Technology Review.* vol. 82, no. 2, November 1979.

Harrison, Gail G., William L. Rathje, and Wilson W. Hughes. "Food Waste Behavior in an Urban Population." *Journal of Nutrition Education.* vol. 7, no. 1, January-March 1975.

Hartley, Dorothy. *Lost Country Life.* New York: Pantheon, 1979.

Harwood, Julius J. "Recycling the Junk Cars." *Technology Review.* February 1977, pp. 32–47.

Hayden, Dolores, and members of the People's Autobiography of Hackney, eds. "The Autobiography of Jack Welsh and Marie Kelly Welsh, 1903– ." *Working Lives: A People's Autobiography of Hackney.* London: Centerprise Publications, 1976–77.

Hayden, Dolores. *Seven American Utopias: The Architecture of Communitarian Socialism, 1790–1975.* Cambridge, MA: MIT Press, 1979.

Haywood, William. *Report to the Committee Upon Health of the Hon. the Commissioners of Sewers of the City of London, and the Libraries Thereof Upon the Supply of Water to the City of London.* London: Brewster and West, 1850.

Hudson, William Henry. *Far Away and Long Ago: A Childhood in Argentina, with a New Preface by Nicholas Shakespeare.* London: Eland Books, 1982.★

Hultén, K.G. Pontus. *Jean Tinguely: Méta.* Boston: New York Graphic Society, 1975.

Jackson, J.B. *The Necessity for Ruins: and Other Topics.* Amherst: University of Massachusetts Press, 1980.

Kearns, K.C. "Inner Urban Squatters in Western Industrialized Society: A London Case Study." *Ekistics,* vol. 46, no. 275, March/April 1979.

Kingston, Maxine Hong. *Through the Black Curtain.* Berkeley: Friends of the Bancroft Library, University of California, 1987.

Krieger, Martin. *"What's Wrong with Plastic Trees?" or Rationales for the Preservation of Natural Environments.* Working Paper no. 152. Berkeley: Institute for Urban and Regional Development, University of California, May 1971.

Lasson, Kenneth. "The Garbage Man." *The Workers: Portraits of Nine American Jobholders.* Prepared by Ralph Nader's Center for Study of Responsive Law. New York: Grossman, 1971.

Le Gaspillage. *Revue 2000.* No. 29. Paris: Delegation à l'Aménagement du Territoire et à l'Action Regionale, France, 1974.

Lessinger, Jack. "The Case for Scatteration – Some Reflections on the National Capital Region *Plan for the Year 2000." Journal of the American Institute of Planners.* vol. 28, no. 3, August 1962.

Lesser, Stephen U. "The Problems of Cleaning Up Uncontrolled Hazardous Waste Sites." Washington, D.C.: Clement Associates, n.d.

Lévi-Strauss, Claude. *Tristes Tropiques.* Trans. J. and D. Weightman. New York: Atheneum, 1974.★

Lowe, Robert A. *Energy Recovery from Waste: Solid Waste as Supplementary Fuel in Power Plant Boilers.* Washington, D.C.: U.S. Environmental Protection Agency, 1973.

Lynch, Kevin. "Environmental Adaptability." *American Institute of Planners Journal.* Spring 1958.

Macaulay, Dame Rose. *Pleasure of Ruins.* London: Thames and Hudson, 1966.

Managing Mature Cities: Conference Proceedings. Cincinatti: Charles F. Kettering Foundation, 1977.

Mayhew, Henry. *London Labour and the London Poor: A Cyclopaedia of the Conditions and Earnings of Those That Will Work, Those That Cannot Work, and Those That Will Not Work.* London: G. Newbold, 1851.★

Maynard, William S., Stanley M. Nealey, John A. Hebert, and Michael K. Lindell. *Public Values Associated with Nuclear Waste Disposal.* Batelle Memorial Institute, June 1976.

Melosi, Martin V. *Garbage in the Cities: Refuse, Reform, and the Environment, 1880–1980.* College Station, TX: Texas A & M University Press, 1982.

______. "Battling Pollution in the Progressive Era." *Landscape*. vol. 26, no. 3, 1982, pp. 35–41.

Morgan, D.J. "Residential Housing Abandonment in the United States: The Effects on Those Who Remain." *Environment and Planning A*. vol. 12, 1980, pp. 1343–1356.

Naipaul, V.S. *An Area of Darkness*. New York: Macmillan, 1965.★

Northam, Ray M. "Vacant Urban Land in the American City," *Land Economics*. vol. 47, 1971, pp. 345–55.

Nutt, B. "Failure Planning," *Architectural Digest*. vol. 40, September 1970, pp. 469–71.

Orwell, George. *The Road to Wigan Pier*. New York: Harcourt Brace, 1958.

______. "How the Poor Die." *The Collected Essays, Journalism and Letters of George Orwell: In Front of Your Nose, 1945–50*. vol. IV. Sonia Orwell and Ian Angus, eds. London: Secker and Warburg, 1968.★

OSTI. *An Analysis of the Refuse Collection System of the City of Boston*. February 1970.

Pawley, Martin. *Garbage Housing*. London: Architectural Press, 1975.

______. *Building for Tomorrow: Putting Waste to Work*. San Francisco: Sierra Club Books, 1982.

Platt, Colin. *Medieval Southampton: The Port and Trading Community, AD 1000–1600*. London, Boston: Routledge and Kegan Paul, 1973.

______. *The English Medieval Town*. New York: McKay, 1976.

Pocock, D. "Valued Landscapes in Memory: The View from Prebends' Bridge." *Transactions of the Institute of British Geographers*. vol. 7, no. 3, 1982, pp. 354–64.

Pohl, Frederik. *The Midas World: A Novel*. London: New English Library, 1985.

Porteus, D. "Approaches to Environmental Aesthetics," *Journal of Environmental Psychology*. vol. 2, no. 1, 1982, pp. 53–66.

Rapoport, Amos. *The Meaning of the Built Environment: A Non-Verbal Communication Approach*. Beverly Hills, CA: Sage Publications, 1982.

Rathje, William L. "The Garbage Project: A New Way of Looking at the Problem of Archaeology," *Archaeology*. vol. 27, no. 4, pp. 236–41.

Rathje, William L., and Wilson W. Hughes. "The Garbage Project as a Non-Reactive Approach: Garbage In . . . Garbage Out?" *Perspectives on Attitude Assessment: Surveys and Their Alternatives*. Proceedings of a conference held at The Bishop's Lodge, Santa Fe, NM, April 22–24,

1975. H. Wallace Sinaiko and Laurie A. Broedling, chairmen and eds. Champaign, IL: Pendleton Publications, 1976.

Robinson, William F. *Abandoned New England: Its Hidden Ruins and Where to Find Them.* Boston: New York Graphic Society, 1976.

Rocklin, Gene F. "Nuclear Disposal: Two Social Criteria," *Science.* 7 January 1977, pp. 23-31.

Rust, Edgar. "Development Without Growth: Lessons Derived from the U.S. Metropolitan Experience." Conference paper, Alternative Futures for Older Metropolitan Regions Conference, Youngstown, Ohio, May 1977.

Rustin, Bayard. *Have We Reached the End of the Second Reconstruction?* Bloomington, IN: Poynter Center, Indiana University, 1976.

Sabine, E.L. "Latrines and Cesspools of Medieval London." *Speculum.* 9 (1934), pp. 306–9.

______. "City Cleaning in Medieval London." *Speculum.* 12 (1937), pp. 21–25.

Samuel, Raphael, ed. *East End Underworld: Chapters in the Life of Arthur Harding.* London: Routledge and Kegan Paul, 1981.

Satterthwaite, Sheafe. "Puckerbrush, Cellar Holes, Rubble: Observations on Abandonment in Vermont." *A Sense of Place: Images of the Vermont Landscape 1776–1976.* Burlington, VT: Robert Hull Fleming Museum, 1976.

Shapiro, Fred C. "Nuclear Waste." *New Yorker.* 19 October 1981, pp. 53–139.

Simonds, Charles. *Charles Simonds.* Chicago: Museum of Contemporary Art, 1981.

Smith, Peter F. *The Syntax of Cities.* London: Hutchinson, 1977.

Smithson, Robert. "Entropy Made Visible," (interview with Alison Sky) *The Writings of Robert Smithson: Essays with Illustrations.* ed. Nancy Holt. New York: New York University Press, 1979.

Stegner, Wallace. "The Dump Ground." *Wolf Willow: A History, Story and A Memory of the Last Plains Frontier.* New York: Viking Press, 1962.

Stevenson, Matilda Coxe. "The Zuni Indians: Their Mythology, Esoteric Fraternities, and Ceremonies." *Twenty-third Annual Report of the Bureau of American Ethnology to the Secretary of the Smithsonian Institution.* Washington, D.C.: Government Printing Office, 1904.

Stoke-on-Trent, England. "Reclamation Programme." n.p., n.d.

Taira, Koji. "Urban Poverty, Rag-Pickers, and the 'Ants' Villa in Tokyo." *Human Identity in the Urban Environment.* G. Bell and J. Tyrwhitt, eds. Harmondsworth, England: Penguin Books, 1972.

Thompson, Michael. *Rubbish Theory: The Creation and Destruction of Value.* Oxford: Oxford University Press, 1979.

Todd, John, and Nancy Jack Todd, eds. *The Village as Solar Ecology: Proceedings of the New Alchemy/Threshold Generic Design Conference.* East Falmouth, MA: New Alchemy Institute, 1980.

Todd, John, and George Tukel. *Reinhabiting Cities and Towns: Designing for Sustainability.* San Francisco: Planet Drum Foundation, 1981.

U.S. Dept. of Housing and Urban Development. *Abandoned Housing Research: A Compendium.* Washington, D.C.: 1973.

U.S. Dept. of Interior, Geological Survey. *Man Against Volcano: The Eruption on Heimaey, Vestmann Islands, Iceland."* Washington, D.C.: 1976.

U.S. Environmental Protection Agency. *Baltimore Demonstrates Gas Pyrolysis: Resource Recovery from Solid Waste.* Washington, D.C.: 1975.

U.S. Environmental Protection Agency. *Proceedings: 1975 Conference on Waste Reduction.* Washington, D.C.: 1975.

van Regteren Altena, H.H. "The Origin and Development of Dutch Towns." *World Archaeology.* vol. 2, no. 2, October 1970, pp. 128–41.

Veblen, Thorstein. *The Theory of the Leisure Class: An Economic Study in the Evolution of Institutions.* New York: Macmillan, 1912.

Wallwork, K.L. *Derelict Land: Origins and Prospects of a Land Use Problem.* North Pomfret, VT: David and Charles, 1974.

Ward, Colin, ed. *Vandalism.* London: Architectural Press, 1973.

Wolff, J. *Hermeneutic Philosophy and the Sociology of Art.* London, Boston: Routledge and Kegan Paul, 1975.

Wolman, M. Gordon, Stephen L. Feldman, and David Boelke. *An Evaluation of the Model Cities Sanitation Program of the City of Baltimore.* Johns Hopkins University, Department of Geography and Environmental Engineering, July 1972.

Wood, Denis. "Shadowed Spaces: in Defense of Indefensible Space." (unpublished) Raleigh, NC: School of Design, North Carolina State University, 1978.

Zimbardo, Philip G. "A Field Experiment in Auto Shaping." *Vandalism.* Colin Ward, ed. London: Architectural Press, 1973, pp. 85–90.

Zucker, Paul. *The Fascination of Decay; Ruins: Relic, Symbol, Ornament.* Ridgewood, NJ: Gregg Press, 1968.

邦訳文献

エンゲルス、F『イギリスにおける労働者階級の状態　19世紀のロンドンとマンチェスター　上下』一条和生、杉山忠平共訳　岩波書店　一九九〇

『イギリスにおける労働者階級の状態　Ⅰ・Ⅱ』全集刊行委員会訳　大月書店　一九七一

オーウェル、G「貧しきものの最後」『対訳　オーウェル2　象を射つ・イギリス人』小野協一訳　南雲堂　一九五七

カルヴィーノ、I『見えない都市』米川良夫訳　河出書房新社　一九七七

ジッド、A「背徳者」『世界文学全集　74　ジッド』若林真他訳　講談社　一九七四

トッド、J／トッド、N『バイオシェルター』芹沢高志訳　工作舎　一九八八

ナイポール、V・S『インド・闇の領域』安引宏、大工原彌太郎訳　人文書院　一九八五

バクーニン、M『バクーニン著作集』1〜6　外川継男、左近毅編　白水社　一九七三〜一九七四

ハドソン、W・H「遙かな国遠い昔」『対訳　ハドソン／デイヴィス』山名盛義他訳　南雲堂　一九五八

ブローデル、F『地中海Ⅰ　環境の役割』浜名優美訳　藤原書店　一九九一

ボルヘス、J・L〈バベルの図書館　22〉『パラケルススの薔薇』鼓直訳　国書刊行会　一九九〇

メイヒュー、H『ロンドン路地裏の生活誌　ヴィクトリア時代　上下』植松靖夫訳　原書房　一九九二

モンテーニュ、M・de『モンテーニュ全集　随想録』1〜7　関根秀雄訳　白水社　一九八二〜一九八三

レヴィ＝ストロース『悲しき熱帯　上下』川田順造訳　中央公論社　一九七七

訳者あとがき

有岡　孝

本書は、ケヴィン・リンチが晩年に残した最後の著作の原稿をマイケル・サウスワースが編集し一九九〇年に出版された『Wasting Away』の全訳です。この著作の要約と意義については、サウスワースの序文で詳しく述べられていますので、ここでは建築・都市計画に携わる者としての関心から、リンチの基本姿勢と本書のかかわりについて付け加えさせていただきたいと思います。

『都市のイメージ』の著者として広く知られているケヴィン・リンチは、フランク・ロイド・ライトのもとで建築を学び、ボストンに近いケンブリッジにあるＭＩＴで都市計画を学び、一九四八年に母校の教職に就きました。当時ＭＩＴでは、『ニューランドスケープ』で知られていたジョルジュ・ケペシュ、『経験としての建築』や『都市と建築』を著したＥ・Ｓ・ラスムセン、『機械の神話』で有名なルイス・マンフォード、後にカリフォルニア大学へ移ったドナルド・アップルヤードらが教えていました。リンチが、都市構造の更新と保存、修復を包摂する都市デザインの方法を開示するには申し分のない土壌を得たことになります。

一九五〇年代のボストンは衰退していました。賑わいに満ちていたクウィンシーマーケットも裏寂びれた廃屋となっていました。再開発局は、この建物を取り壊してオフィスビルにする計画を一九五六年に立案していました。ボストンのウエストエンド地区は、都市の中でも「劣悪な」場所と見られていたので、一九五七年に区画整理事業で一掃されることが決定され、都市の中からいとも簡単に駆逐されてしまいました。アメリカで近代建築の教育活動を行なっていた、バウハウスの設立者ワルター・グロピウスは、一九五七年にボストンの中心部をガヴァメントセンターに変様させる計画を勧めていた再開発局に対して、古い都市構造を一掃して近代的な建築に置き換える計画を提案しました。

しかし市民の中から多くの反論も起きていました。古い建物を保存改修して心地の良い空間へ再生させることへの関心も高まり、リノヴェーションによる再開発の動きが緩やかに始まりました。一九五九年、アダムス・ハワード・グリーリー都市計画事務所が、ガヴァメントセンター周辺計画の提案を再開発局に提出しました。この計画も古い都市構造に手を加えていますが、グロピウス案とは対照的に、市民に親しまれていた都市空間の構造を残す努力がうかがえます。現在マサチューセッツ州サービスセンターが建つ街区を保存修復し、クウィンシーマーケットを保存して商業施設にするように市当局に助言をしています。さらに市庁舎の前に広場を提案しましたが、現在実現しているI・M・ペイの案よりも小さな空間としていました。MITで教えていたケヴィン・リンチは、この事務所と協同し、このプロジェクトで重要な役割を担っていたのです。本書の補遺Aに収録されているインタヴューにもうかがえるように、クウィンシーマーケットは、現在では、ボストンの観光名所となり、歴史的な建物の再生の事例としても有名になって、今も人々に親しまれています。

「都市のもたらす心地良さに関する覚書」（一九五三）「都市の形態」（一九五四）「こども時代の都市の記憶」（一九五六）「都市形態の理論」（一九五八）「環境への適応性」（一九五八）「街区を歩き回ること」（一九五九）などの論文が、このころに書かれています。これらが世界的ベストセラーとなった『都市のイメージ』（一九六〇）の基礎になりました。リンチの論説はすべて、常に現実の都市、とくにボストンが直面している問題を解決する立場から書かれています。

抽象的になりがちな都市計画の理論を居住する市民のイメージの側から再構成し、近代建築が「無用なもの」として切り捨てたさまざまな時代や地域性が育んだものを「時間のコラージュ」という考え方によって生かそうとするリンチの姿勢は終生変わることがありませんでした。一九八四年にRexford G. Tugwell Awardを受賞したさいの短いスピーチでも、都市デザイナー、都市計画家が地域性の保たれた場所をつくりだしてゆくことの重要さに触れていたと言われます。遺著となった『廃棄の文化誌』は、成長・効率・清潔・単純・明晰を旨としてきた「近代」から脱却してゆく端緒を呈示する、ウィットに富んだ批判の書です。廃棄というこれまで視野の外に置かれてきたテーマは、イメージと時間を軸に都市の形態形成を見つめつづけたリンチの思索の幕引にふさわしい、ラディカルで含蓄に富んだ提言をもたらしてくれました。

原著が出版された一九九〇年は、日本はバブルに狂奔中でしたが、翻訳が完了へ向かうあいだにバブルがはじけ、都心に更《さら》地や空室が目立つようになりました。私たちがやってきたこと、これからなすべきことを見つめ直すには、格好の時期であるかもしれません。

翻訳作業は私の作成した訳稿をもとに駒川義隆氏が全面的に訳し直し、それにまた私が目を通して最小限の訳注をつけ加えました。

本書の翻訳の意義を認識され、長い間に渡り翻訳の成りゆきを見守って下さった工作舎の十川治江編集長に感謝いたします。また、この翻訳に際し、適切な助言を頂いたロビン・ギル氏に感謝いたします。そして工作舎編集部の齋藤珠実さん、デザイナーの原徹さんには大変にお世話になりました。

最後に、真田和美さんのご協力、今年で三歳になる息子と妻の励ましに感謝します。

一九九三年一二月

原著者紹介

ケヴィン・リンチ（Kevin Lynch）

都市計画家。一九一八年シカゴ生まれ。イェール大学建築学科卒業後、一九三七年から三八年までフランク・ロイド・ライトに師事し、タリアセン事務所に務める。一九四一年から四四年までアメリカ合衆国陸軍に従軍。一九四五年には占領軍の一員として日本に滞在する。その後、レンセレーア工芸研究所、グレンズボロー都市計画局を経て、マサチューセッツ工科大学で都市計画を専攻し学位取得。一九四八年より、同校にて敷地計画と都市計画の講座を受け持つ。都市空間をイメージや時間の側から見つめる姿勢を終生つらぬく。G・ケペシュとの都市計画に関する共同研究のほか、『The Image of the City』（一九六〇、邦題『都市のイメージ』岩波書店）『Site Planning』（一九六二、邦題『敷地計画の技法』鹿島出版会）など著書が多数ある。七八年以降はマサチューセッツ工科大学名誉教授、カー・リンチ・アソシエイツ主宰。一九八四年永眠。享年六六歳。

翻訳者紹介

有岡　孝（ありおか たかし）

建築家・都市デザイナー。一九五三年東京生まれ。東京大学建築学科卒業後、久米建築事務所に務め、民間大規模再開発、公共施設の設計に携わる。その後渡米し、一九八五年からLeers Weinzapfel Associates, Bostonに務める。一九八六年には、マサチューセッツ工科大学建築学科大学院修士課程卒業。現在、Arioka Associatesを主宰し、官公庁街のデザインガイドラインの策定監修ほか建築・都市デザインに携わるとともに、都市デザインの論理を研究。ＪＩＡ、新日本建築家協会会員。

駒川義隆（こまかわ よしたか）

翻訳家。一九五四年生まれ。理科系、文科系のテリトリーを超える書物の翻訳に熱意を燃やす。

廃棄の文化誌

発行日——一九九四年一月二〇日初版　二〇〇八年二月二〇日新装版
著者——ケヴィン・リンチ
翻訳——有岡　孝＋駒川義隆
編集——十川治江＋齋藤珠実
エディトリアル・デザイン——原　徹＋宮城安総＋小沼宏之
印刷・製本——株式会社新栄堂
発行者——十川治江
発行——工作舎　editorial corporation for human becoming
〒104–0052　東京都中央区月島 1–14–7–4F
phone : 03–3533–7051　fax : 03–3533–7054
URL : http://www.kousakusha.co.jp　e-mail : saturn@kousakusha.co.jp
ISBN 978–4–87502–409–5

摩天楼とアメリカの欲望

◆トーマス・ファン・レーウェン　三宅理一＋木下壽子＝訳

一九世紀末から二〇世紀初頭、アメリカに出現した摩天楼は、富とビジネスの象徴であり、天に憧れた人類普遍の夢の象徴だった。超高層ビルに天空志向のメタフィジックスを読み解く。

●A5判上製●388頁●定価＝本体3800円＋税

夢の消費革命

◆ロザリンド・H・ウィリアムズ　吉田典子＋田村真理＝訳

一九世紀末のパリに出現したデパートは《消費の快楽》を大衆にもたらした。ダンディズム、アール・ヌーボー、消費者協同組合の構想などが芽生えた世紀末ムーヴメントを追う。

●A5判上製●416頁●定価＝本体4800円＋税

普通のデザイン

◆内田　繁

刺激的で普通でないものが溢れ続ける現代、日本人は本来の美しさを忘れたのか？　身体感覚や感性を活かした「普通のデザイン」を提唱。世界を舞台に活躍するインテリア・デザイナーの講演録。

●A5判変上製●140頁●定価＝本体1800円＋税

空間に恋して

◆象設計集団＝編著

神と人の交信の場「アサギ」テラスを設けた名護市庁舎、台湾の冬山河親水公園、十勝の氷上ワークショップなど、象設計集団の場所づくり三三年の軌跡の集大成。

●B5判変●512頁●定価＝本体4800円＋税

ガイアの時代

◆J・E・ラヴロック　星川　淳＝訳

酸性雨、二酸化炭素、森林伐採…病んだ地球は誰が癒すのか？　四〇億年の地球の進化・成長史を豊富な事例によって鮮やかに検証、ガイアの病いの真の原因を究明する。

●四六判上製●392頁●定価＝本体2330円＋税

迷宮

◆ヤン・ピーパー　和泉雅人＝監訳　佐藤恵子＋加藤健司＝訳

クノーソスの迷宮神話は都市の隠喩である。これを始点に、祝祭行列、地震都市など建築・都市計画の中に見出される「迷宮的なるもの」という元型観念の変容を解読する。

●A5判上製●436頁●定価＝本体4200円＋税